ニッポンの美味しいパン

日式手感
极品和风面包

李志豪◎著

海峡出版发行集团 | 福建科学技术出版社
THE STRAITS PUBLISHING & DISTRIBUTING GROUP | FUJIAN SCIENCE & TECHNOLOGY PUBLISHING HOUSE

推荐序

梦想从行动开始！人们常有很多想法，但是却从来没有实现过。甚至就算有意志力也无法成功。这些年从志豪身上，我看到了他了不起的自我突破与超越。在我心中，他是一位不断用行动实现梦想而且具有面包魂的主厨。

几年前听志豪提及在日本工作时的经验，他告诉我在日本求学与工作期间，每天工作时数永远比别人多，常常一回神十几个小时就过去了，果然，成果是用时间磨出来的。回来后在18号面包工作期间，他时常清晨四五点夜色还没透白就开始工作，为了培养出高品质的天然酵母菌，每六个小时就帮它们翻身一次，让天然酵母菌有空间长大，这是志豪追求完美不懈怠的一种表现，而坚持细节只是他众多坚持之一而已。

有时候差异不一定在于非凡的天赋，而是在于非比寻常的阅历。我相信这是一本有影响力的书。这本书可以让大家看到志豪用心注入的创意与技巧分享，经典且充满创意的日本面包之旅将由此开始。

星享道集团／董事长

志豪与我亦师亦友，对于即将出版的这本日式面包书，我打从心里祝贺与高兴。

能晋级MONDIAL DU PAIN（法国世界面包大赛）中国台湾区代表最终选拔赛，不仅是在台湾，也是在世界上成为顶级面包制作者的最好证明。这个成绩是你努力不懈后达成的结果。辛苦了！但也别忘了在背后默默支持的家人和指导技术的前辈的功劳。

2012年我在名古屋制果学校制作面包科担任讲师期间，和当时在校研修的你，对面包产生深度思考和共鸣等的种种交集，深感骄傲。去年五月在赴台湾市场调查时，和你交流台湾面包市场发展的近况，更让我深刻感受到你这些年来的成长。当时你说："目黑师傅的甜面包是我吃过最好吃的，所以直到现在我依旧遵循着您的教导……"这些让我很是欣慰，让我印象深刻。

我认为亚洲面包的市场仍然有许多发展的空间，期盼未来，你可以更加活跃于台湾岛或是亚洲甚至世界。

让我们一起微笑，一起成长，一起做出美味的面包！

日本企业（株）スイートスタイル モンタボー／常务董事

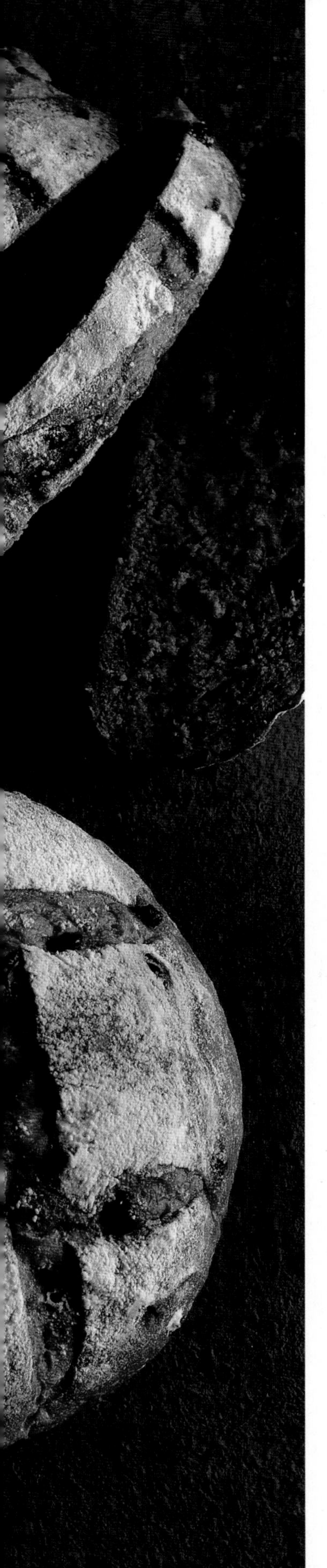

在2016年的面包比赛中认识了志豪，从比赛中感受到他对面包的热诚和严谨的态度。在这过程中，也看到他散发出无比的自信，一路享受比赛的过程。我想每位面包师傅对于自己的面包人生，都有不一样的信念。确立自己的目标，并认真努力，一步一脚印地去实行，最终总会得到意想不到的收获。

台湾地区的烘焙长期深受日本影响，对于日本各地的烘焙文化，亦是有很多需要去认识了解。这本书中除了有详细的配方、做法，还借由志豪之前在日本的长期工作，从他的经历和观点，让大家更加了解日本各地不同的烘焙文化。

喜爱面包的你，一定也会被这本书其中的面包魅力所吸引，它值得你的收藏。

2015 Mondial du Pain法国世界面包大赛 总冠军

陳永信

本书是李志豪师傅——一名在日本各大驰名店家修习，年纪轻轻就累积了丰富经验的新锐面包师傅写作的书籍。

从台湾地区的传统面包，到日本流行尖端的面包，以及展现四季风情的面包，都被本书详细地收录，不论是职人或是喜爱面包的读者们，都能津津有味地阅读。书中的面包都是李师傅长年在日本研习、练就的手艺展现。通过扎实的技术、知识融会制作而成的面包，不仅充满制作者的心意，丰富口感、多样化的面包，光是看就令人垂涎欲滴。

李师傅，不仅熟悉台湾当地食材，善于运用，对于日本的各式食材也同样精通。这种执着不懈的精神，体现了专业面包职人的扎实累积——面对不同的文化，以真诚体验了解，以扎实反复的磨练，奠立出深厚的技术与经验。从日本学成返回后，李师傅立即被延揽进入了饭店的面包坊磨练手艺，且一路入围各大世界性竞赛，荣获赛事优胜殊荣。直到今日，他依然会不时前往日本各地，探究各式的原料食材。这种执着的职人用心的精神，让我不由得打从内心钦佩。下一个新世代中，我认为李师傅将会是众多才华洋溢的面包师傅中的一人，这是毋庸置疑的。

这是一本值得分享给大家的好书，各位不仅能对日式面包深入了解，更能窥探李师傅的面包世界。相信本书对于拓展面包新思维将有所助益。

东聚国际食品公司／总经理

東俊源

ニッポンの美味しいパン

日式的美味面包

日式风味，对于台湾人可谓影响深远。小到面包的口感、造型与装饰，大至面包店面装饰风格，它无不深远地影响着我们。

在日本面包文化普及之前，面包充其量只是美军占领日本时的文化入侵物。在那个年代，面包是民众负担不起米饭时的替代品，加上当时美军大规模建立制造廉价面包与奶粉的工厂，供应学校午餐，让面包被贴上不美味的食物标签。直到20世纪70年代末期，随着西化渐开，面包才逐渐被接受，成了仅次于米饭的另一种主食，往后20年才开始有较先进的机器制作的面包。

在日本，无论面包店高级与否，每家面包店必定有“食パン（吐司）”这项固定的商品，且对吐司的销售好坏，有相当的指标性意义。吐司在日本人心中的重要性，就如同法国面包对于法国人，有着主食面包的地位。

面包从开始的不被接受，到普及、融入日本人的生活中，至今已成为仅次于米饭以外的另一种主食；而且不单只是柔软细致的吐司，其他加入和风元素发展出的面包更是多元，像是包馅果子面包、添加配料的调理面包等，也更深入餐桌生活，广受喜爱。时至今日，面包超脱了主食的存在，可作为主食，也可作为点心零食，成为日本人饮食生活中不可或缺的一环。

总之，日本人心中最理想的面包口感是“**もちもち**（mocha mochi）”——如同麻糬般软中带着弹性的嚼食口感。这种口感也左右着日本烘焙师傅创作研发的方向，掀起了一股趋势热潮。

作者介绍

李志豪 Scott

名古屋制果专门学校毕业。拥有丰富经验的实力派新锐面包师。

多年前毅然踏上日本国境，踏上通往面包师之路，自此乐此不疲。热爱面包与日本文化，娴熟日式面包制作，擅以特色食材为出发点，创作出层次变化的精致果子面包。专职于面包点心领域，从事面包开发创作与推广教学，希冀以所学与当地饮食文化结合，以深富创意的方式拓展各色面包，分享于广大面包同好。

现任

星享道酒店 INSKY HOTEL 点心房主厨

学经历

- 名古屋制果专门学校 面包科
- 名古屋Boulangerie Benkei 面包店正职社员
- 天阁酒店The Tango Hotel 点心房主厨

赛事

- 台湾金鸢杯烘焙竞赛 评审
- 第六届法国世界面包大赛Mondail du pain–台湾地区代表选拔赛 佳作
- 2016年健康大麦创意大赛 季军
- 2015年健康大麦创意大赛 佳作

前言

从无到有的面包学习路上，从一个完全听不懂闽南语的小学徒，到从名古屋制果专门学校毕业，在当地工作……一路走来，最感谢的是我的家人的信任与支持。

感谢母亲对我的包容与支持，即使在艰难的路上，依然给我前进的勇气。曾经也一度困惑想放弃烘焙这条路，是母亲的鼓励激起我的斗志，让我能无畏困境地往前；也因为母亲的爱与信任，让一个求学期间曾经被同学父母拒绝往来的孩子，能抱着觉悟，忍受煎熬，边工作边补习日文，每天休息睡眠不到三小时，只为一圆日本求学梦。

然而，就在负笈求学之际，我的母亲经历了一场生死攸关的考验，在母亲手术同日，我毅然背起行囊踏上异乡的求学路程；背对越离越远的家，我默默地告诉自己，“为了自己，为了家人，我要付出比别人更多的心，用更多的力，回报家人支持我的心意”。

为了挤进名古屋制果专门学校的窄门，我依旧只给自己三小时的睡眠，利用三个月的时间不间断练习写作与会话，让自己在极短的时间里交出一张漂亮的成绩单，顺利成为名古屋制果专门学校录取的第一位外国人。在学校，我学习到日式正统烘焙技巧，并深深爱上了面粉与酵母结合时散发出来的纯粹香气。至今，我仍深深地对犹如魔法般的化学反应着迷不已。

“日式面包”在台湾是主流产品之一，但却很难有个统一说法，告诉大家什么是日式面包的真谛。在本书中，我除了告诉大家日式面包的做法，也希望能够从字里行间传达我对面包的坚持与热爱。在烘焙的世界里，大家追求的是师傅的头衔，但是一位对我意义非凡的长者告诉我“匠而师，师而家”。

所以，我想成为一位面包家。我想让面包成为艺术，酵母为笔，面团为画布，勾勒出我心中最美的风景。

星享道酒店 INSKY HOTEL／点心房主厨

鸣谢

本书能顺利地拍摄完成，特别感谢：
场地、原料提供／星享道酒店、总信食品有限公司、东聚国际食品有限公司、台湾原贸股份有限公司、利生食品公司、德麦食品股份有限公司
拍摄协助／于樱绮、赖富宏、刘君伦、王金平、林昱瑄师傅

目 录

1 人气话题的点心面包

口味多元！美味加分的有料点心面包

2 独具特色的名物面包

乡土和风味！从地方名物到节庆应景面包

3 深度之味的本格面包

经典风味！从纯粹到香甜的奢华风味！

4 引人瞩目的原创面包

新食口感！融合传统与新创魅力的面包！

おいしい!パン

寻味，和风面包的深奥精粹之美

有自己的面包文化发展史的日本，面包的种类非常多，从吐司（食パン）、包馅果子面包（果子パン），到甜、咸口味的夹料点心面包（惣菜パン）……不仅融合洋食转化成独有特色，还结合当地饮食文化、季节旬味食材之应用，更以讲究酝酿好味的发酵工法，将面包美味发展至极致，华丽多样的造型，细致柔软的口感，迷人发酵香气，俨然形成日式面包的风物诗。

日式面包有别于扎实、硬式的法式面包，以蓬松细腻、弹软香甜口感为多，内馅丰富，外形讲究精致花俏，兼具香酥、细致特色，与取向纯粹朴实的法式面包有着鲜明的对照。最具代表的日式原创有，红豆面包（あんパン）、咖哩面包（カレーパン）、奶油面包（クリームパン）、菠萝面包（メロンパン）、螺旋面包（コロネ）等。

书中将通过味蕾的漫游、手感的体验，循由传承烘焙职人的制法工艺，带您寻味日本各地的乡土迷人好味，感受日式面包的魅力风情。

制作面团的基本材料

面包的材料相较西点来得单纯，因此材料品质的好坏与配方的平衡显得格外重要；
若能充分了解各种材料的特色和相互作用，更能享受面包的制作与变化运用。

面粉 FLOUR

面粉依蛋白质含量的多寡，分为高筋、中筋、低筋。制作面包通常使用蛋白质含量高的高筋面粉；但依据面包种类的不同，也常会混合不同的面粉搭配使用。

法国粉｜法国面包专用粉，专为制作道地风味及口感制成的面粉，蛋白质含量近似于法国的面粉，性质介于高筋与中筋面粉之间。

高筋面粉｜制作面包的核心用粉，蛋白质的含量较高，经揉和能形成强韧的筋性且有口感，最适合用来制作面包。

低筋面粉｜蛋白质的含量较低，因此筋度与黏度也较低，不太容易形成筋性；常搭配高筋面粉使用，可做出面包的轻盈口感，但不适合单独用于面包制作。

黑麦粉｜富含膳食纤维及矿物质，具独特风味，黑麦中所含的蛋白质无法形成筋性，不具膨胀性，因此常会混合其他粉类制作，制成的面包扎实厚重，且带些微酸味。

杂粮粉｜含多种高纤谷物小麦，色泽深、麦香味佳，营养价值高，带有强烈风味。

全粒粉｜由整颗小麦碾磨加工制成，保有小麦朴质的香气和味道，常搭配高筋面粉混合使用，适合用来制作口感扎实厚重的面包，制出的面包营养价值高。

酵母 YEAST

帮助面团发酵膨胀的重要材料。酵母的种类依水分含量的多寡，分为鲜酵母与干酵母。书中所使用的是不需事先发酵的速溶干酵母，与鲜酵母。适量添加酵母，可助于发酵膨胀，使面团蓬松有弹性，但若加过多，容易产生异味。

鲜酵母｜含水量高达70%，必须冷藏保存（约5℃）。适用于糖分多的面团，与冷藏储存的面团。

低糖干酵母｜低糖干酵母的发酵力强，只需要少许糖分就能发酵，适用于糖含量5%以下的无糖或低糖面团。

高糖干酵母｜相对于低糖干酵母，高糖酵母的发酵力较弱，适用于糖含量5%以上的高糖面团，如布里欧面团。

糖 SUGAR

糖能增加甜味，并能促进酵母发酵，增添面包的蓬松感；糖保湿性高，能让面包湿润柔软，以及增加面包烘烤的色泽。

上白糖｜结晶较细砂糖细致，质地也较为湿润，保湿性佳。若没有上白糖也可用细砂糖代替。

中双糖｜高纯度结晶的细粒冰砂糖，甘甜，带有脆脆颗粒的口感，可增添浓郁香醇风味与色泽。

不湿糖｜可延缓吸湿，不易受潮，甜度低，即使用于含水量多的面团上，也不易溶化、结块。

糖粉｜极微粒的细砂糖粉，质地细致，香甜不腻口，多用于表面装饰、糖霜制作。

珍珠糖｜颗粒稍粗、呈白色，拥有轻甜香脆和入口即溶的口感，用于表面可增添面包美观。

蜂蜜｜添加在面团中能提升香气、湿润口感，以及产生上色效果。

黄油 BUTTER

黄油可让面团更富延展性，能助于膨胀后的质地细致柔软，带出风味与口感的变化。

无盐黄油｜不含盐分的黄油，具有浓醇的香味，是制作面包最常使用的油脂。

发酵黄油｜经发酵制成的黄油，具有丰饶风味，带有乳酸发酵的微酸香气，风味浓厚，含水量少可为制品带出特殊香气。

片状黄油｜作为折叠面团的裹入油使用，可让面团容易伸展、整形，使烘焙出的面包能维持蓬松的状态。

乳制品 MILK

香浓醇厚的乳制品，添加于面团中，可为面团带出柔软质地、浓郁的口感香气，也可让烘烤后的面包色泽均匀富光泽。

牛奶｜含有乳糖可使面包呈现出漂亮的颜色，并能提升面包的香气风味及润泽度。

稀奶油｜能使面团柔软，并增添浓醇的风味，适合精致系的面包使用。

炼乳｜加糖炼乳，用于甜味浓郁的面团制作，书中用的是北海道炼乳。

奶油奶酪｜又称凝脂奶酪（cream cheese），浅白色，质地柔软细腻，带有微微的酸味及奶油般的柔滑口感，很适合面包的内馅使用。

编者注：

乳制品的种类很多，下面对大家易混淆的几种进行说明。

butter：大陆民众习惯称为“黄油”，台湾民众习惯称为“奶油”。成分主要是水和脂肪，脂肪含量在80%以上，常温下为固态。

cream：主要成分种类与上者相同，但脂肪的含量更少。烘焙中常用的是“whipping cream”，直译为“待搅打奶油”，大陆民众习惯称为“淡奶油”或“稀奶油”，台湾民众习惯称为“鲜奶油”，脂肪含量大约在35%～37%。

cheese：“奶酪”“乳酪”“起司”“芝士”指的都是它，相较于上述两者，它还有显著的蛋白质成分。此外，还有一种cream cheese“奶油奶酪”，它和普通奶酪的区别是：普通奶酪是靠酶来凝固蛋白质，而奶油奶酪是靠乳酸菌发酵产生的酸来凝固蛋白质，质较软。

麦芽精 MALT EXTRACT

含淀粉分解酵素，具有转化糖的功能，能促进小麦淀粉分解成糖类，成为酵母的养分，可活化酵母促进发酵，并有助于烘烤制品的色泽与风味。

盐 SALT

除了能使面包带有咸味外，也有助于活化酵母，紧缩面团的麸质，让筋性变得强韧。本书使用具有甘味的岩盐，也可以选用海盐或食用精盐，可制作出不同风味的面包。

蛋 EGG

可增加面团的蓬松度，以及风味香气，大量地使用在风味豪华的面包类型。依奶油与蛋的比例，味道会有所不同；用量越多面包的口感越柔软，颜色也越深黄。涂刷面团表面能增添光泽烤色。

水 WATER

面粉中加入水能揉出面团及黏性，基本上所使用的是一般的水。但依面团种类的不同会使用奶水、牛奶等搭配代替。

特别讲究的素材

01 日清STC 哥雷特高筋面粉

原产地：泰国

特性：多元用途，机械操作耐性高，吸水性强，面包带有天然麦香，适合制作各式吐司，成品组织呈现拆丝绵密感，香气丰富。

适用：各式面包、西点蛋糕。

02 日清STC 车夫法国粉

原产地：泰国

特性：针对制作道地法国面包所调配而成，吸水性及操作性优于一般市售法国粉。成品皮薄酥脆，保水优良，因灰分值高，制成的欧法面包更突显出丰厚甘甜味。

适用：各式面包、面条。

03 日清STC 水晶低筋面粉

原产地：泰国

特性：粉质细致，适用于蛋糕、饼干、果子的杰出面粉，更可制作入口即化的中式传统饼皮。

适用：蛋糕、饼干、中式饼类。

04 炼瓦

原产地：日本北海道

含量：灰分0.35%、蛋白10.0%

特性：调配北海道产小麦（春希来里）、（北穗波）等品种制成的面包专用粉。清爽的风味中带有北海道小麦独特的香气和甘甜。

适用：应用于吐司及甜面包等产品中可做出咬断性佳、口感轻柔的产品。

05 欧佩拉

原产地：日本北海道

含量：灰分0.58%、蛋白11.5%

特性：将风味、香气、操作性三项特性调整至最佳平衡点的面包专用粉。不强调色泽的雪白，优先使用麦粒风味及香气强烈的部位。

适用：可广泛应用于各种产品。

06 麦芽精

特性：液体，有酵素活性。发芽后的大麦使得风味更加提升。以麦芽糖为主成分并含丰富的维他命、矿物质等营养素以及淀粉酵素。

适用：各式面包、烧果子、焦糖、调味料、饮料等。

07 不湿糖（防潮糖粉）

特性：可延缓吸湿情形，避免过程中易吸湿受潮而影响商品美观的情况。有各种颜色，原味（白）、草莓（粉红色）、抹茶（绿色）、芒果（黄色）、防潮可可粉（可可色），可装饰于各种烘焙类产品使产品更加美观诱人，不易受潮，可冷冻。

适用：装饰用，可洒在蛋糕或面包等商品上，增加多样性。

08 梦的力量精品

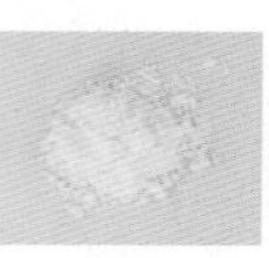

原产地：日本北海道

含量：灰分0.48%、蛋白11.6%

特性：以超高筋面粉梦的力量为主体，调配北穗波制成的面包专用粉。梦的力量具有过去日本产小麦所没有的高蛋白含量、强韧的筋性以及高吸水性等特征。

适用：烤焙弹性良好，适合制作吐司及甜面包等产品。

09 盐渍樱花

此系列商品不仅将樱花作为装饰，更能将樱花制成酱料、花泥等，使其方便添加于甜点、食品之中增添风味。

10 蓝丝可桶状黄油（无盐）

品项：无盐5kg，乳脂肪82%。

保存：冷冻-18℃，12个月。

特性：烘焙、烹饪两相宜，质地紧实、切割容易。

11
蓝丝可 条状黄油（无盐）

品项：无盐500g、无盐250g、有盐250g；乳脂肪无盐82%、有盐80%。
保存：冷冻-18℃，12个月。
特性：方便切块，适合烹调酱汁、肉类与料理调味，亦可直接涂抹使用。

12
蓝丝可 条状黄油（有盐）

品项：无盐500g、无盐250g、有盐250g；乳脂肪无盐82%、有盐80%。
保存：冷冻-18℃，12个月。
特性：方便切块，适合烹调酱汁、肉类与料理调味，亦可直接涂抹使用。

13
LUXE北海道 奶油奶酪

保存：需冷藏保存（摄氏3-5℃），严禁冷冻。
特性：日本100%乳源，乳香浓郁，香气浓郁口感滑顺不腻，不带酸感；也可直接当抹酱或搭配水果、生火腿食用等。

14
Sambirano 72% 圣伯瑞诺

产区：马达加斯加产区
品种：Trinitario (高Criollo成分)
香气口感：带坚果、红莓香气。饱满、甘甜，强烈红莓果酸，尾韵绵延。

15
St Moret New 圣莫雷特埃新型奶油奶酪

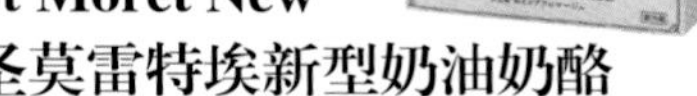

特性：丰富的牛奶风味和酸味结合。经过将10%空气注入的特殊制法，拥有优质的气泡。和其他食材及面糊搅拌也难以分离，不会有离水现象，产生扁塌现象非常稀少，就算涂抹于表面烘焙也不会溶解，会保持其形状。

16
静冈抹茶粉

产地：日本静冈
特性：无糖，纯抹茶粉，无任何添加物。采用低温研磨，保留纯正静冈抹茶风味，不易产生沉淀物，非绿茶，适用于面包、西点，也可直接加水或牛奶饮用。

17
植物之优（酸奶）

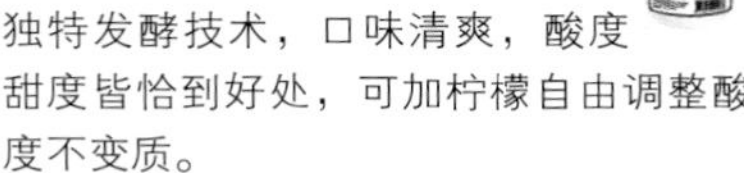

独特发酵技术，口味清爽，酸度甜度皆恰到好处，可加柠檬自由调整酸度不变质。

18
日暮初榨橄榄露

保存：常温保存，避免高温。
特性：具平顺的口感、丰富果实甜味及果香气味。适用于炒煎炸、烘焙等。

19
北海道炼乳

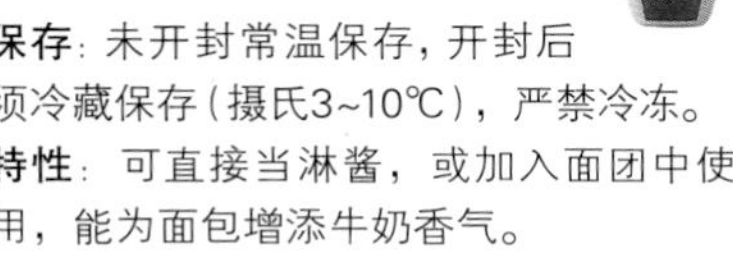

保存：未开封常温保存，开封后须冷藏保存（摄氏3~10℃），严禁冷冻。
特性：可直接当淋酱，或加入面团中使用，能为面包增添牛奶香气。

20
法国Merri Chef 片状发酵黄油

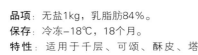

品项：无盐1kg，乳脂肪84%。
保存：冷冻-18℃，18个月。
特性：适用于千层、可颂、酥皮、塔皮，延展塑性佳。

食材提供（台湾）／总信食品（水晶低粉、车夫法国粉、哥雷特高粉、初榨橄榄露）、东聚国际食品（炼瓦、欧佩拉、梦的力量精品、NEW奶油奶酪、不湿糖、麦芽精、盐渍樱花）、台湾原贸（法国蓝丝可AOP发酵黄油、植物之优酸奶、Sambirano 72% 圣伯瑞诺）、利生食品（LUXE北海道奶油奶酪、北海道炼乳）、德麦食品（静冈抹茶粉）

制作
面包的流程与重点

面团的搅拌制作大致相同，
每个流程环节都有影响面团口感风味的重点，
像是，搅拌到何时才加入黄油、
不同的面包面团要搅拌到哪个阶段等等，
想做出好吃的各式面包，就得掌握好各个环节。

面团的制作

随着面粉、水分、油脂比例的不同，成形面团会有不同的特性样貌（硬质类／低糖油，软质类／高糖油，介于中间的面团等），而这也是面包制作的乐趣所在。这里就书中主要的几个面团的特色进行介绍。

法式乡村面包面团

口感丰富，带有面粉质朴甜味与香气的面团。以粉类的搭配混合与不同发酵种制作，可带出甘醇而深沉的特有风味。

黑麦面包面团

黑麦粉不具筋性，因此多会与其他面粉搭配使用，具独特的酸味芳香和长时间发酵所孕育成的香气，口感扎实而具有嚼劲。

吐司面团

面团弹性佳，口感Q弹、温润且松软，搭配不同的发酵面种，更能带出独有的口感与清甜的芳香，质地介于软质与硬质面包中间。

果子面包甜面团

大量使用牛奶与奶油，带有淡淡甜味，质地滑润柔软，适合用于各种包有内馅的果子面包或点心面包，运用相当广泛。

布里欧面团

大量使用奶油、蛋与牛奶的精致类面团，风味馥郁、醇厚，富浓醇奶香味。此类面团的制作要点在加入油脂与蛋后，要不断搅拌直至面团产生强韧的筋膜，才能成功制出柔软且富弹力的面团。多运用在点心面包。

其他

其他还有像是面团包裹片状油擀压、折叠制成的裹油面团；使用天然酵母，像是番茄酵母、酒种制作成的面团，不同风味酵种让面包的香气、口感有不同的变化。

混合搅拌

搅拌混合时，随着搅拌方式、面粉种类、气温及湿度的不同，粉的吸水率也会改变，因此，水分的调节要拿捏好，不要一次就把水全倒入粉中，可预留2%的水量用于调整，就实际的状况，斟酌地加入。

面粉加入水经混合搅拌后，会形成具黏性弹力的网状薄膜组织，这就是面筋。面团搅拌完成与否要确认的就是面筋的状况。

面团搅拌的5阶段：

❶ 混合搅拌

将干湿材料（油脂类除外）放入搅拌缸内，用慢速搅拌混合均匀至粉类完全吸收水分。

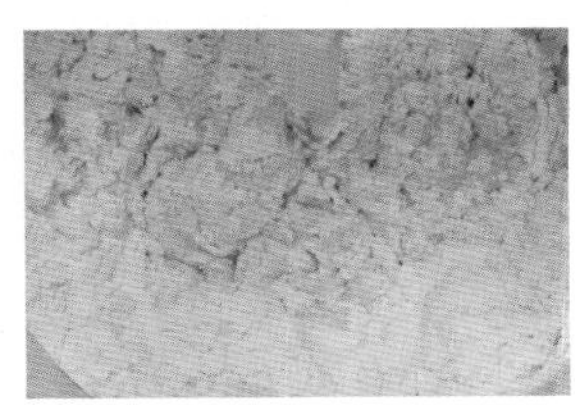

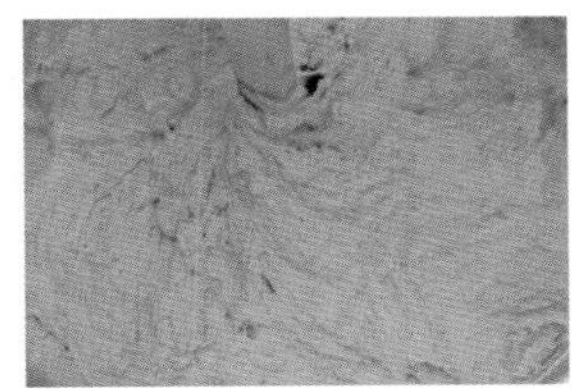

→材料会因时节的不同受潮程度也不同，因此不要将水一次全部加入，应视粉类混合的情况调整，避免面团太过湿黏。

❷ 拾起阶段

搅拌至所有材料与液体均匀混合，略成团，外表糊化，表面粗糙且湿黏，不具弹性及伸展性，还会粘在搅拌缸上。

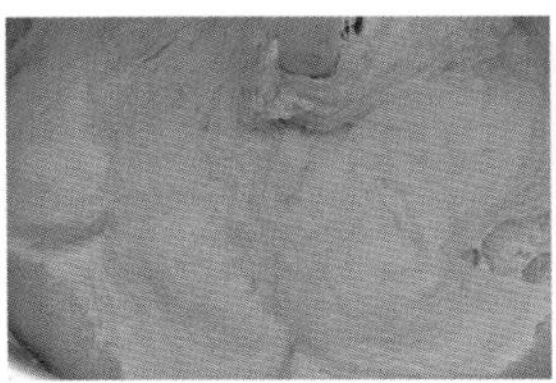

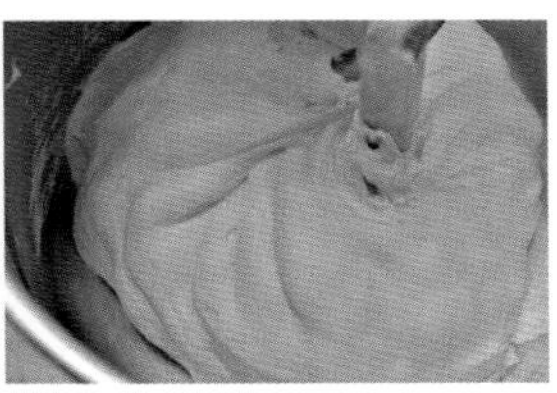

→搅拌过程面团还处于黏糊糊状态，可用刮板刮净粘于缸内侧面的面粉搅拌匀。

❸ 面团卷起

面团材料完全混合均匀，面团成团，面筋已形成，但面团表面仍粗糙不光滑，面团会勾粘住搅拌器上，拿取时还会粘手。

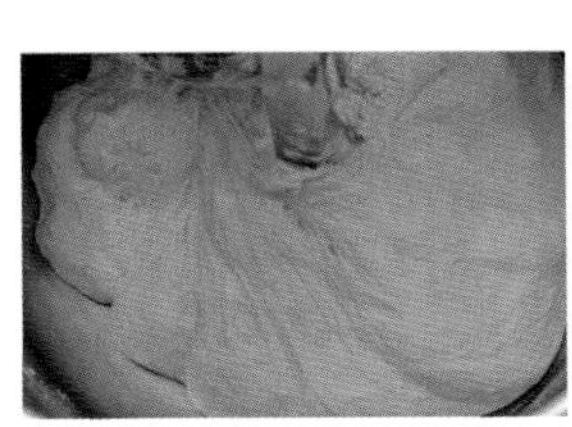

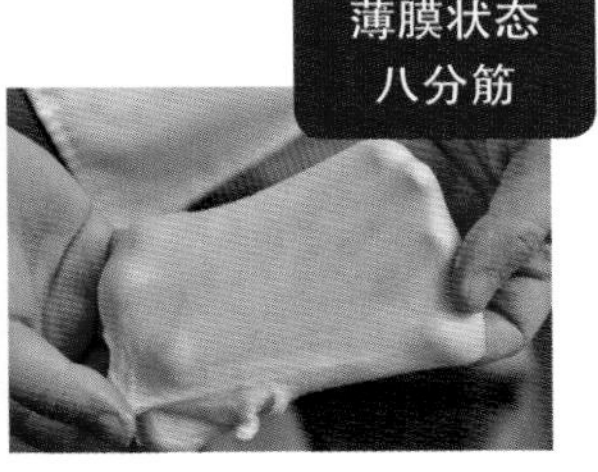

薄膜状态
八分筋

→奶油会影响面团的吸水性与面筋扩展，必须等面筋的网状结构形成后再加入奶油，否则会阻碍面筋的形成。

❹ 面筋扩展

搅拌至油脂与面团完全融合，面团转为柔软有光泽、具弹性，用手撑开面团会形成不透光的薄膜，破裂口处会呈现出不平整、不规则的锯齿状。

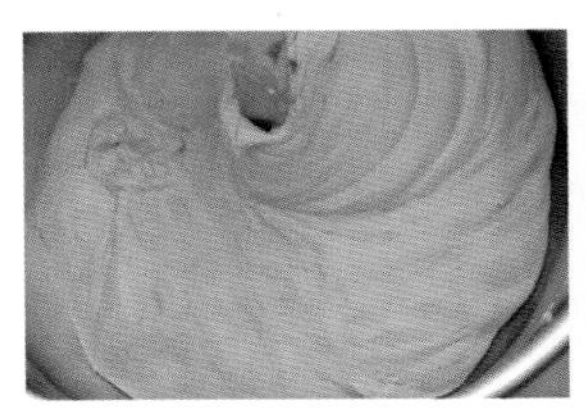

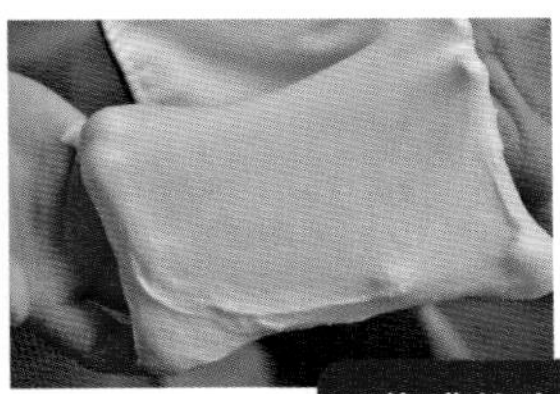

薄膜状态
九分筋

→适用于低油、低糖、质地较粗犷的欧式面包。

❺ 完全扩展

面团柔软光滑具良好弹性及延展性，用手撑开面团会形成光滑有弹性的薄膜，且破裂口边缘平整、无锯齿。

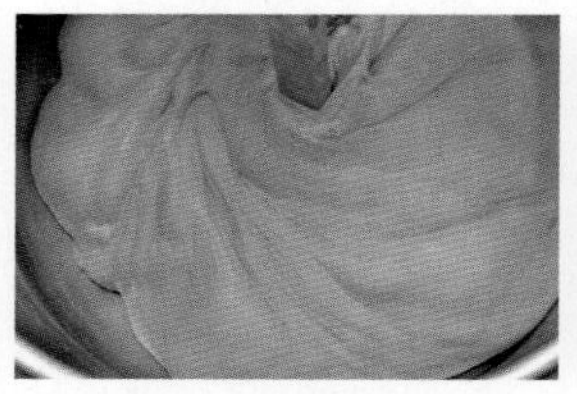

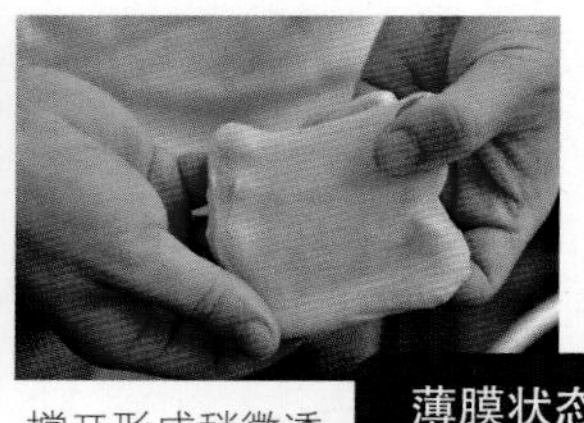

→面筋扩展后面团更具延展性，撑开形成稍微透明的薄膜，适用于松软的软式甜面包。

→面团撑开呈现大片透明薄膜，适用于细致、富筋性的吐司面包。

薄膜状态
十分筋

提示｜注意面团的水分和温度。面团的温度最好在24~26℃，酵母的发酵效果比较好。随着季节变化，和面时的水温也要跟着调整。

基本发酵

酵母的作用在于促使面团发酵膨胀，面团的发酵时间会因气温等环境条件的不同而有变化。环境温度低，酵母的活动力会减弱，面团发酵时间会稍延长。环境温度维持在25~26℃较理想。

无论任何时节，为了防止面团干燥，发酵时都要在表面覆盖保鲜膜或塑料袋避免面团的水分流失。放室温下待面团膨胀至2～2.5倍大，原则上需时间40~60分钟。

面团的发酵完成与否，除了可就外观判断外，也可利用手指来确认：将沾有高筋面粉的手指轻轻戳入面团中，若凹洞没有闭合即表示完成；若凹洞回复，则表示发酵不足。

手指测试

用简易的手指测试来辅助判断基础发酵是否完成。手指沾面粉（或沾少许水）轻轻戳入面团中，抽出手指，观察面团呈现的凹洞状态：

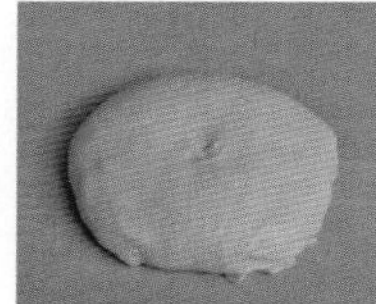

发酵不足
手指戳下的凹洞立刻回复呈平面状。

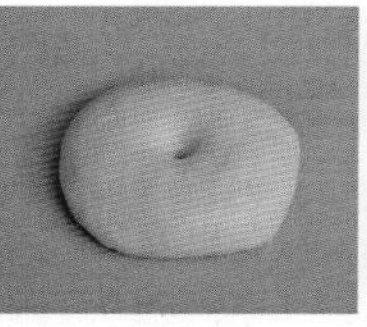

发酵完成
手指戳下的凹洞无明显变化，形状维持。

发酵过度
手指戳下后面团立刻陷下而无回复。

过程中“翻面”

翻面，就是对发酵中的面团施以均匀的力道拍打，让面团中产生的气体排除，再由折叠翻面包覆新鲜空气，并使底部发酵较慢的面团能换到上面，让面团表面与底部温度均衡，稳定完成发酵。压平排气的操作，能提升面筋张力，让面团质地更细致、富弹性。

◎翻面的方法

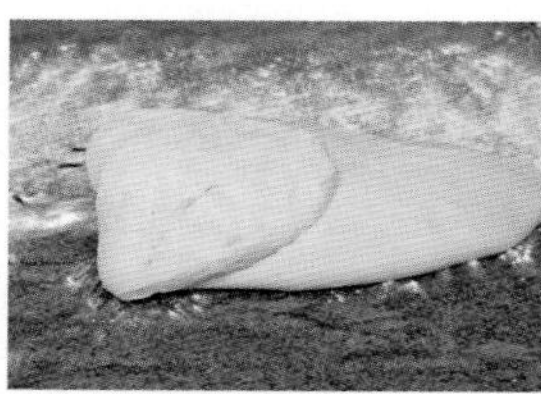

①将面团轻拍平整，从面团一侧向中间折叠1/3。

②再将面团另一侧向中间折叠1/3。

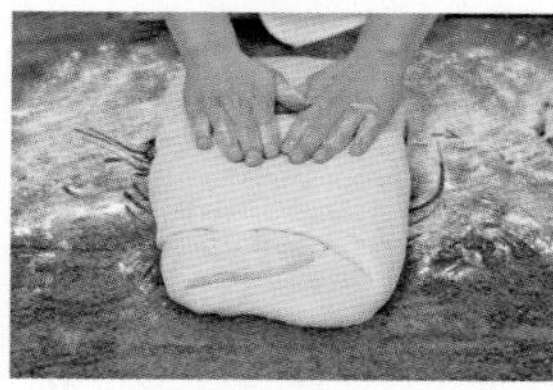

③稍轻拍均匀。

④再从上端往下折叠1/3。

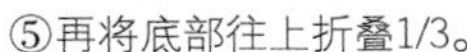

⑤再将底部往上折叠1/3。

⑥翻转面团使折叠收合的部分朝下，盖上保鲜膜发酵。

分割、滚圆

将面团就所需的份量以刮板快速分割后，即刻收合整圆，以接合口处朝下放置。分割的动作会造成面团的损伤消气，影响面团膨胀，因此，面团分割后必须静置。

中间发酵

分割滚圆后的面团呈紧绷状态，因此要让面团静置，使面团得以舒缓，恢复弹性至容易整形的状态。静置的过程中为避免水分的蒸发，可在面团表面覆盖湿布，防止表面干燥（干燥会妨碍发酵膨胀）。

整形

面团静置时仍在持续发酵，因此，要用手或擀面棍轻轻按压面团，将内部空气挤压出后，再做搓圆塑形。整形会让光滑面成为表面，并须依面团性质的不同，施予不同的力道，一般硬质类的整形力道稍弱于软质类面包。

最后发酵

面团整形时也会造成消气，因此，须再经由重新发酵，让面团恢复弹性，最后得以漂亮膨胀。

由于面团的体积会膨胀到1.5~2倍的大小，所以摆放于烤盘时，面团要间隔放置；而若是硬质类等视觉着重在切割面的面包，为维持已塑成的形状，会借由折出凹槽的发酵布形成的间隔作为支撑来进行发酵。

至于温度上，松软口感的面包，会以略高的温度发酵，而较讲求发酵风味的硬质类，则多以低温发酵。

烘烤

每种烤箱的火力强度不尽相同，建议先以标示的温度为准，再就自家烤箱的情况，调整出最适合的温度。烤箱预热的温度以标示的温度为基准，务必充分预热，且在烤箱温度尚未下降时即刻放入面团烘烤，才能烘烤出质地均匀、色泽美丽的面包。

烤焙时若想防止上层表面烤焦或上色过深，可在烘烤一半时，覆盖烤焙纸再烘烤。另外为了让成品均匀受热上色平均，烘烤过程中须就状况，移动烤盘作转向烘烤。

面包的保存

冷藏的温度容易使面包变质，影响口感。面包若能在1~2天内食用完，放置室温保存较好。

◎点心面包

红豆、卡士达等有内馅面包，常温约可保存1~2天。若冷冻会影响内馅的风味口感，较不建议。

◎吐司

吐司常温下可保存约3天，但遇温度高的夏季较容易变质要注意；冷冻可保存2~3周，食用时，室温解冻，稍喷水雾后即可回烤加热。

发酵种与天然酵母

书中使用的发酵种有：法国老面、甜老面、汤种、鲁邦种，以及酒种、番茄酵种等几种。
这里对这些发酵种的制作进行完整的介绍，
发酵种制成之后，就可以运用在各式面包的制作中。

利用蔬果、谷物培养酵母液，再以酵母液混合面粉做成发酵种，
之后定期喂养，致使发酵活力持续与稳定，这是制作天然酵母的基本程序。

运用天然酵母做出的面包，带有独特的芳醇香气，
深奥的香气风味，是一般的强力的商品酵母所无法比拟的！

老面与天然酵母种，
经过长时间发酵，
带出面粉温和自然的风味与芳香，展现无以取代的迷人魅力！

A 法国老面

法国老面使用法国面包粉制作，特别能带出面粉的香气美味，适用于各款欧式面包。

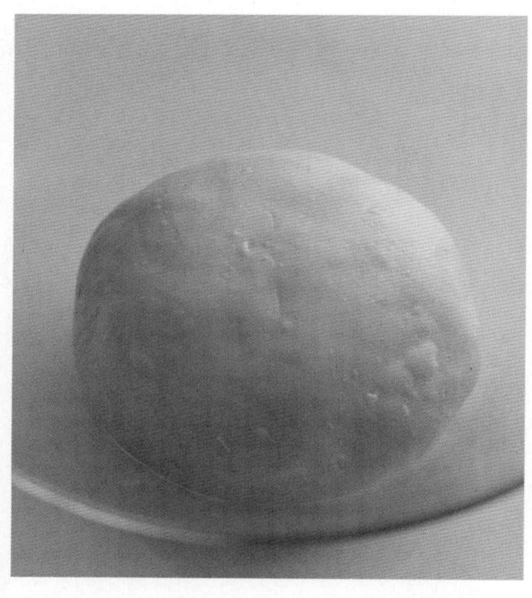

配　方

法国粉…1000g
水…650g
麦芽精…3g
低糖干酵母…7g
（或鲜酵母20g）

做　法

①所需材料。

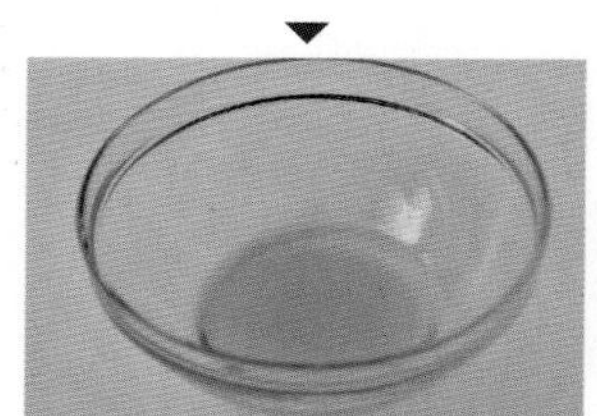

②将水、低糖干酵母先搅拌均匀，静置约30分钟至溶解。

③将酵母水、麦芽精、法国粉以慢速搅拌至聚合成团。

④再转中速搅拌至表面光滑即可（面温23.5℃）。

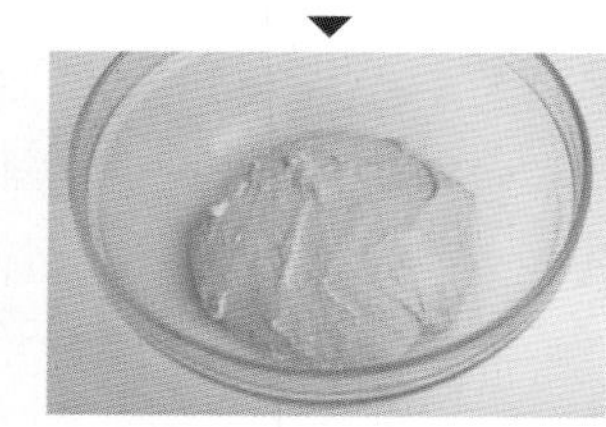

⑤将面团放入容器中，覆盖保鲜膜，室温发酵约1小时。

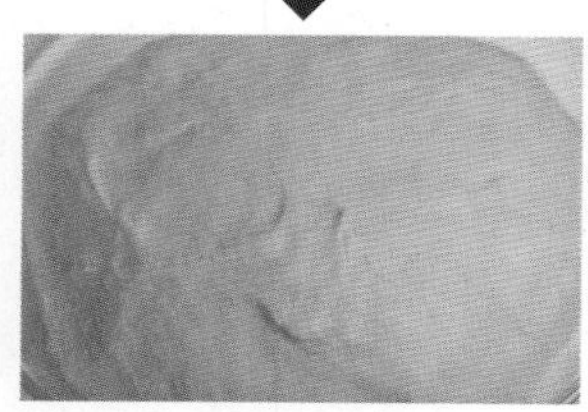

⑥待面团发酵膨胀，即可使用（或移置冷藏室发酵12~15小时后隔天使用）。

共通原则——玻璃容器沸水消毒法

为避免杂菌的孳生导致发霉，发酵用的容器须事先煮沸消毒，消毒步骤：①将锅中加入可以完全淹盖过瓶罐的水量，煮至沸腾；②以夹子挟取出；③倒放、自然风干即可。另外，要用的其他工具，亦须以热水浇淋消毒后使用。

B 甜老面

甜老面跟法国老面相较，是以含糖量高的面团作为发酵种，再加入其他面团制作，
多应用于精致系、甜面包等香甜、柔软的面包，
制成面包微微带甜，又有蛋奶的香气，口感细致柔软、蓬松。

配　方

Ⓐ 高筋面粉1000g
上白糖…150g
岩盐…18g
鲜酵母…30g
全蛋…150g
鲜奶…200g
水…310g

Ⓑ 无盐黄油…100g
发酵黄油…100g

做　法

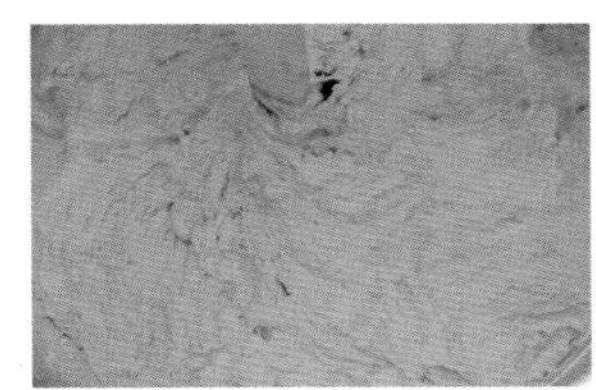

①将所有材料Ⓐ先慢速搅拌混合。

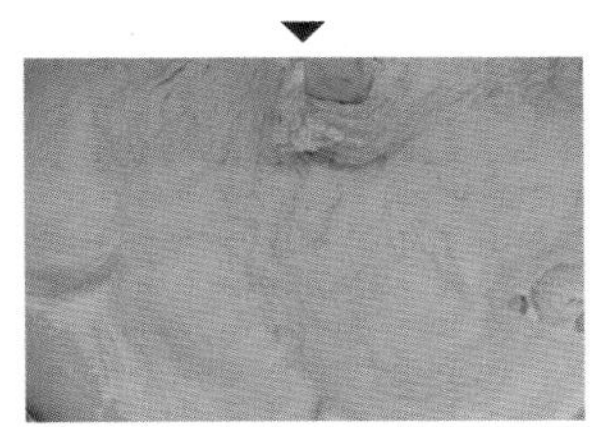

②搅拌至均匀成团。

③再转中速搅拌至表面光滑。

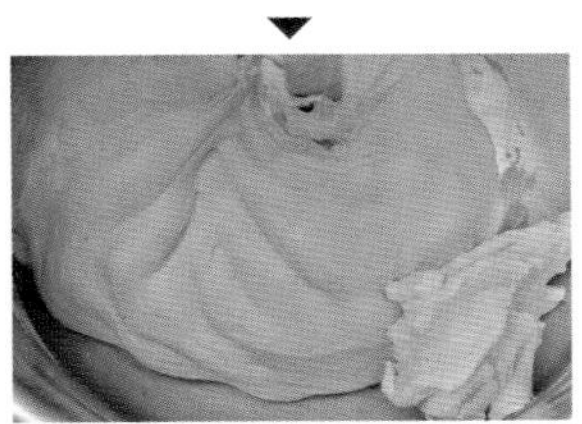

④加入材料Ⓑ以慢速搅拌至均匀。

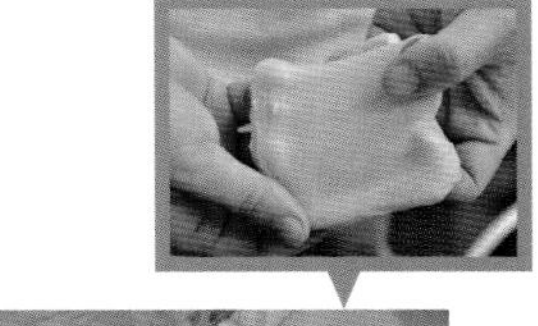

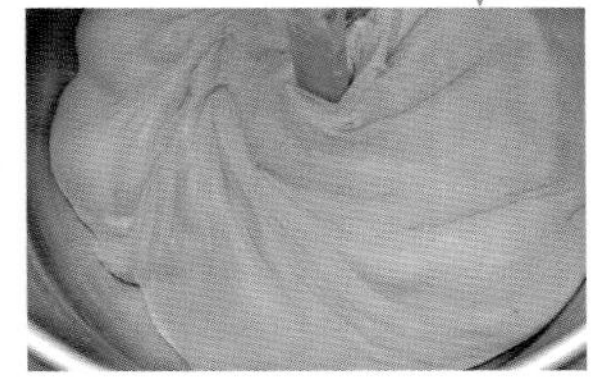

⑤再以中速搅拌至面筋可形成均匀薄膜（完成时面温约26℃）。

⑥将面团放入容器中，覆盖保鲜膜。

⑦室温发酵约1小时，待面团膨胀，即可使用。

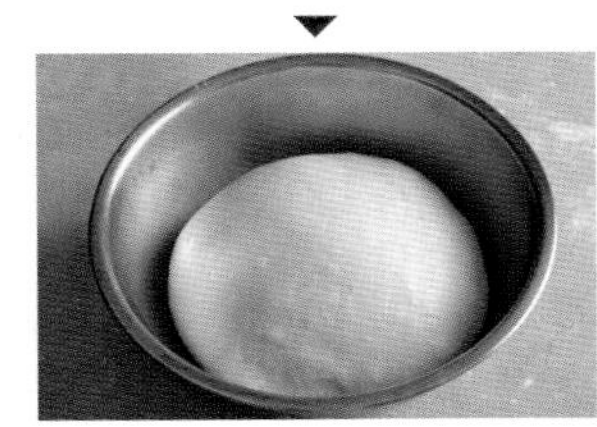

⑧冷藏可存放3天，冷冻可存放1星期。

C 酒种

酒种酵母液使用米曲和米来酿酵制作，是日式面包独特的发酵种之一，
带有淡淡的甜味与酸味，微微清香特质，多应用于甜面包。
以酒种制成的面包，口感湿润柔软；酒种的缺点是发酵力较弱。

酒种酵母液培养

配 方

米…180g
米曲…36g
水…270g

做 法

①所需材料。

②米洗净，浸泡水（份量外）6小时。

③沥干水分，静置1小时，让水汽蒸发。

④将做法3的米放入蒸锅中，摊展开。

⑤以中火蒸煮约50分钟，再焖煮约10~20分钟。

⑥将蒸好的米摊平铺放在平盘中，放室温待冷却。

⑦将做法6和其他所有材料放入玻璃瓶中。

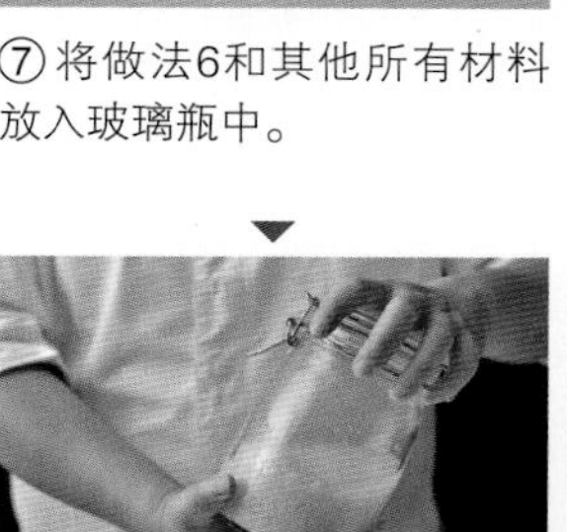

⑧盖上瓶盖密封后，放置室温（25℃）下，避免阳光照射，发酵约3天。

⑨**第1天状态**。浮出细小物质，水与米间冒出小气泡。

⑩**第2~3天状态**。水渐渐变浊，水面的气泡增加，带有淡淡的甜味香气。

提示｜原生酒种具有独特香气，但发酵力不足；若与法国粉1：1混合，再续养后使用，则适用于甜面包，以及其他面包。

⑪ **第4天状态**。米粒逐渐消失且甜味降低。

⑫ **第5天状态**。水面气泡增加的速度减缓，可闻到明显酒香气味。

⑬ 将发酵完成的酒种过筛，萃取出酒种酵母液，装进有盖的容器内，冷藏保存，7天内使用完毕。

D 汤种

面粉加上沸水先搅拌，再加入其他面团一起发酵，利用面粉事先糊化的过程提升面团的保湿性，制作成的面包口感更加柔软。

配　方

高筋面粉…100g
热水（100℃）…130g

做　法

① 所需材料。

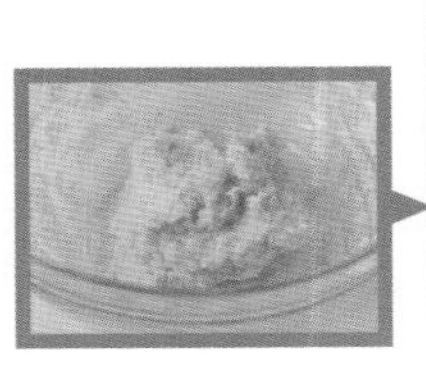

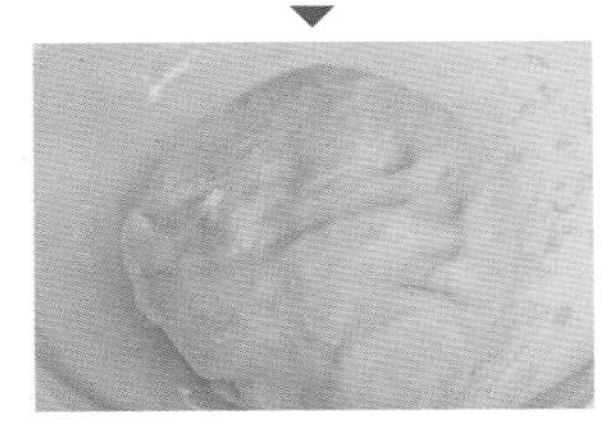

② 将高筋面粉加入热水慢速搅拌约5分钟均匀成团。

③ 取出放凉冷却，放入容器中，覆盖保鲜膜。

④ 冷藏约12小时，隔天取出使用。

⑤ **第1天状态**。

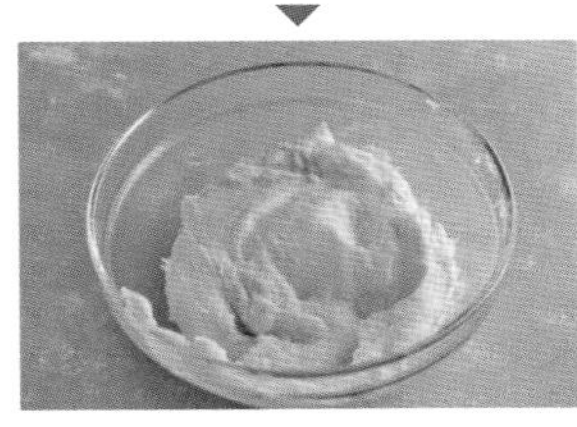

⑥ **第2天状态**。

E 番茄酵母

用完全成熟的番茄制作，将番茄打成汁再发酵，酵母细胞更加活跃。
带有清新果香味的番茄酵母，非常适合用于风味单纯的欧风面包。

番茄酵母液｜培养

第1天

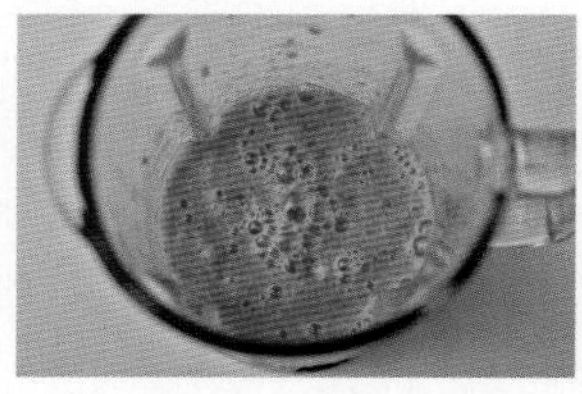

①所需材料：中型新鲜番茄300g打成汁，以及水（25℃）750g、蜂蜜15g。

②将所有材料倒入容器中搅拌均匀，密封、室温静置。

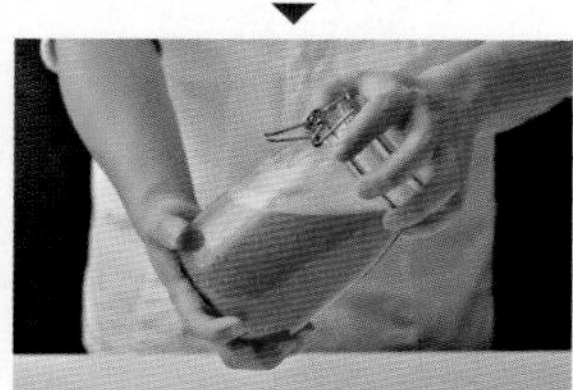

③早、中、晚，各充分摇晃一下瓶身（1天3次）。

④每次摇晃结束后，再打开瓶盖让瓶中的气体释放出来，通过味道确认酵母的状况。

⑤**第1天状态。**

⑥**第2天状态。**

番茄酵母种

第2天

⑦所需材料：第1天做的番茄发酵液240g、法国粉400g、蜂蜜40g。

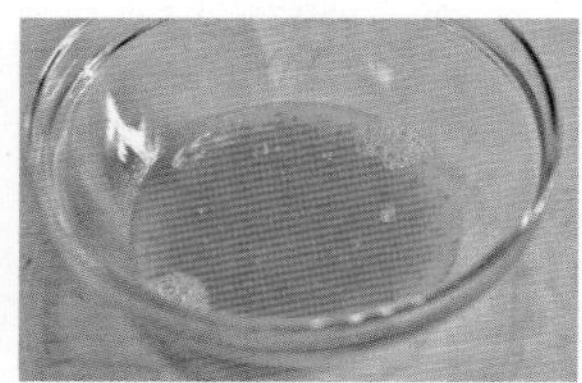

⑧将蜂蜜先与番茄发酵液混合。

⑨加入法国粉拌匀约5分钟（面温25℃）。

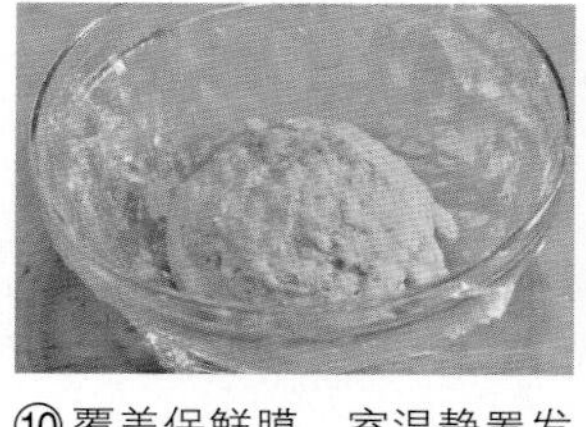

⑩覆盖保鲜膜，室温静置发酵约12小时。

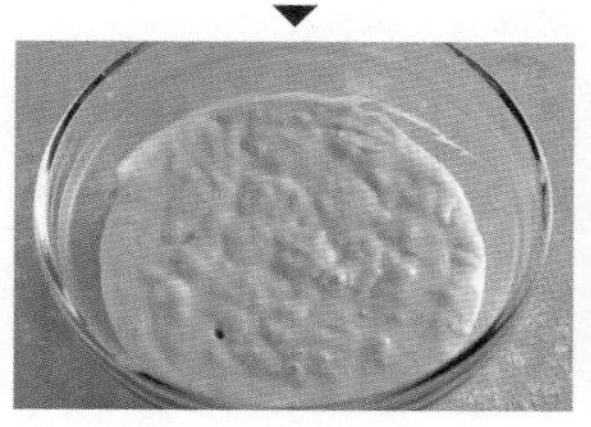

⑪**第2天状态。**

第3天

⑫所需材料：前天做的番茄酵母种680g、番茄发酵液240g、法国粉400g、蜂蜜40g。

⑬将蜂蜜先与番茄发酵液混合后，加入法国粉拌匀约5分钟（面温25℃）。

⑭再加入番茄酵母种搅拌混合约5分钟（面温25℃）。

⑮每6小时翻面1次，共3次，冷藏发酵（5℃）后即可使用。

约可放7天

⑯**第3天状态。**

小提示｜番茄酵母液须做成面团才可保存。

F 鲁邦种

使用黑麦粉培养出酵母种，再揉合其他材料制作，鲁邦种具有独特的熟成香气与酸味，制作成的面包，带有独特的香气和风味，是欧式面包常用的酵种。

鲁邦种 | 培养

第1天

①所需材料：黑麦粉50g、饮用水50g、鲜酵母0.1g。

②将饮用水、鲜酵母先溶解均匀，再加入黑麦粉搅拌均匀（面温25℃）。

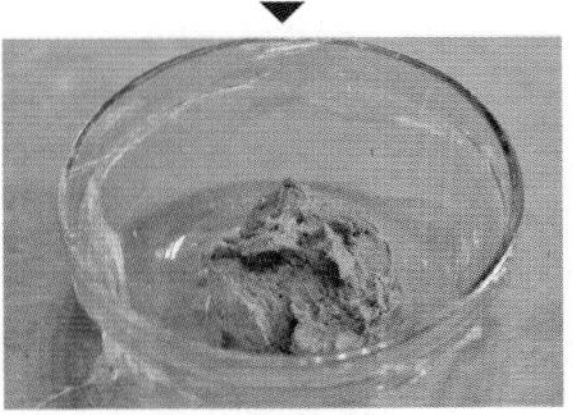

③覆盖保鲜膜，室温下静置发酵约24小时。

④第1天状态。

第2天

⑤所需材料：发酵液种全部、法国粉100g、饮用水100g、细砂糖20g。

⑥取第1天的发酵液种全部，加入其他材料充分拌匀（面温25℃）。

⑦覆盖保鲜膜，室温下静置发酵约24小时。

⑧第2天状态。

第3天

⑨所需材料：发酵液种全部、法国粉200g、饮用水200g。

⑩取第2天的发酵液种全部，加入其他材料充分拌匀（面温25℃）。

⑪覆盖保鲜膜，在室温下静置发酵约24小时。

⑫第3天状态。

后续喂养

3天过后，鲁邦种可以使用了。

若不直接使用，可覆盖保鲜膜冷藏，可直接保存约4天；到第4天可以再喂养，其后每4天喂养1次，就可以一直延续下去。

后续的喂养，原则是法国粉的添加重量不超过前种重量，即添加量最多可以达到前种：法国粉：水=1：1：1。

制作美味馅料与淋酱

酒渍果干，香气醇厚；
慢熬的各种馅料，甜的醇香温润，咸的鲜香顺口……
酒渍、慢熬，这些手段自制的迷人好味，让面包烘焙更添香气。

酒渍。封存果物色泽芳香

以酒浸渍果干，封存果干的完整香气与色泽，到发酵烘焙中，再提释出果物独有的特色风味。

01 酒渍葡萄干

材料：葡萄干380g、红酒380g

做法：将葡萄干汆烫，待冷却，加入红酒浸泡入味，备用。

02 酒渍黄金葡萄

材料：黄金葡萄200g、红酒200g

做法：将黄金葡萄干汆烫，待冷却，加入红酒浸泡7天至入味，备用。

03 酒渍柳橙皮

材料：柳橙皮200g、橙酒200g

做法：将柳橙皮、橙酒混合浸泡入味（约7天）备用。

04 酒渍橘子皮

材料：橘子皮40g、橙酒40g

做法：将橘子皮、橙酒混合浸泡入味（约7天）备用。

05 酒渍蔓越莓

材料：蔓越莓干300g、蔓越莓酒300g

做法：将蔓越莓干、蔓越莓酒混合浸泡入味（约7天）备用。

06 红酒渍香蕉

材料：香蕉干250g、红酒250g

做法：将香蕉干与红酒浸泡入味（约7天）备用。

07 综合水果干

材料：核桃20g、夏威夷果43g、葡萄干850g、柳橙干丝140g、柠檬丁140g、肉桂粉1g、白酒100g

做法：

①夏威夷果、核桃以上下火150℃烘烤15分钟。

②将烤过的坚果与其他干料在白酒中浸渍3个月，过程中须每天翻面。

慢熬。香甜化口温润柔滑

细工慢熬，保留食材的香气，带出协调滑顺口感。

01 红豆馅（存期：冷藏3天）

材料：红豆300g、细砂糖200g、精致麦芽65g

做法：

①先将红豆泡软。水烧开后放入红豆煮约50分钟，熄火再焖煮约10分，沥干水分。

②将红豆、细砂糖放入干锅中拌炒至浓稠收干（推动锅底时呈现较好流动性）。

③加入麦芽拌炒至浓稠收干（推动锅底时呈现较好流动性），铺平待冷却，覆盖保鲜膜冷藏1天隔日使用。

02 芋头馅（存期：冷藏3天）

材料：芋头600g、细砂糖190g、橄榄油50g

做法：

①将芋头去皮、切片，蒸约45分钟至熟。

②芋头趁热加入细砂糖搅拌均匀。

③再加入橄榄油拌匀，铺平，待冷却，覆盖保鲜膜冷藏1天后使用。

03 香草卡士达

材料：

Ⓐ鲜奶500g、香草荚1/2支

Ⓑ低筋面粉25g、细砂糖100g、蛋黄90g、玉米粉25g

Ⓒ无盐黄油25g、君度橙酒5g

做法：

①将香草荚取籽投入鲜奶，鲜奶加热煮沸，冲入已混合拌匀的材料Ⓑ中，再度拌匀。

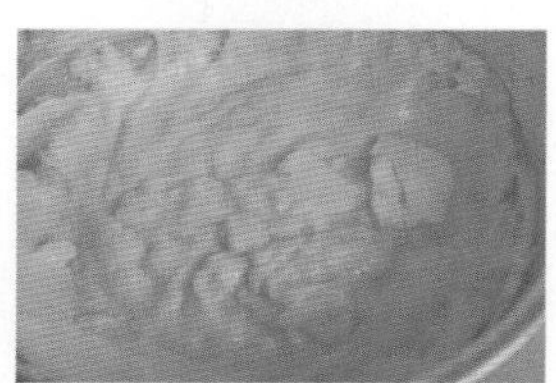

②拌煮至中心点沸腾起泡至浓稠，关火，加入黄油拌至融合，再加入橙酒拌匀倒入平盘中，待冷却，覆盖保鲜膜。

04 日式奶油奶酪馅

材料：奶油奶酪500g、上白糖113g、奶粉50g、蛋黄40g、动物稀奶油25g

做法：

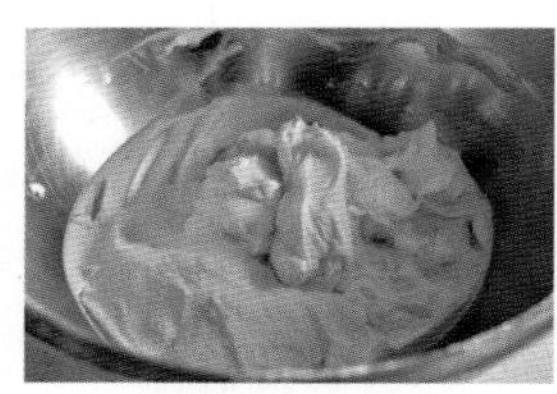

①将奶油奶酪、上白糖搅拌均匀，加入奶粉充分拌匀。

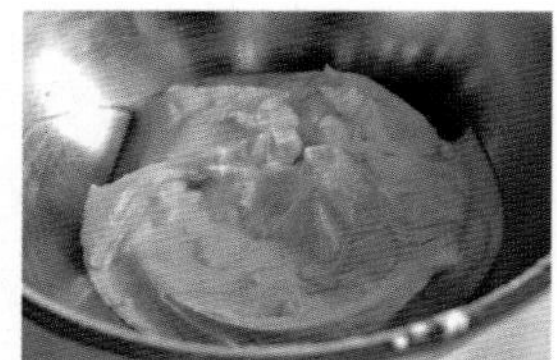

②分次缓慢加入蛋黄、稀奶油继续搅拌均匀，冷藏静置隔夜备用。

05

玫瑰草莓馅

材料：草莓干300g、草莓果泥300g、玫瑰花瓣酱100g、水300g、低筋面粉120g

做法：

①将草莓干、草莓果泥、水加热煮沸，加入玫瑰花瓣酱拌煮。

②加入过筛低筋面粉拌煮均匀，即成玫瑰草莓馅。

06

荔枝覆盆子馅

材料：

Ⓐ新鲜荔枝80g、冷冻覆盆子15g、荔枝干35g

Ⓑ无盐黄油15g、全蛋20g、细砂糖50g、低筋面粉63g

做法：

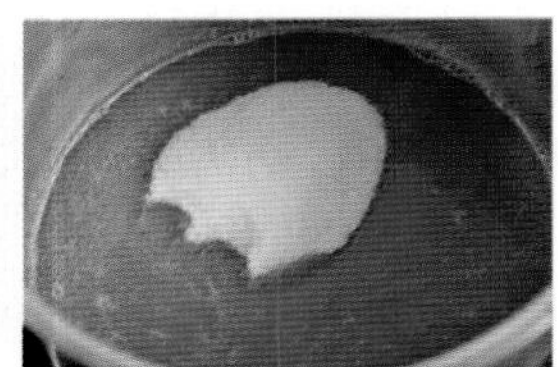

①将材料Ⓐ混合打成汁，加入细砂糖、黄油加热煮沸。

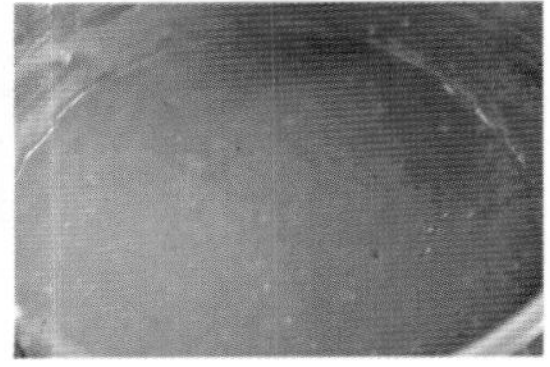

②加入蛋、过筛的低筋面粉混合拌煮均匀。

07

咖哩馅（存期：冷藏7天、冷冻1个月）

材料：

Ⓐ双孢菇100g、洋葱3颗、培根100g、牛绞肉500g、猪绞肉500g、鸡绞肉200g

Ⓑ橄榄油适量、咖哩粉200g、高筋面粉100g、豆蔻粉5g、孜然粉5g、盐2g、黑胡椒2g

Ⓒ红酒60g、起司粉30g

做法：

①锅中倒入橄榄油预热，加入培根丁煸炒出香气，再放入双孢菇、洋葱炒香。

②待前材炒熟后加入牛、猪、鸡绞肉拌炒熟，加入材料Ⓑ中各调味料拌煮，转中强火拌炒至收汁。

③加入红酒稍拌炒，再加入起司粉炒至浓稠，待冷却，密封，冷藏1晚。

08

镜面巧克力

材料：细砂糖45g、可可粉22g、动物稀奶油84g、水81g、72%巧克力90g

做法：

①水、动物稀奶油、细砂糖混合煮沸，加入可可粉拌匀，待再度沸腾后关火。

②加入72%巧克力以余温使其溶解并拌匀，而后过筛均匀，待凉备用。

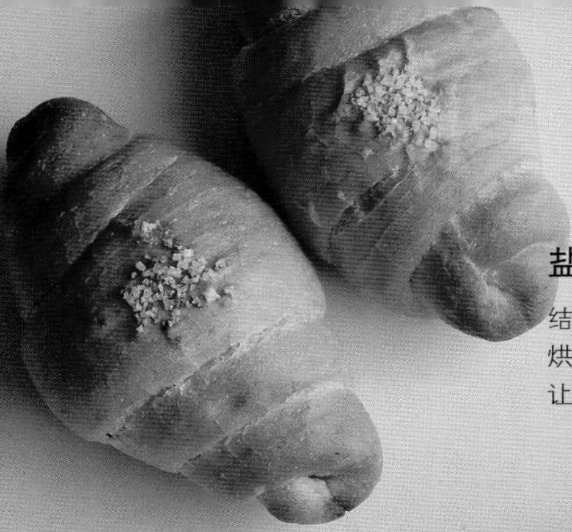

味蕾漫游，日式面包美味巡礼

各地的盛产、谷物不同，造就各式面包的风格特性。
日本各地都有极具代表性的面包名物，
独特的形状与风味，深受大众喜爱……
后面将带您通过手感体现，进行味蕾的享受之旅。

盐之花可颂（塩バターロール）

结合法式面包的口感，在中心卷入黄油，烘烤后形成酥脆焦香口感。表层的盐之花让面包吃起来尾韵回甘，不油腻。

青森苹果卡士达（青森リンゴクリーム）

结合青森知名苹果制成的果子面包，内层奶油馅烘托出苹果的绵密香甜，可爱造型令人喜爱。

酒种红豆面包（あんパン）

最早由“木村屋”以酒种制作出的红豆面包，享誉盛名，是日本点心面包的代表。柔软绵密的口感中，带有迷人香气；有多样的口味与形式。

珍珠菠萝（メロンパン）

表面有着类似饼干的质地，带有独特的酥脆口感。口味与造型多变化，外形有纺锤状、带格纹等多种。

巧克力红酒芭娜娜（ワインチョコバナナ）

利用食材风味，融合欧包工法创新变化，别具水果的香气口感。

螺旋面包（コロネ）

螺状面包体中填挤着以卡士达、巧克力为主的内馅，松软面包层又带着浓醇的奶香味，是广受喜爱的点心面包。

奶油面包（クリームパン）

相传源于泡芙的感动而产生的面包，内里包着香浓滑顺的卡士达（克林姆），形状有熊掌、圆形等不同造型。

炙烧明太子（明太フランス）

明太子面包与大蒜面包都是日本的代表性面包。将福冈名物明太鱼子，与香脆的法国面包搭配，炙烧渗入面包中的鱼子的醇厚鲜美带出法包深沉的香气风味。

吐司（食パン）

吐司有山形与方形两种形状。英式吐司不带盖烤焙，烘焙后顶部膨起如山丘，又称山形吐司；美式吐司加盖烘烤，烤后形状四方，又称角吐司。

汤种贝果（ベーグル）

使用温热的面种“汤种”制作，制成的贝果表层分布着微小气泡（鸟眼），带有Q弹扎实的嚼劲口感。

1 人气话题的点心面包

口味多元！美味加分的有料点心面包

01
珍珠菠萝

这款面包因外表有金黄色、带裂痕的脆皮，状似菠萝而得名，
也有哈密瓜面包之称。
外层酥脆、内层柔软的双层口感，
最是它的引人之处。
菠萝面包的花样除了表面带菱格图纹，
还有包奶油、铺巧克力豆外皮、铺黏而软的糖蛋白酥皮等等，
种类之多，广受各年龄层喜爱。

配 方

面团（份量10颗）

- Ⓐ 高筋面粉…250g
  - 上白糖…38g
  - 岩盐…4g
  - 鲜酵母…8g
  - 全蛋…38g
  - 鲜奶…50g
  - 水…78g
- Ⓑ 无盐黄油…25g
  - 发酵黄油…38g

日式菠萝皮

无盐黄油…85g
上白糖…160g
全蛋…85g
低筋面粉…293g

表面

珍珠糖

结构类型
珍珠糖 + 菠萝皮 + 软质富糖奶类面团

做 法

◉ 日式菠萝皮

①将无盐黄油、上白糖先搅拌混合至糖融化。

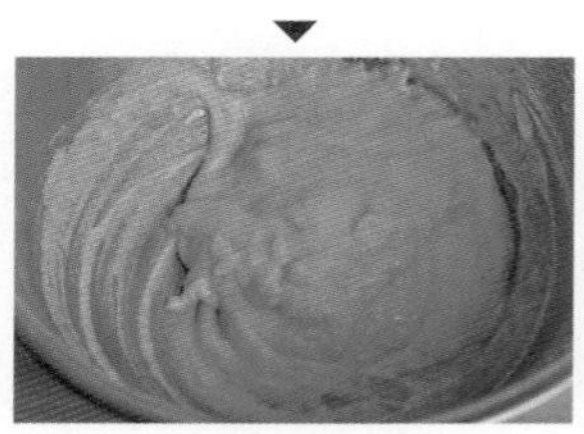

②加入全蛋搅拌至完全融合。

③加入过筛的低筋面粉搅拌混合至无粉粒。

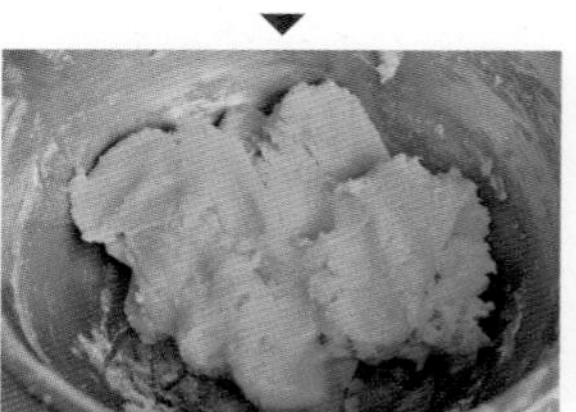

④即成日式菠萝，密封冷冻。

◉ 搅拌面团

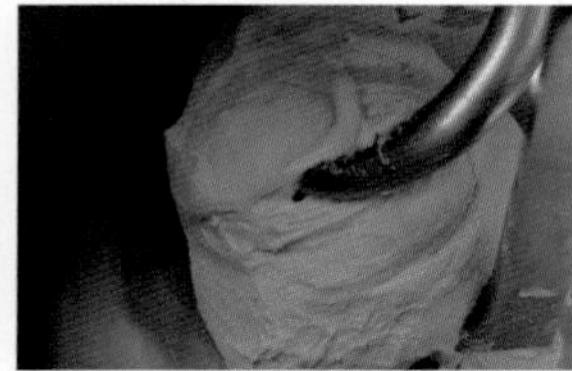

⑤将所有材料Ⓐ以慢速搅拌成团，转中速搅拌至表面光滑。

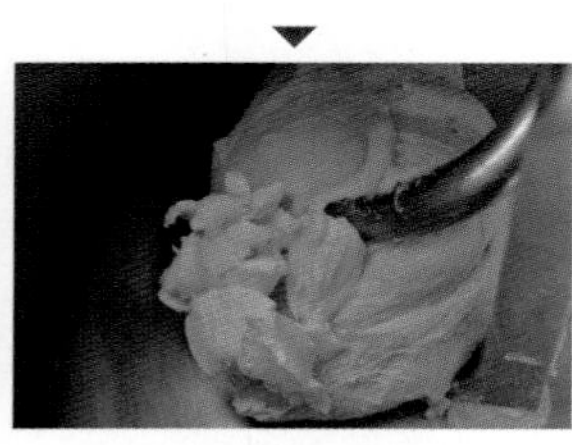

⑥加入材料Ⓑ以慢速搅拌至均匀。

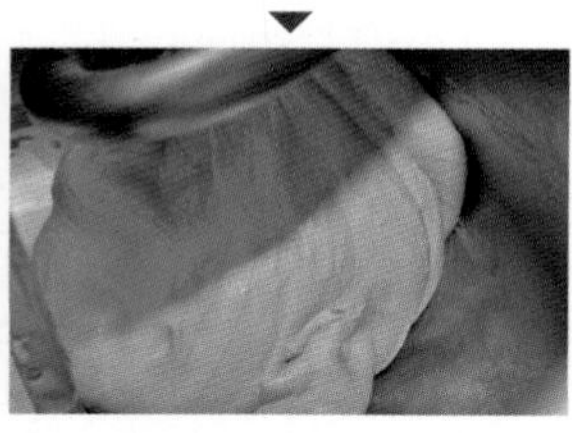

⑦再以中速搅拌至面筋形成，拉开呈均匀薄膜即可（完成时面温约26℃）。

◉ 基本发酵

⑧整理面团成圆滑状态，基本发酵60分钟。

◉ 分割、中间发酵

⑨ 分割面团成60g × 10个，将面团滚圆后中间发酵30分钟。

◉ 整形、最后发酵

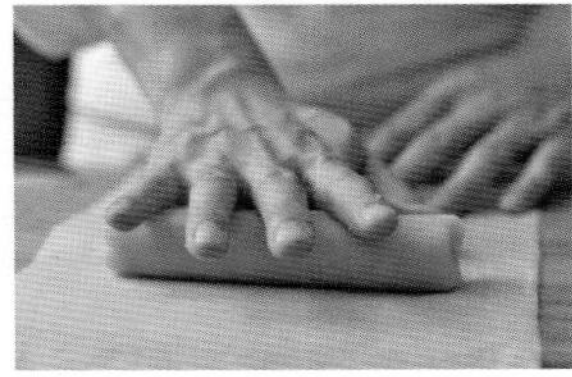

⑩ 将菠萝面团分切成40g × 10个。

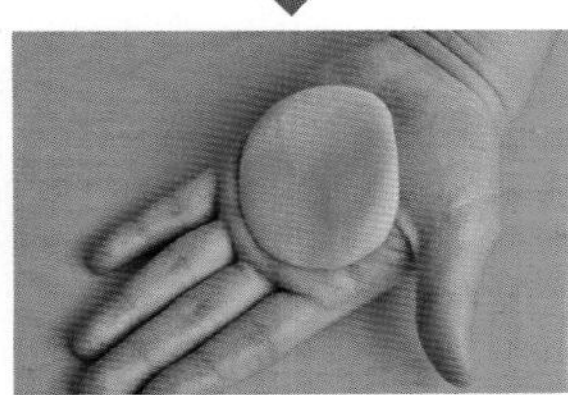

⑪ 滚圆，按压成略小于面团的圆扁形。

⑫ 再将圆扁状的菠萝皮覆盖在面团上。

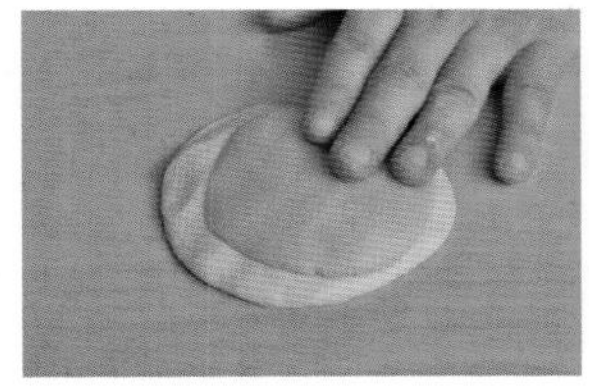

⑬ 用手掌稍按压使其紧密贴合。

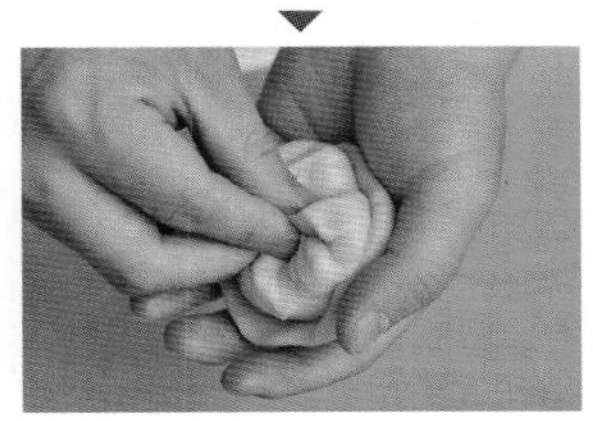

⑭ 再放置手掌上整形，捏紧底部收合。

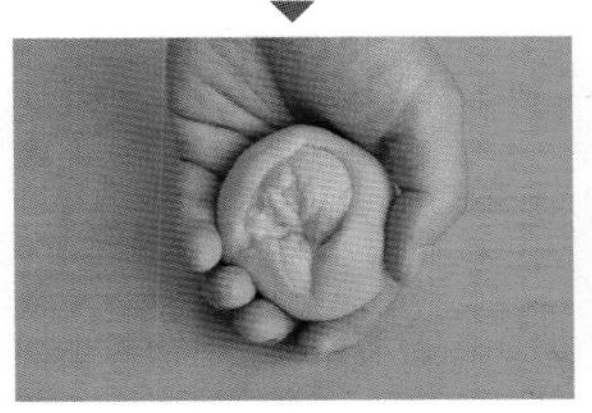

⑮ 使菠萝皮完全包覆面团。

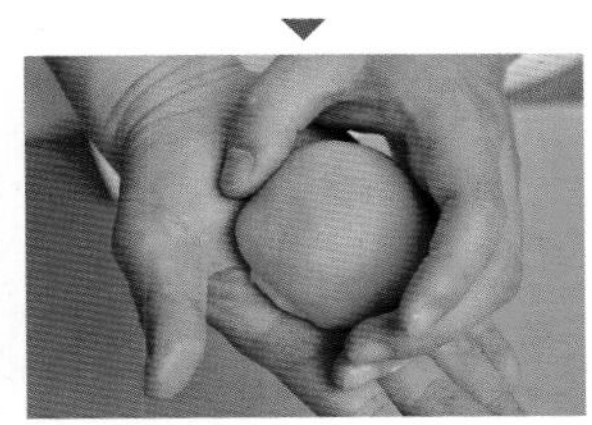

⑯ 整形成圆球状。

⑰ 抓住底部收合处，将表面沾裹上珍珠糖，最后发酵60分钟（湿度75%、温度30℃）。

提示｜盖上菠萝皮的面团搓圆时，须将面团放于手掌上，以另一手轻搓搓圆，让菠萝皮可靠包住，避免烤焙过程中菠萝皮滑动致使外观变形。

◉ 烘烤

⑱ 放入烤箱，以上火210℃ / 下火180℃烤约15分钟。

提示｜烘烤完成后连同烤盘一起稍振敲，振出空气，以避免面包凹陷。

02

埃及奶油

“埃及奶油”是款相当典型的主食面包，
熔化的黄油渗入面团中，使松软的面包散发浓醇奶油香气，
表层均匀撒上的细砂糖，带出焦糖般的层次，风味特别，
吃起来口感十足，再加上砂糖的提味，更添香气。

配方

面团（份量10颗）

Ⓐ 高筋面粉…250g
上白糖…50g
盐…5g
鲜酵母…10g
全蛋…100g
水…25g
法国老面
（做法见第24页）…50g
Ⓑ 无盐黄油…125g

表面（每份）

有盐黄油丁…6个
细砂糖…足量

结构类型
细砂糖 + 黄油丁 + 软质富糖奶类面团

做　法

◉ 前置处理

①将有盐黄油切成长、宽、高各为1cm的立方体。

◉ 搅拌面团

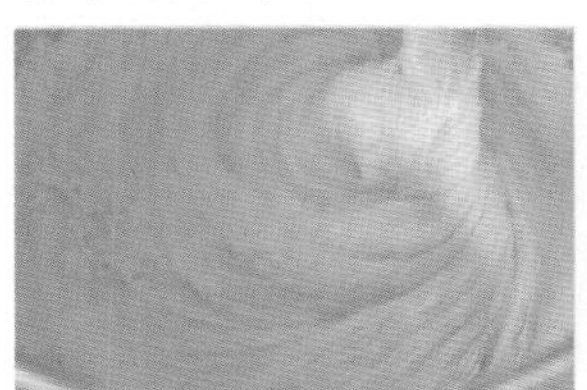

②将老面、材料Ⓐ以慢速搅拌成团，转中速搅拌至表面光滑。

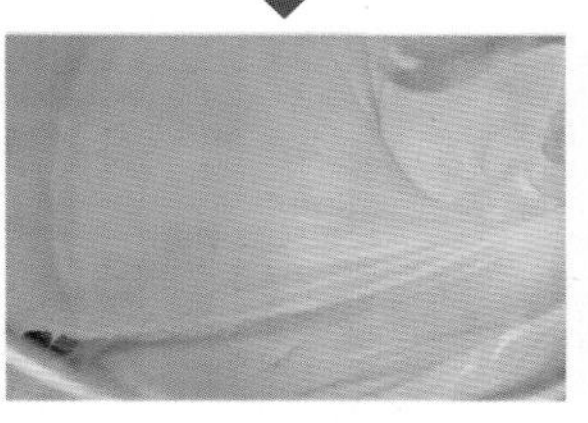

③分次加入材料Ⓑ以慢速搅拌至均匀。

④再以中速搅拌至面筋形成，拉开呈均匀薄膜即可（完成时面温约26℃）。

◉ 基本发酵

⑤整理面团成圆滑状态，基本发酵60分钟，拍平做3折1次翻面，再发酵约30分钟。

◉ 分割、中间发酵

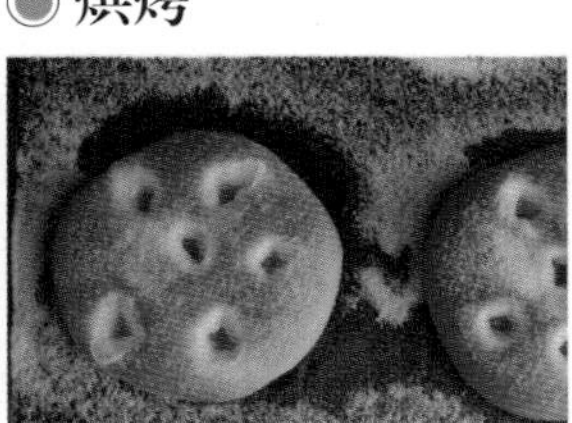

⑥分割面团成60g×10个，将面团滚圆后中间发酵30分钟。

◉ 整形、最后发酵

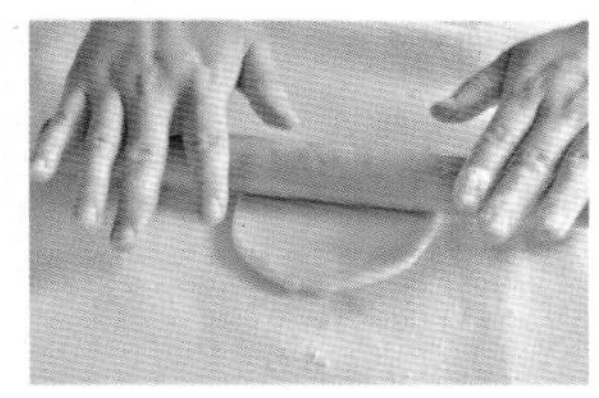

⑦将面团滚圆，轻压扁，擀成圆扁状，翻面。

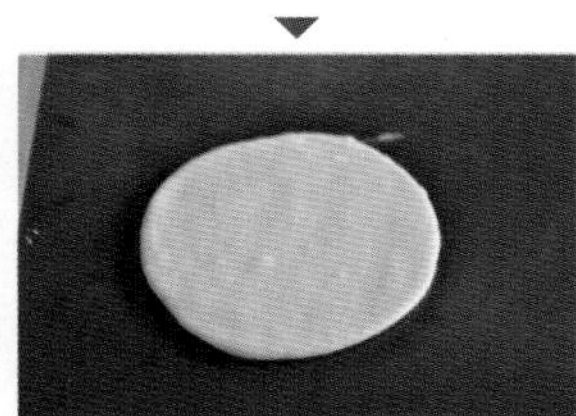

⑧放入烤盘最后发酵60分钟（湿度75%、温度30℃）。

⑨用手指在面团表面轻戳出6个小凹洞，并在凹洞里放入黄油丁，再撒上一层足量的细砂糖。

◉ 烘烤

⑩放入烤箱，以上火200℃/下火180℃烤约10分钟。

提示｜面团表面因撒有细砂糖上色较快，约6~7分钟时要开始注意面团是否已上色，避免烤焦。

03

青森苹果卡士达

质地弹软湿润的面包体中，包覆着蜜煮的清甜苹果，
再填充滑顺浓香的卡士达馅，
酸甜香味融合。
外形十足讨喜，滋味令人着迷。

模　型

- ϕ94mm × ϕ83mm × 35mm大圆模

配　方

面团（份量10颗）

Ⓐ 高筋面粉…250g
　上白糖…38g
　岩盐…4g
　鲜酵母…8g
　全蛋…38g
　鲜奶…50g
　水…78g
Ⓑ 无盐黄油…25g
　发酵黄油…38g

内馅

香草卡士达
（做法见第32页）

蜜煮苹果

细砂糖…350g
水…350g
苹果（对切）…3颗
肉桂粉…10g

表面

薄荷叶

结构类型
薄荷叶 + 香草卡士达 + 蜜煮苹果 + 软质富糖奶类面团

做　法

◉ 蜜煮苹果

①将苹果洗净，带皮对切成两半、去果核。

②将苹果切面朝下，放入锅中，再加入水、细砂糖、肉桂粉，蜜煮到香味溢出。

③待煮至苹果软化、收汁入味，再将苹果切面朝上煮一会儿软化表皮。

④即成蜜煮苹果。

提示｜选用口感稍偏硬的苹果。蜜煮苹果时，以中火熬煮即可，不要煮过烂，煮到苹果甜中仍带着些许自身口感的状态，风味最好。

◉ 搅拌面团

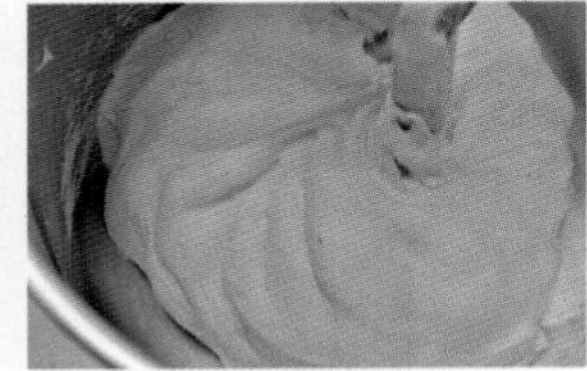

⑤将所有材料Ⓐ以慢速搅拌成团，转中速搅拌至表面光滑。

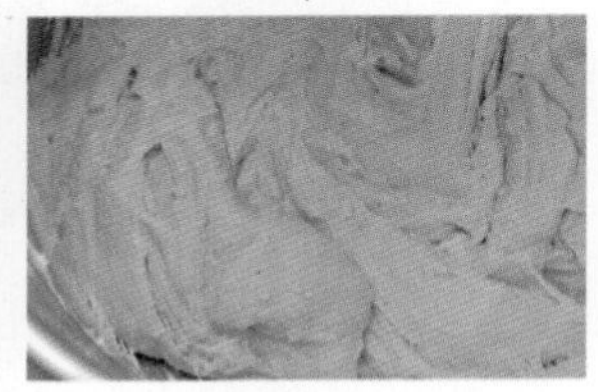

⑥加入材料Ⓑ以慢速搅拌至均匀。

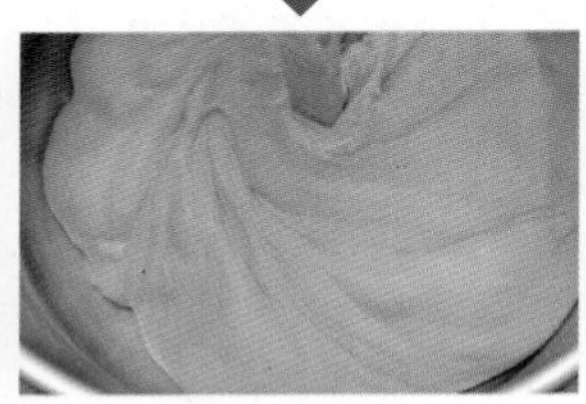

⑦再以中速搅拌至面筋形成，拉开呈均匀薄膜即可（完成时面温约26℃）。

◉ 基本发酵

⑧整理面团成圆滑状态，基本发酵60分钟。

◉ 分割、中间发酵

⑨分割面团成50g×10个，将面团滚圆后中间发酵30分钟。

◉ 整形、最后发酵

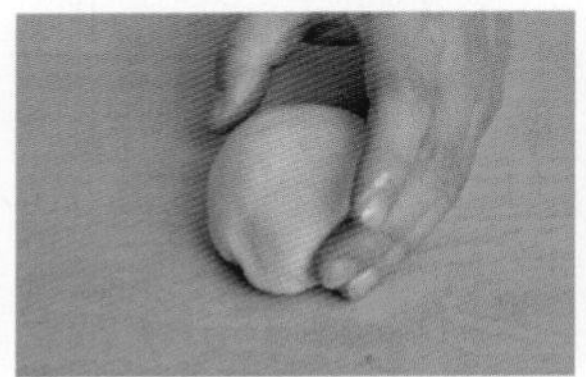

⑩将面团轻滚圆排出空气。

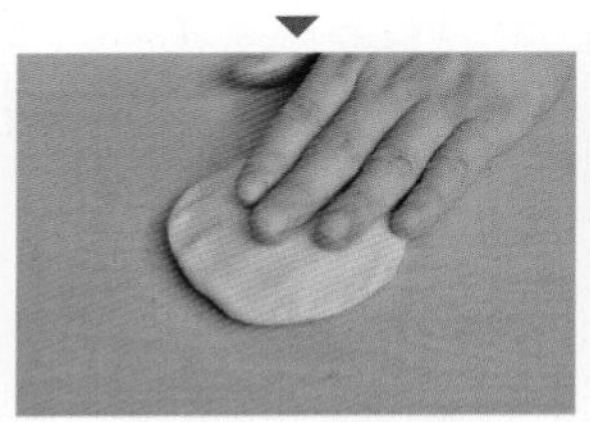

⑪稍拍扁，用手掌处按压成中间稍厚边缘稍薄的圆片。

⑫在面皮中间放入蜜煮苹果（1/4个）。

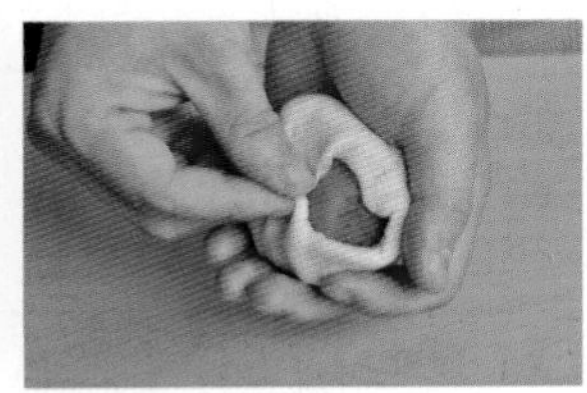

⑬将面皮朝中间拉拢收合。

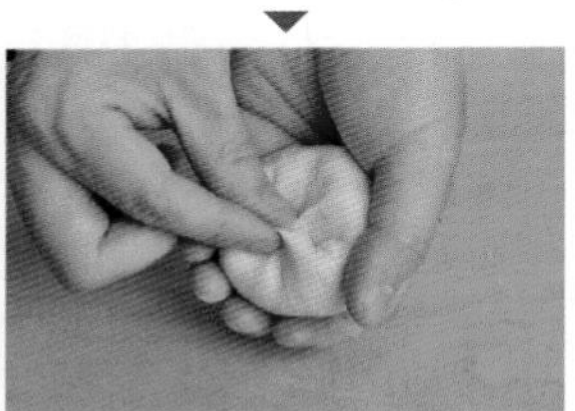

⑭捏合收口，整形成圆球状。

⑮将收口朝底，放入已喷上烤盘油的圆形模中，最后发酵60分钟（湿度75%、温度30℃）。

◉ 烘烤

⑯放入烤箱，以上火180℃/下火200℃烤约10分钟。待冷却，在中间戳出小圆孔，再将卡士达填充入蜜苹果中，表面放上薄荷叶。

04
巧克力甜心可颂

以低糖油面团制作，结合欧式及日式面包的特点，
口感介于欧包及甜面包之间，
内里包藏浓郁香醇的巧克力，香甜却不腻，有尾韵，
外脆内软，富咀嚼弹性。

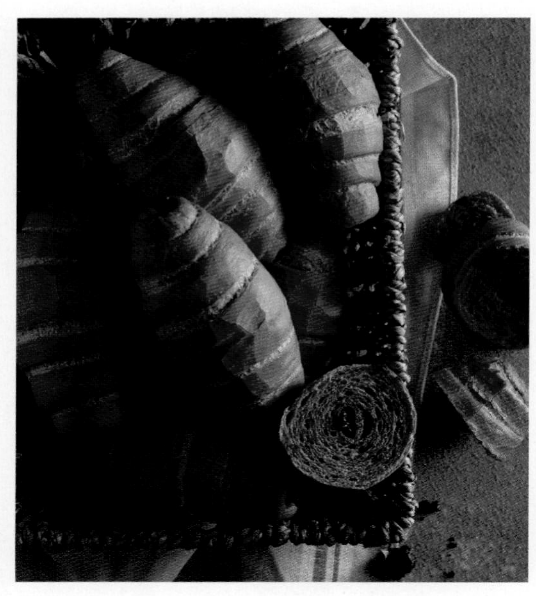

配　方

面团（份量11颗）

法国粉…250g
岩盐…4g
可可粉…10g
低糖干酵母…2g
法国老面…50g
（做法见第24页）
水…170g

内馅

巧克力棒…11根

结构类型
巧克力棒 ＋ 硬质低糖奶类面团

做　法

◉ 搅拌面团

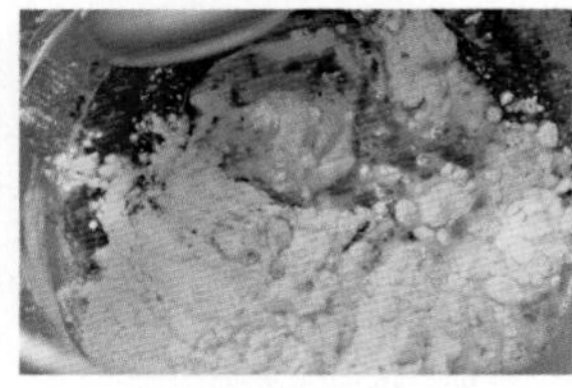

①将老面与所有材料放入搅拌缸中。

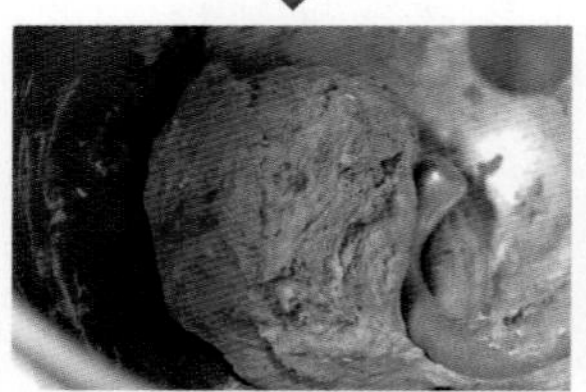

②以慢速先混合搅拌成团。

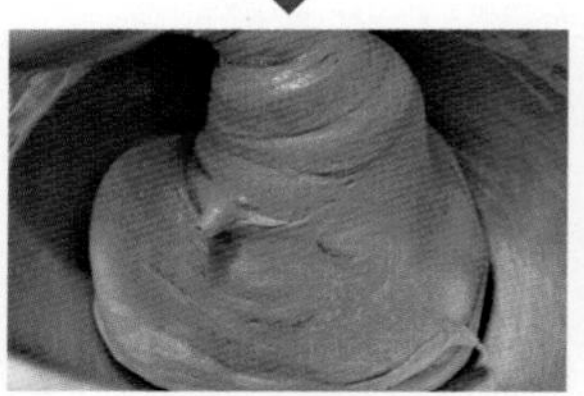

③转中速搅拌至表面光滑，至面筋可形成均匀薄膜即可（完成时面温约26℃）。

◉ 基本发酵

④整理面团成圆滑状态，基本发酵45分钟，拍平做3折1次翻面，再发酵约45分钟。

◉ 分割、中间发酵

⑤分割面团成45g×11个，将面团滚圆后中间发酵30分钟。

◉ 整形、最后发酵

⑥将面团搓揉成椭圆。

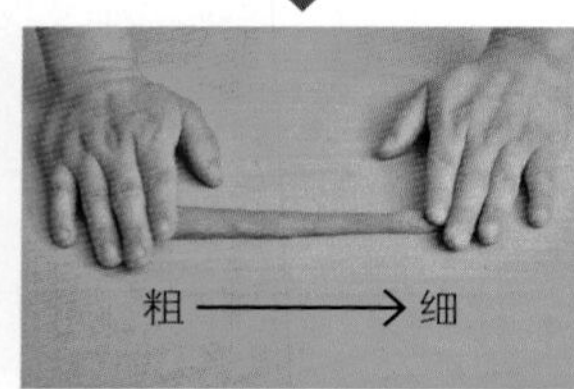

⑦再搓成一端稍厚一端渐细的圆锥状。

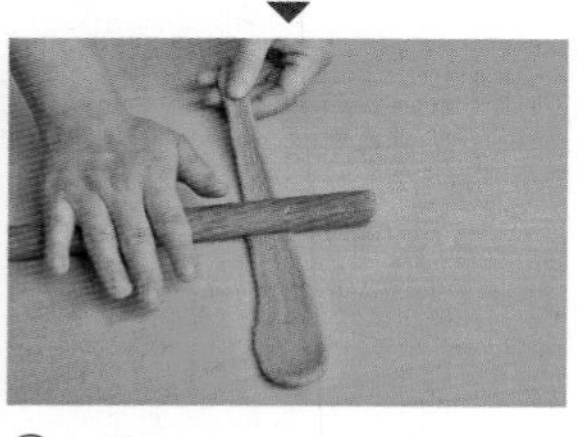

⑧用擀面棍从圆顶端处往下边擀平，边拉住底部延展。

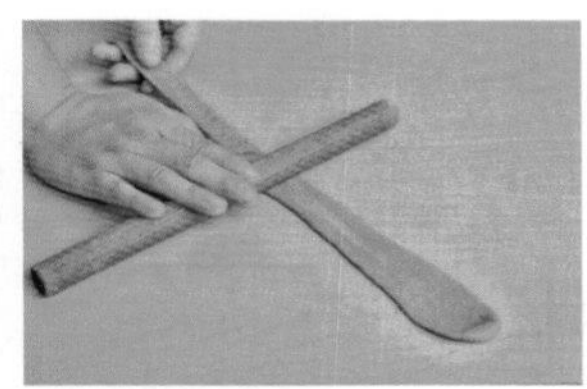

⑨翻面，再从上而下擀平延展。

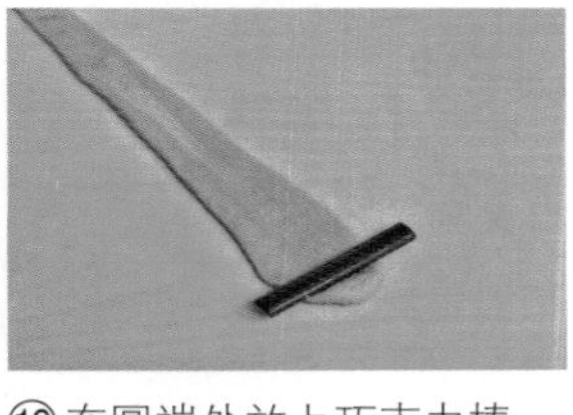

⑩在圆端处放上巧克力棒。

⑪将圆端外侧边缘向内略为折叠，并轻轻按压。

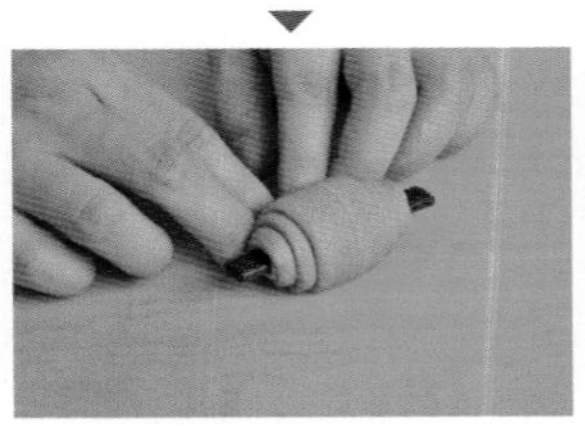

⑫由上而下顺势卷起至底成圆筒状。

⑬收口于底，成形。

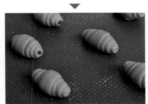

提示｜注意左右对称，面团卷得略紧实，可使可颂组织层次更分明。

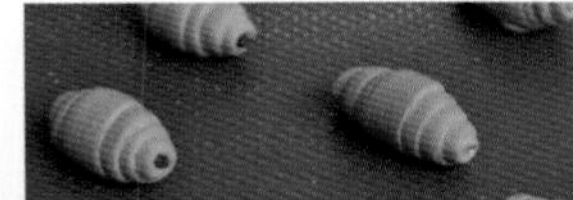

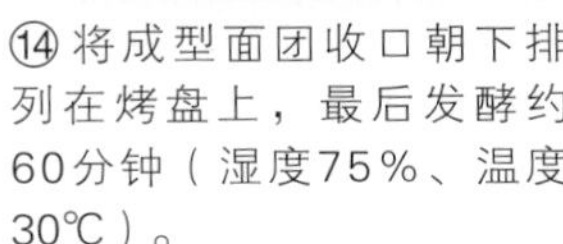

⑭将成型面团收口朝下排列在烤盘上，最后发酵约60分钟（湿度75%、温度30℃）。

◉烘烤

⑮放入烤箱，先喷蒸汽3秒，以上火220℃/下火190℃烤约13分钟。

美味延伸!

除了做成浓醇的巧克力甜心口味，中间的巧克力棒也可以改用蜜渍柳橙条，橙条淡淡的香气与巧克力的风味相当搭配。

此外，还可做成抹茶可颂，将面团中的可可粉（10g）用抹茶粉（10g）代替，做成带有深沉香气的抹茶面团，中间改用红豆馅，做成夹层馅，依照同样做法卷制成形即可。

\# 05

薄皮芋香面包

讨人喜爱的果子面包，
内馅浓厚香甜。

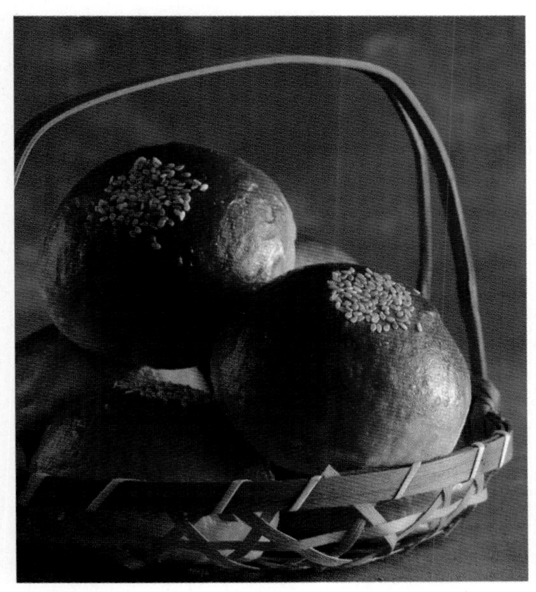

配　方

面团（份量15颗）

❹ 高筋面粉…250g
上白糖…55g
岩盐…4g
水…110g
蛋黄…15g
鲜酵母…15g
❸ 无盐黄油…55g

内馅

芋头馅…450g
（做法见第32页）

表面

蛋液、白芝麻

结构类型
白芝麻 ＋ 芋头馅 ＋ 软质富糖奶类面团

做　法

◉ 搅拌面团

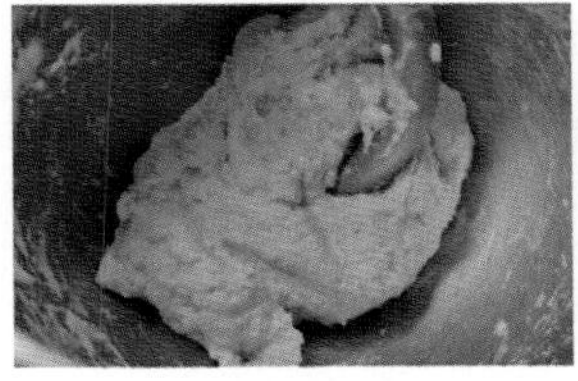

①将所有材料Ⓐ以慢速搅拌成团。

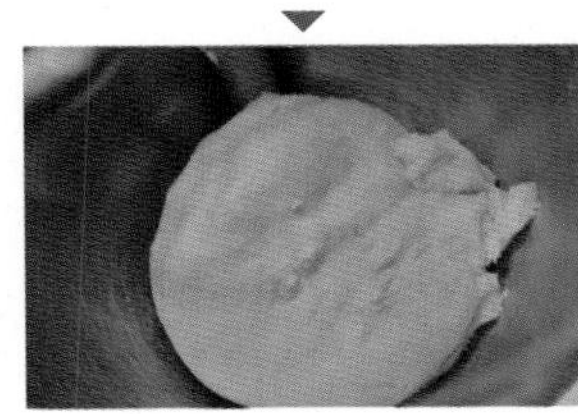

②转中速搅拌至表面光滑，加入材料Ⓑ以慢速搅拌至均匀。

③再以中速搅拌至面筋形成，可呈均匀薄膜即可（完成时面温约26℃）。

◉ 基本发酵

④整理面团成圆滑状态，基本发酵60分钟。

◉ 分割、中间发酵

⑤分割面团成30g×15个，将面团滚圆后中间发酵30分钟。

◉ 整形、最后发酵

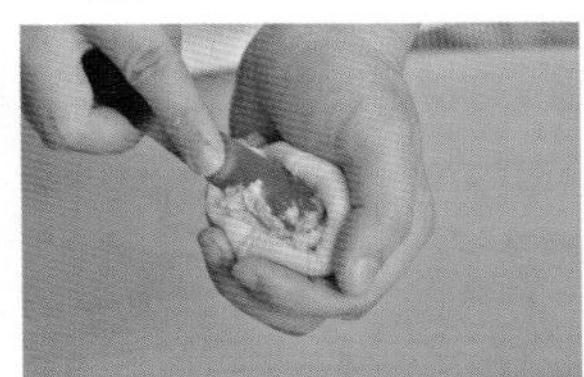

⑥将面团轻拍扁，用手掌按压成中间稍厚边缘稍薄的圆片，中间按压抹入芋头馅（30g）。

⑦将面皮往中间拉拢包覆住内馅。

⑧捏合收口，整形成圆球状，最后发酵60分钟（湿度75%、温度30℃）。

⑨表面涂刷蛋液，并用擀面棍沾少许白芝麻按压于面团中心处。

◉ 烘烤

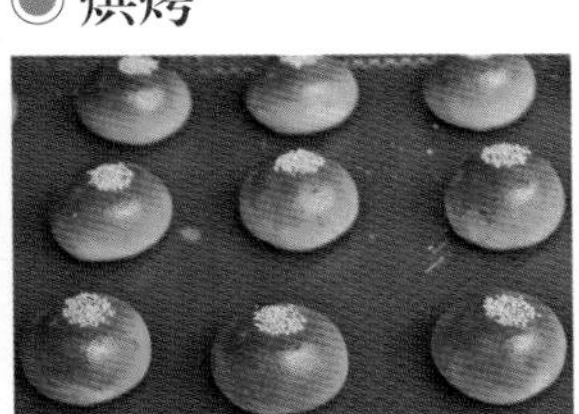

⑩放入烤箱，以上火200℃/下火180℃烤约8分钟。

06

丹波黑豆白烧面包

类似厚馅饼的扁圆形面包。
常用野菜、金枪鱼，或红豆、红薯等作为馅料。
包有满满馅料的面包，
好吃又有饱足感。
这里用奶油奶酪馅与蜜渍黑豆搭配，
是令人惊艳的和风定番（固定型）组合。
白色烤色是此款面包重要的特征，
烤焙时千万别烤出过多焦黄色。

配　方

面团（份量13颗）

Ⓐ 高筋面粉…500g
　上白糖…50g
　岩盐…10g
　全脂奶粉…20g
　鲜酵母…15g
　动物稀奶油…100g
　水…315g
Ⓑ 发酵黄油…30g
　蜜渍黑豆…250g

内馅

日式奶油奶酪馅…100g
（做法见第32页）

结构类型
日式奶油奶酪馅 ＋ 软质富糖奶类面团

做　法

◉ 搅拌面团

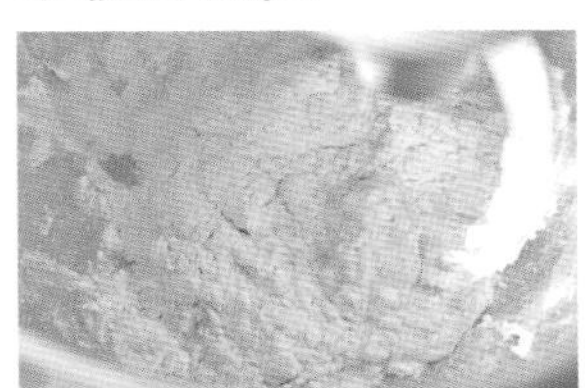

①将所有材料Ⓐ以慢速搅拌成团，转中速搅拌至表面光滑。

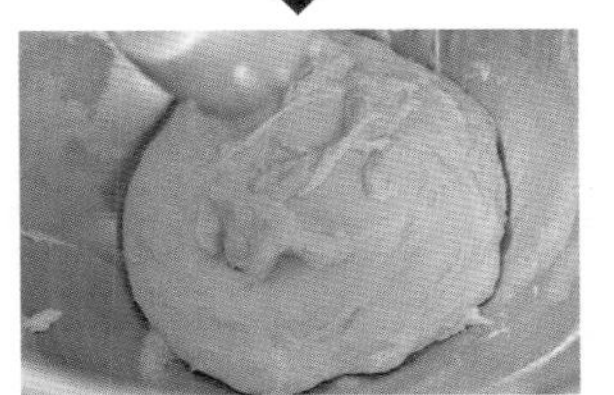

②加入发酵黄油慢速搅拌均匀，再以中速搅拌至面筋形成，拉开呈均匀薄膜即可。

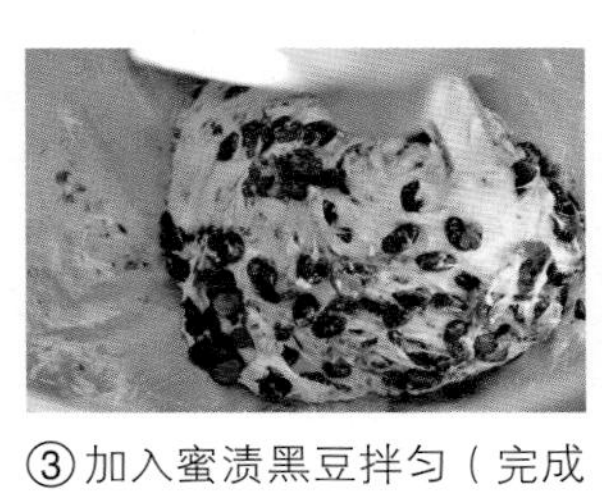

③加入蜜渍黑豆拌匀（完成时面温约26℃）。

◉ 基本发酵

④整理面团成圆滑状态，基本发酵60分钟。

◉ 分割、中间发酵

⑤分割面团成100g×13个，将面团滚圆后中间发酵30分钟。

提示｜奶油奶酪馅需冷藏隔夜用，让馅料收干后再使用较好包馅。

◉ 整形、最后发酵

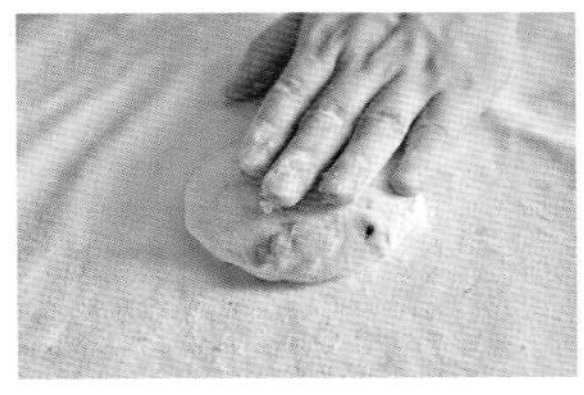

⑥将面团滚圆，轻拍按压成中间稍厚边缘稍薄的圆形片状。

⑦在中间抹入日式奶油奶酪馅（10g）。

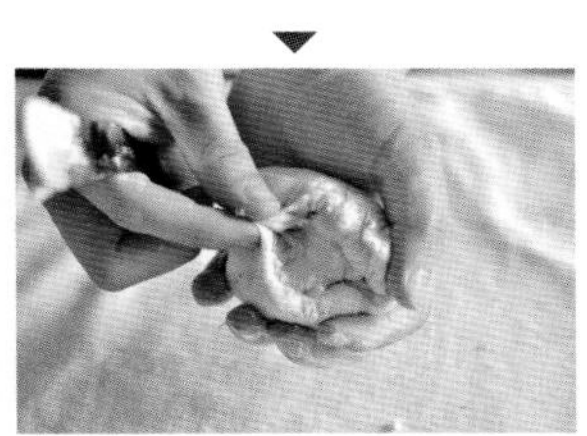

⑧将面皮对折拉起包覆内馅。

⑨捏合收口，整形成圆球状，最后发酵60分钟（湿度75%、温度30℃）。

◉ 烘烤

⑩在面包表面覆盖烤焙纸，压盖上烤盘，放入烤箱，以上火180℃/下火180℃烤约10分钟。

提示｜为表现出白面包的特色，以低温、焖烤的方式烘烤，别让面团的表面烤出焦黄色。

07
莓果奶露维也纳

香甜墨西哥酱挤在Q弹*的面团表面上，
做成美丽的图纹花样，每口都吃得到奶蛋香，
犹如蛋糕般细致的质地，口感松软绵密，
加上柔顺奶霜馅与香甜诱人的草莓，
是视觉与味觉的多重飨宴。

编者注：*即劲道的意思。

配　方

面团（份量10颗）

A 高筋面粉…250g
上白糖…38g
岩盐…4g
鲜酵母…8g
全蛋…38g
鲜奶…50g
水…78g

B 无盐黄油…25g
发酵黄油…38g

黄金墨西哥酱

糖粉…150g
蛋黄…320g
低筋面粉…250g

奶油霜

无盐黄油…300g
软质白巧克力…100g
果糖…30g

装饰（每份）

草莓…2颗
开心果碎…适量
防潮糖粉…适量

结构类型
糖粉、草莓 ＋ 奶油霜 ＋ 黄金墨西哥馅 ＋ 软质富糖奶类面团

做　法

◉ 黄金墨西哥酱

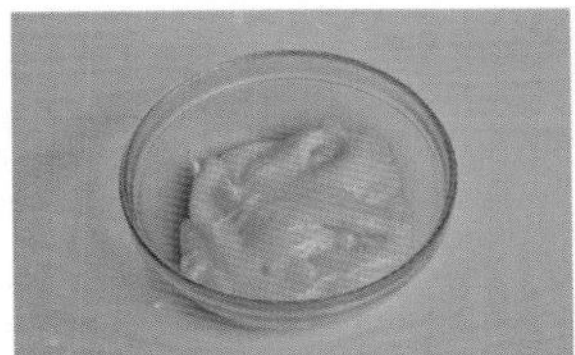

①将低筋面粉、糖粉用桨状搅拌器慢速搅拌均匀后，再转中速搅拌，并分次缓慢加入蛋黄搅拌均匀即可。

◉ 奶油霜

②将无盐黄油、软质白巧克力、果糖混合后，以球状搅拌器搅拌打发即可。

◉ 搅拌、发酵面团

③参照第38页“珍珠菠萝”做法5～8，完成面团的搅拌、基本发酵。

◉ 分割、中间发酵

④分割面团成60g×10个，将面团滚圆后中间发酵30分钟。

◉ 整形、最后发酵

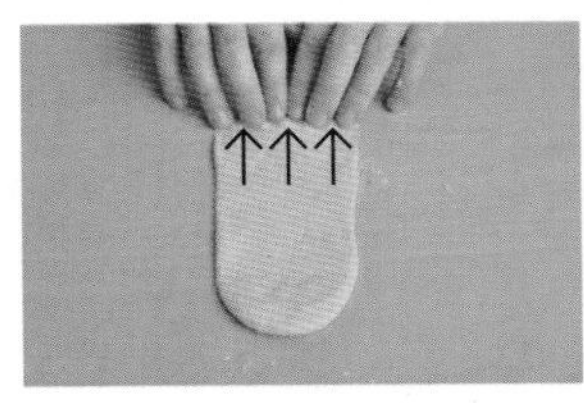

⑤将面团稍拍压扁，从中间朝上、下擀平，成椭圆片状，翻面，底部面团稍按压延展开（帮助黏合）。

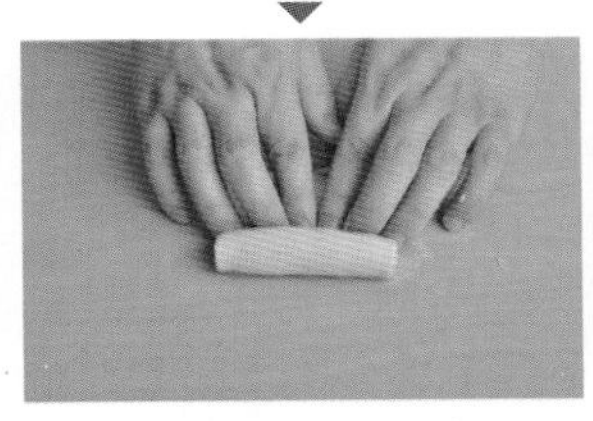

⑥将面团前端向后折，稍按压紧，再卷折至底，成长条状。

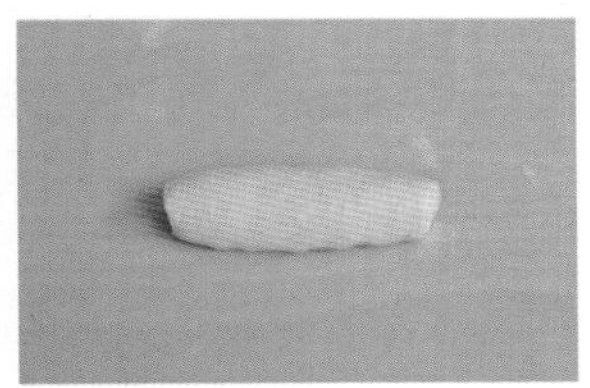

⑦稍搓揉两端整形。

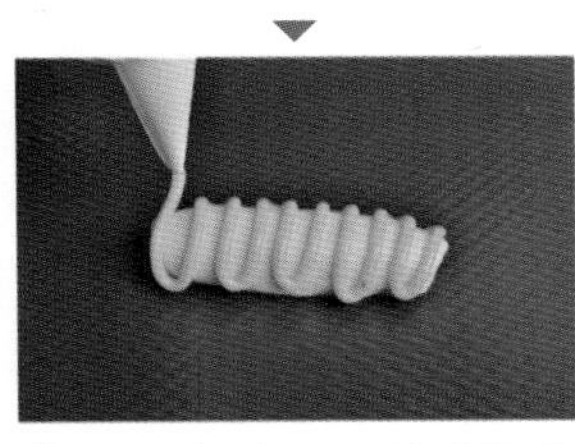

⑧最后发酵60分钟（湿度75%、温度30℃），在表面按连续S形挤上黄金墨西哥酱。

◉ 烘烤

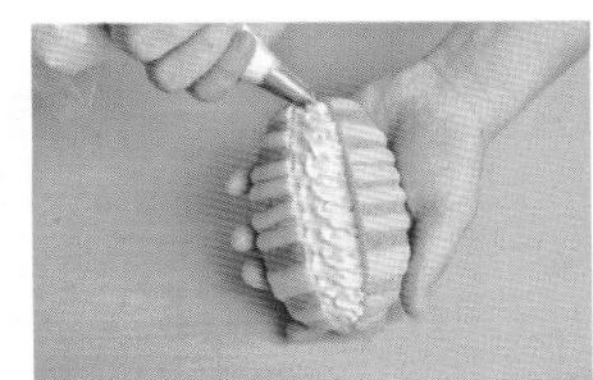

⑨放入烤箱，以上火200℃／下火180℃烤约10分钟。待凉，将面团从中间纵切剖开，在切口处挤入奶油霜。

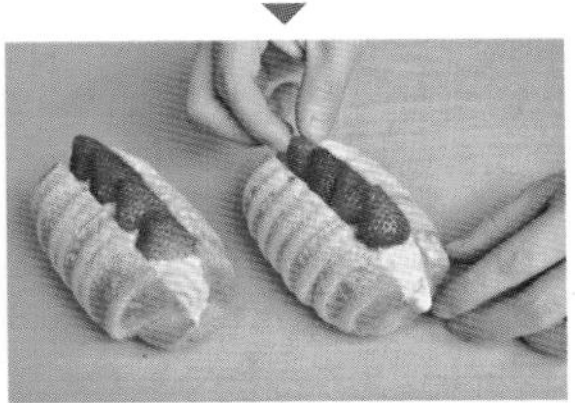

⑩表面均匀筛洒上防潮糖粉，再整齐放上切半的新鲜草莓即成。

08
粉雪柠檬布里欧

柔软面包体中镶嵌一层柠檬奶酪馅，
再在上面搭配微酸香甜的柠檬冻，展现多层次口感，
一款新食口感的布里欧果子面包。

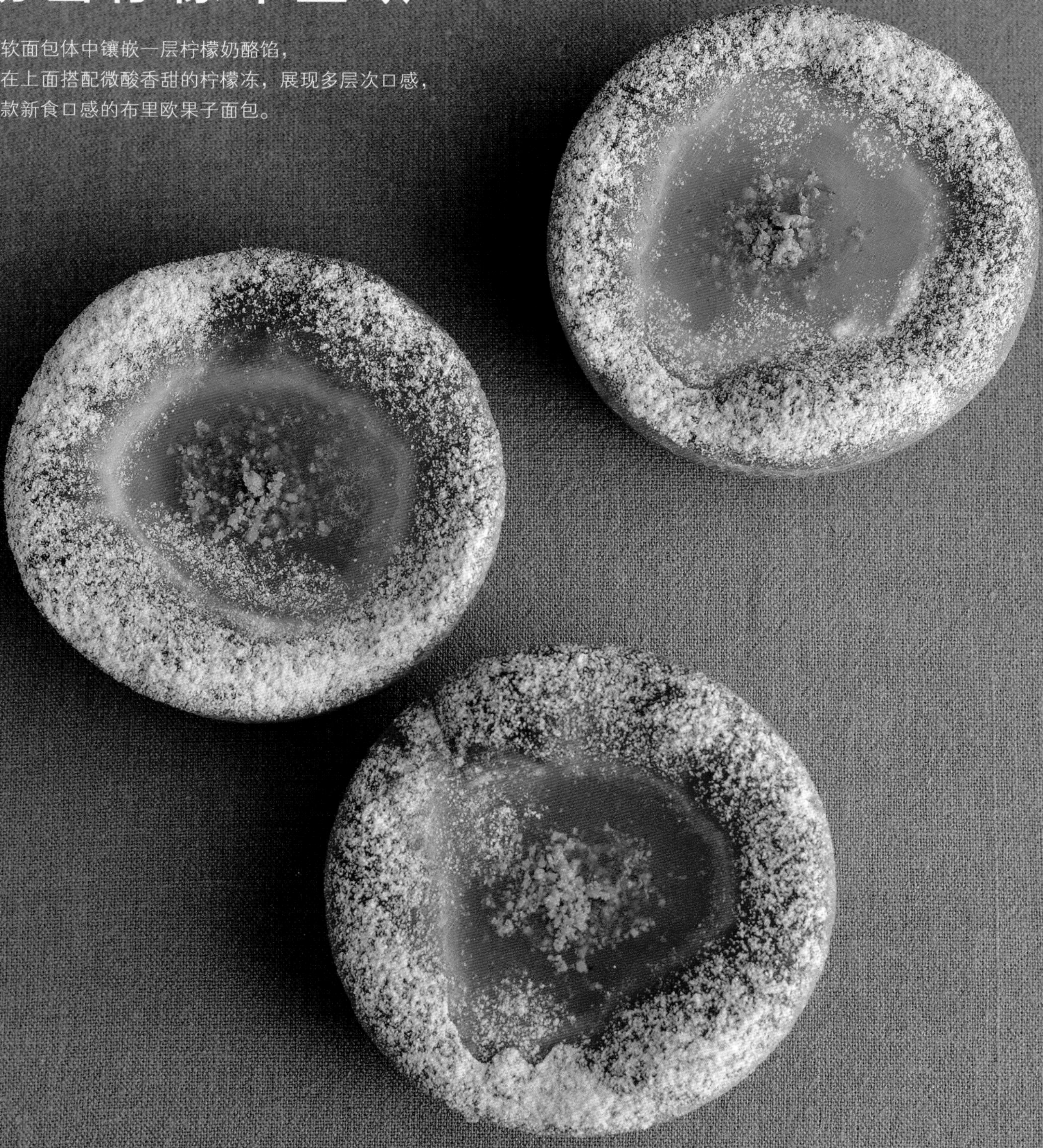

模　型

- ϕ94mm × ϕ83mm × 35mm 大圆模

配　方

液种（份量8颗）

法国粉…60g
鲜奶…60g
鲜酵母…0.2g

主面团

Ⓐ 高筋面粉…140g
鲜酵母…7g
细砂糖…30g
盐…3g
奶粉…4g
全蛋…40g
蛋黄…30g
Ⓑ 无盐黄油…66g

内馅－奶酪柠檬馅

Ⓐ 奶油奶酪…125g
细砂糖…25g
香草棒（籽）…0.5g
Ⓑ 鲜奶…40g
动物稀奶油…32g
柠檬汁…3g

柠檬果冻（每个15g）

柠檬果泥…300g
柠檬汁…2g
细砂糖…30g
果胶粉…5g

表面

防潮糖粉、开心果碎

结构类型
糖粉、开心果碎 ＋ 柠檬果冻 ＋ 奶酪柠檬馅 ＋ 软质富糖奶类面团

做　法

◉ 事前处理

①**奶酪柠檬馅**。将材料Ⓐ以桨状搅拌器拌匀，再分次缓慢加入材料Ⓑ拌匀，密封、冷藏静置隔夜备用。

◉ 搅拌面团

②**液种**。将法国粉、鲜奶、鲜酵母混拌至可形成粗薄膜，基本发酵1小时，冷藏1天。

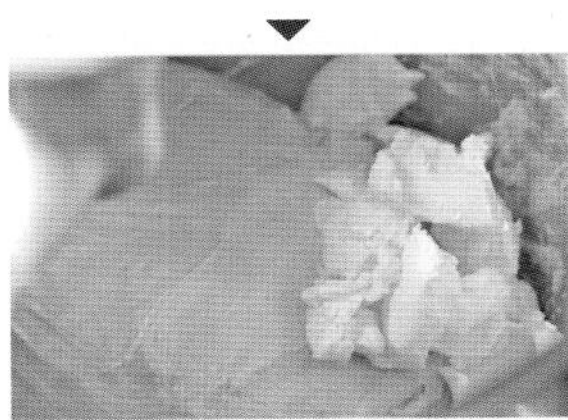

③**主面团**。将做法2、所有材料Ⓐ以慢速搅拌成团，转中速搅拌至表面光滑，加入材料Ⓑ以慢速搅拌均匀。

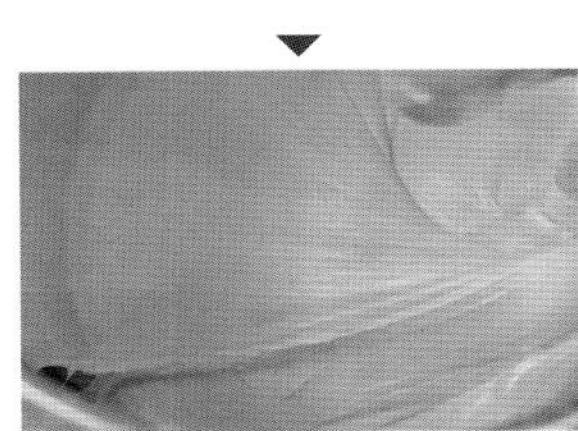

④再以中速搅拌至面筋形成，拉开呈均匀薄膜即可（完成时面温约26℃）。

◉ 基本发酵

⑤整理面团成圆滑状态，基本发酵60分钟。

◉ 分割、冷藏松弛

⑥分割面团成50g × 8个，将面团滚圆后冷藏松弛约30分钟（可将面团放入冷藏库松弛，整形时会较容易）。

◉ 整形、最后发酵

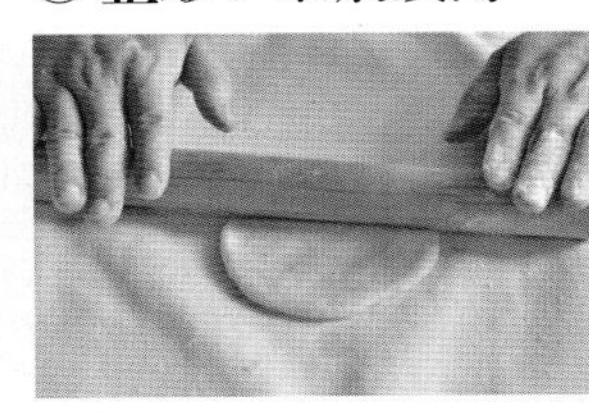

⑦将面团滚圆，稍轻拍扁后擀平成厚度均匀的圆片状。

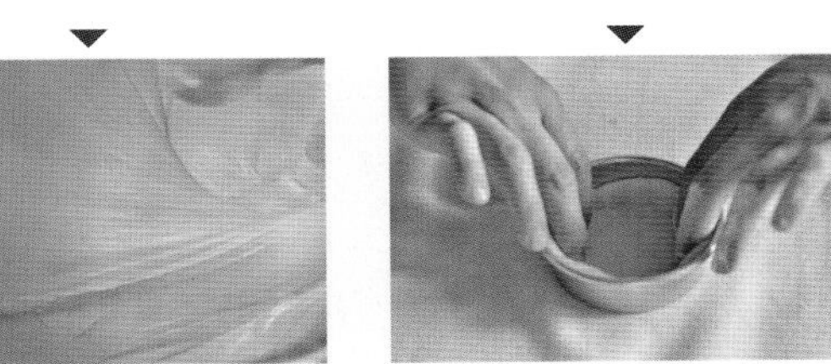

⑧将圆形面皮铺放入模型中，并以手指沿着烤模边缘轻压，让面皮边缘稍立高紧贴烤模。

⑨挤入奶酪柠檬馅（15g），最后发酵60分钟（湿度75%、温度30℃）。

◉ 烘烤

⑩放入烤箱，以上火200℃／下火200℃烤约10分钟。

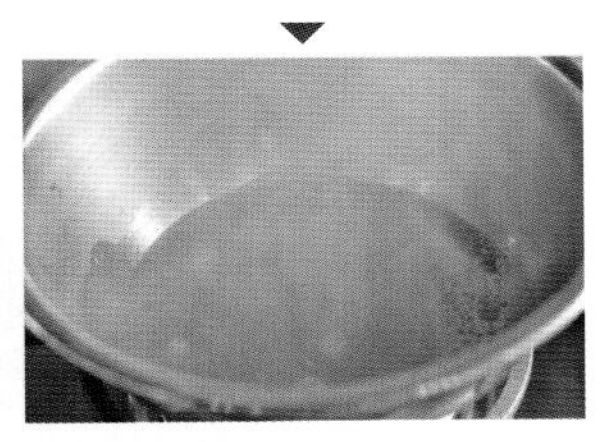

⑪**柠檬果冻**。细砂糖、果胶粉先混匀。将柠檬果泥、柠檬汁加热煮沸，加入前面的混合物拌匀即可。

⑫在圆形凹槽中倒入柠檬果冻，待凝固，表面覆盖圆形纸模，再沿着圆边筛洒防潮糖粉，撤掉纸模，在中间用开心果碎装饰。

#09

金莎南瓜乳酪

外形精巧，
在劲道的金黄外皮中，包裹着绵密的南瓜馅，
香甜松软不腻口，口感层次丰富，
表面用坚果片与金黄烤色搭配，营造美丽视觉效果，
好看又好吃！

模型

- ϕ73mm×39mm花形模

配方

面团（份量20颗）

Ⓐ 高筋面粉…250g
上白糖…38g
岩盐…4g
鲜酵母…8g
全蛋…38g
鲜奶…50g
南瓜泥…75g
水…85g
Ⓑ 无盐黄油…25g
发酵黄油…38g

结构类型
糖粉 + 开心果碎 + 杏仁片 + 南瓜馅 + 软质富糖奶类面团

内馅

南瓜馅（市售）…600g

表面

蛋液、杏仁片
开心果碎、防潮糖粉

做法

◉ 搅拌面团

① 将材料Ⓐ以慢速搅拌成团，转中速搅拌至表面光滑。

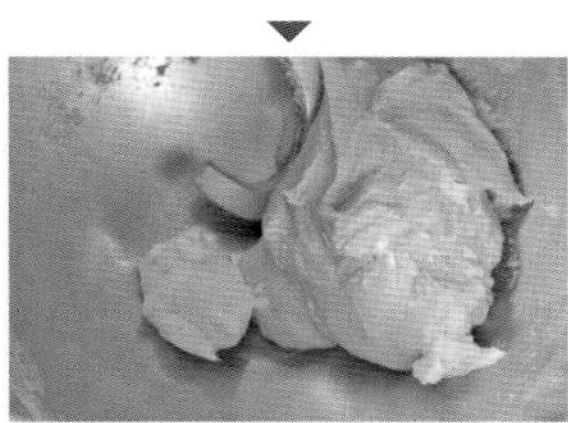

② 加入材料Ⓑ以慢速搅拌至均匀。

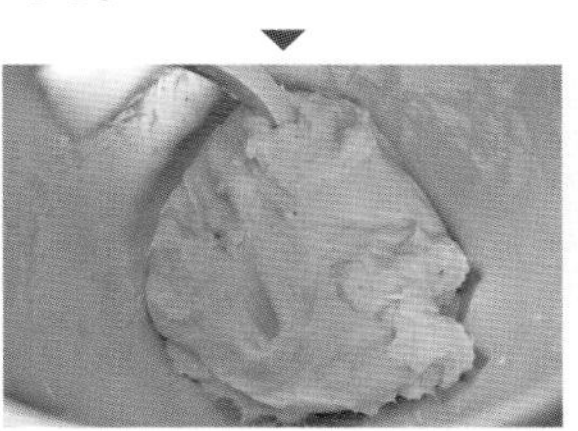

③ 再以中速搅拌至面筋形成，拉开呈均匀薄膜即可（完成时面温约26℃）。

◉ 基本发酵

④ 整理面团成圆滑状态，基本发酵60分钟。

◉ 分割、中间发酵

⑤ 分割面团成30g×20个，将面团滚圆后中间发酵30分钟。

◉ 整形、最后发酵

⑥ 将面团滚圆，轻拍按压成厚度均匀的圆形。

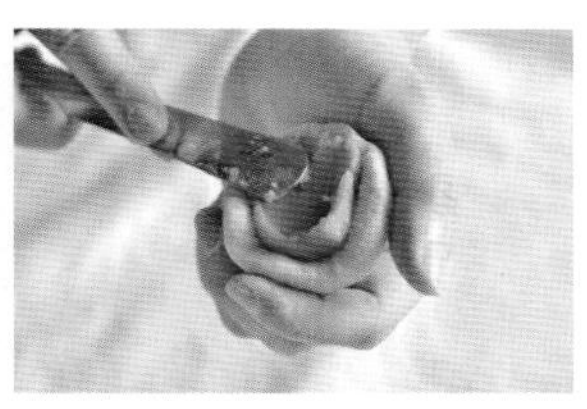

⑦ 在中间按压抹入南瓜馅（30g）。

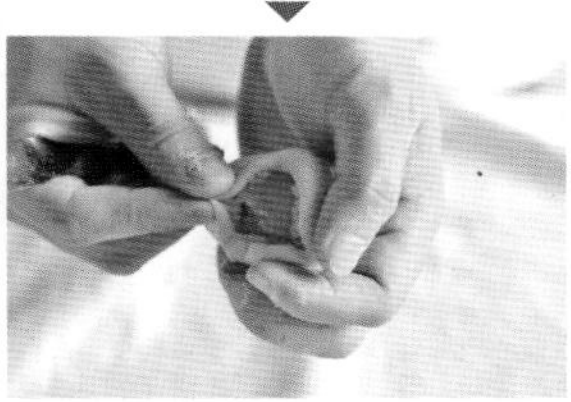

⑧ 将面皮对折拉起包覆内馅，捏合收口，整形成圆球状。

⑨ 将做法8表面薄刷蛋液，沾裹杏仁片，将面团放入已喷上烤盘油的模型中，最后发酵60分钟（湿度75%、温度30℃）。

◉ 烘烤

⑩ 放入烤箱，以上火200℃/下火180℃烤约10分钟。脱模，筛洒防潮糖粉，并以开心果碎装饰。

10

因赛马德

因赛马德（日文：エンサイマダ）最早发源于西班牙，
以蜗状造型为其特色，
相传是马尼拉机场（菲律宾曾被西班牙统治）的特色面包，日本人将其带回境内发扬，
至今仍为日本面包店里常见的畅销面包。

模　型

- ϕ94mm×ϕ83mm×35mm 大圆模

配　方

面团（份量10颗）

A 高筋面粉…250g
上白糖…38g
岩盐…4g
鲜酵母…8g
全蛋…38g
鲜奶…50g
水…78g
B 无盐黄油…25g
发酵黄油…38g

内馅

香草卡士达
（做法见第32页）

装饰

防潮糖粉

结构类型
糖粉 ＋ 卡士达馅 ＋ 软质富糖奶类面团

做　法

◉ 搅拌、发酵面团

①参照第38页“珍珠菠萝”做法5~8，完成面团的搅拌、基本发酵。

◉ 分割、中间发酵

②分割面团成50g×10个，将面团滚圆后中间发酵30分钟。

◉ 整形、最后发酵

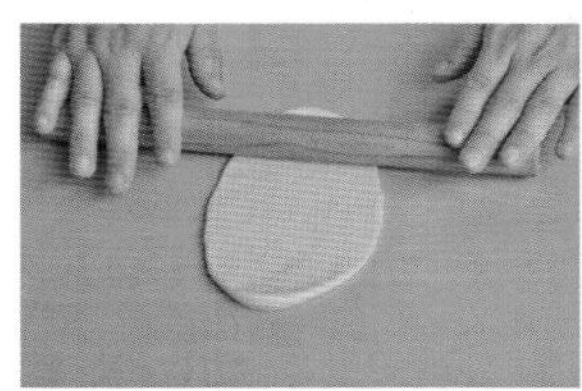

③将面团稍搓圆轻拍扁，擀平成椭圆片，翻面。

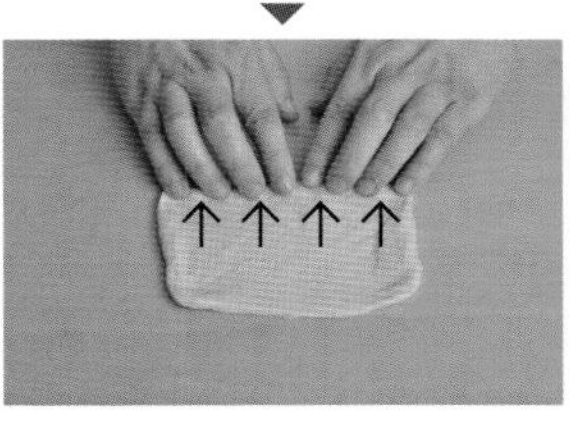

④将面团四边稍做延展，成四方片状，并将底部稍延压（帮助黏合）。

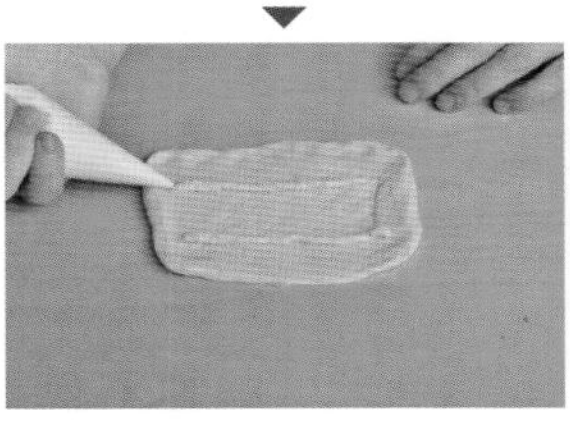

⑤在面团的上下挤上两条卡士达馅。

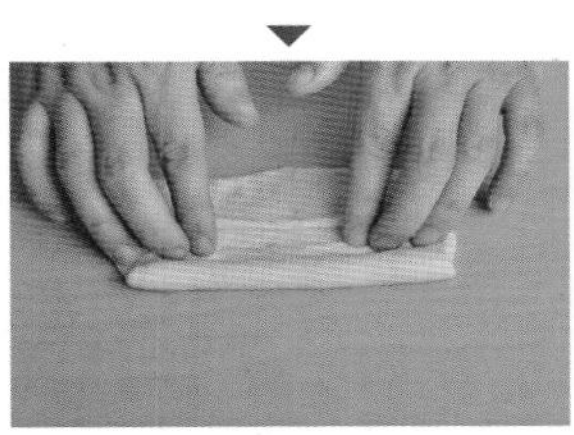

⑥将面团从前端往下折叠包覆卡士达馅，稍按压捏紧。

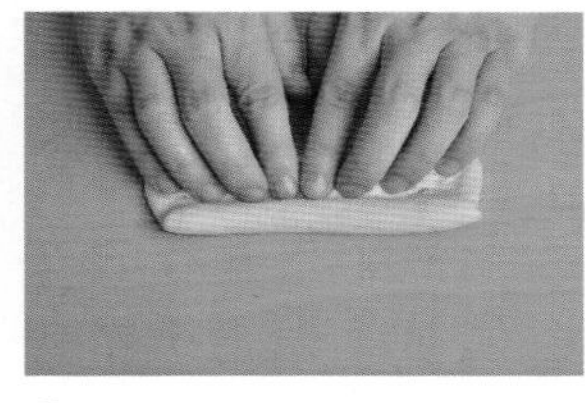

⑦再从底部往上折叠包覆卡士达馅，稍按压捏紧。

⑧接着再翻动对折，用塑料膜包覆好，冷冻松弛15分钟。

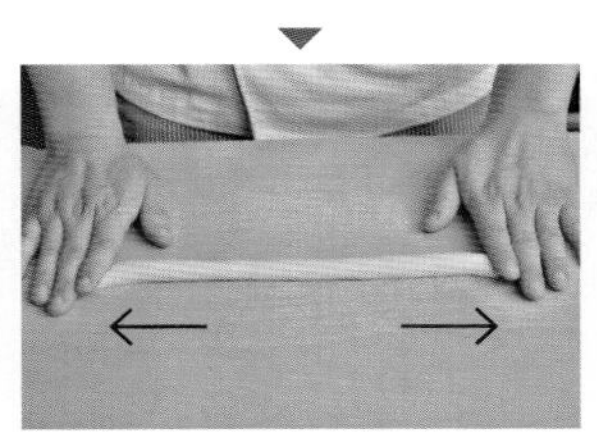

⑨将面团滚动搓揉均匀，同时延展成约25cm长条状。

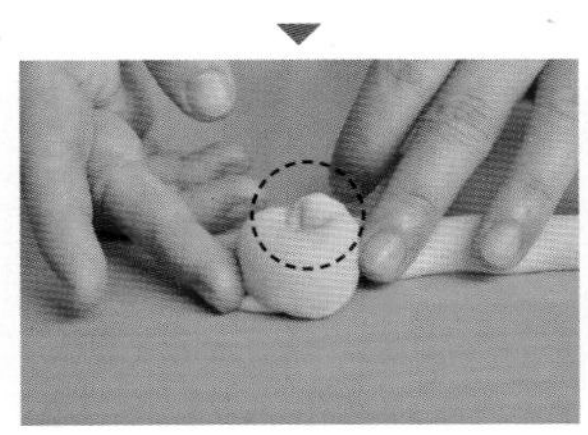

⑩将面团起始端稍倾斜，略拉高。

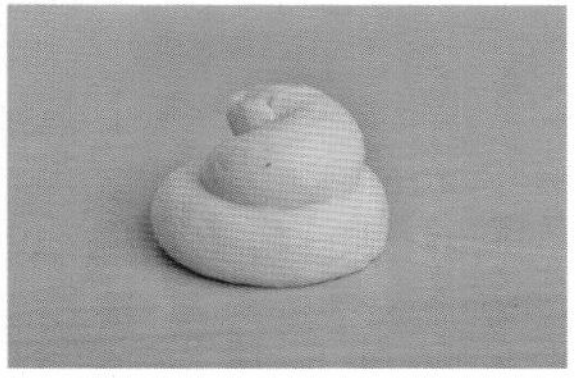

⑪再以卷螺旋的方式盘卷。

⑫卷成蜗状，收合于底，放入已喷上烤盘油的圆模中。

⑬最后发酵60分钟（湿度75%、温度30℃），筛上糖粉。

◉ 烘烤

⑭放入烤箱，以上火200℃/下火200℃，烤约10分钟。

#11

孜然黑轮

柔软面包主体，搭配孜然与黑轮夹馅，
清香的孜然粉混合甘甜糖粉，丰富滋味，
再加上嚼感十足的黑轮，
真是令人满足的美味！

模　型

- ϕ94mm × ϕ83mm × 35mm 大圆模

配　方

面团（份量10颗）

Ⓐ 高筋面粉…250g
上白糖…38g
岩盐…4g
鲜酵母…8g
全蛋…38g
鲜奶…50g
水…78g
Ⓑ 无盐黄油…25g
发酵黄油…38g

孜然糖粉

细砂糖…200g
孜然粉…30g

夹层

黑轮*…10个

表面

蛋液、披萨奶酪丝…100g

结构类型
披萨奶酪丝 + 黑轮 + 孜然糖粉 + 软质富糖奶类面团

制作方法

◉ 孜然糖粉

① 将细砂糖、孜然粉混合拌匀即可。

◉ 搅拌、发酵面团

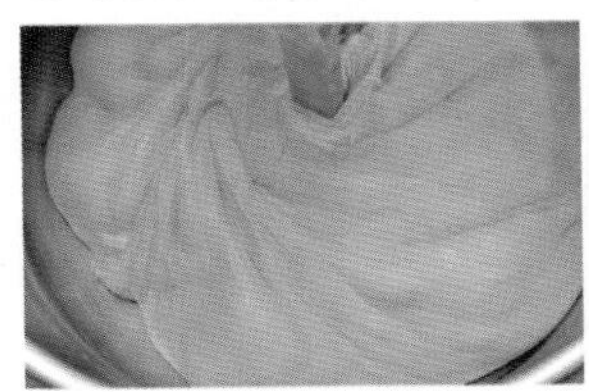

② 面团搅拌参照第38页“珍珠菠萝”做法5~8，完成面团的搅拌、基本发酵。

◉ 分割、中间发酵

③ 分割面团成50g × 10个，将面团滚圆后中间发酵30分钟。

◉ 整形、最后发酵

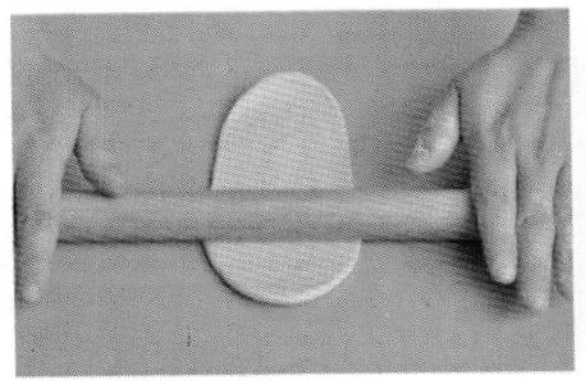

④ 将面团轻滚圆，擀平成长条形，翻面。

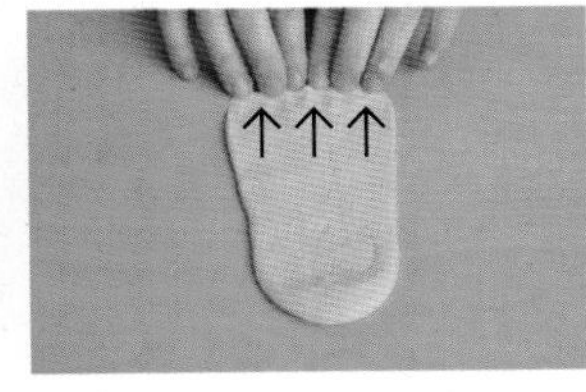

⑤ 在底部稍按压延展开（帮助黏合）。

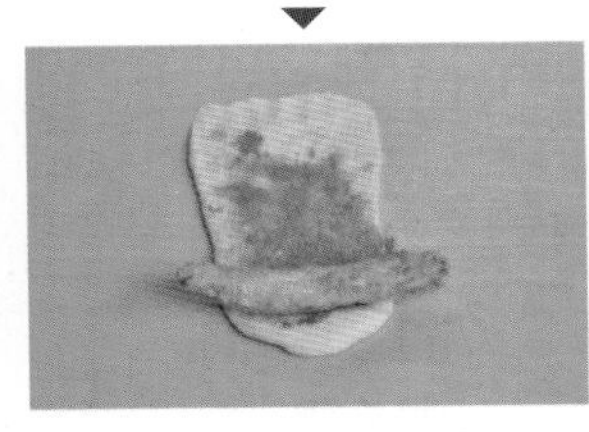

⑥ 在表面洒上孜然糖粉，再将黑轮放置于面团前端处。

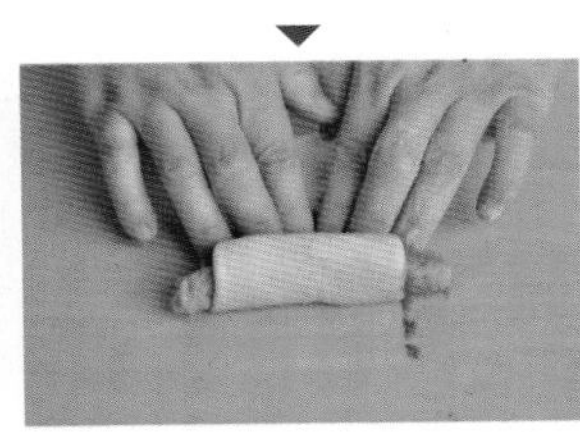

⑦ 将前端面团稍反折并按压贴合。

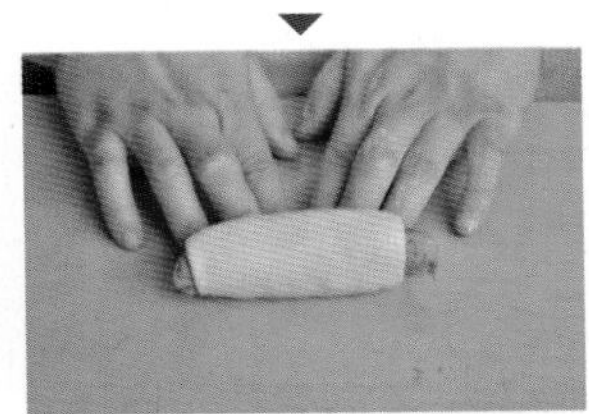

⑧ 顺势卷起至底，收口于底。

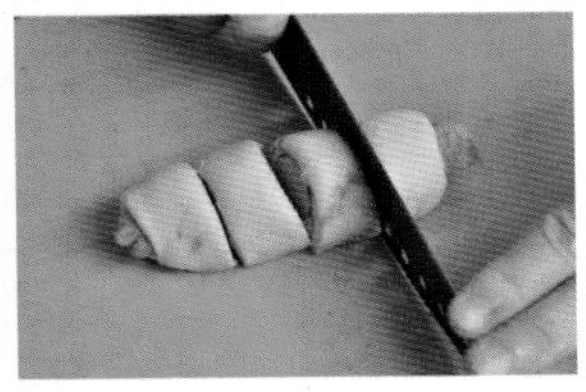

⑨ 将面团先对切，再分切成4等份。

⑩ 将前后两端的面团断面朝下，连同其他两个并合成田字形。

⑪ 面团放置模型中，最后发酵60分钟（湿度75%、温度30℃），表面涂刷蛋液，撒上披萨奶酪丝。

提示｜入模时，将前后两端的面团头尾面朝上，可避免发酵时面团位移；表面原本高低不一，在铺放披萨丝烘烤后会因披萨丝熔化而变得平整美观。

◉ 烘烤

⑫ 放入烤箱，以上火200℃／下火200℃烤约10分钟。

编者注：*“黑轮”是台湾对关东煮的叫法。这里指的是关东煮中会用到的鱼糜棒。

12

咖哩奶油脆起司

咖哩内馅咸香，搭配奶油奶酪，产生别样的香浓滑顺。
底层再添加披萨奶酪丝，并烘烤成香脆口感。
咔嗞外皮和浓郁内馅的组合，趁热品尝，销魂好滋味！

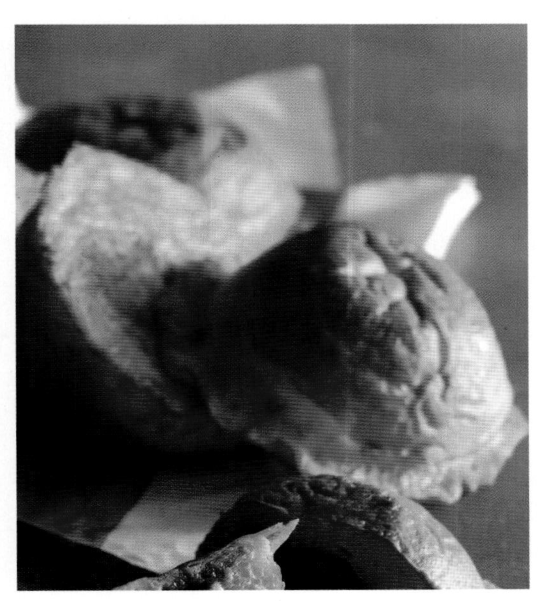

配　方

面团（份量10颗）

Ⓐ 高筋面粉…250g
上白糖…38g
岩盐…4g
鲜酵母…8g
全蛋…38g
鲜奶…50g
水…78g
Ⓑ 无盐黄油…25g
发酵黄油…38g

内馅

奶油奶酪…100g
咖哩馅…400g
（做法见第33页）

底层用

披萨奶酪丝…200g

结构类型
披萨奶酪丝 ＋ 奶油奶酪 ＋ 咖哩馅 ＋ 软质富糖奶类面团

做　法

◉ 搅拌、发酵面团

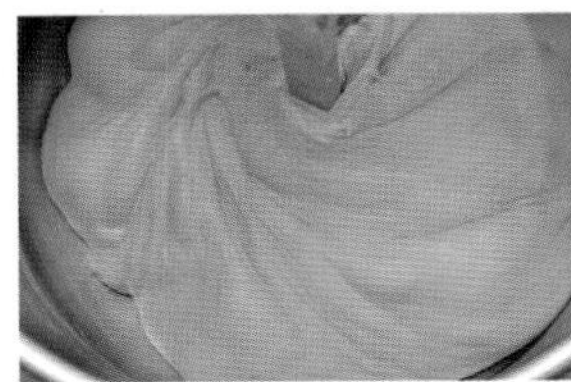

①面团搅拌参照第38页“珍珠菠萝”做法5~8，完成面团的搅拌、基本发酵。分割面团成60g×10个，将面团滚圆后中间发酵30分钟。

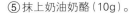

◉ 整形、最后发酵

②将咖哩馅分割成40g×10个。

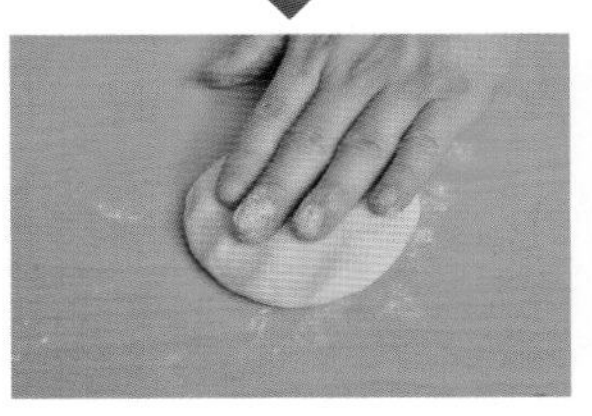

③将面团稍轻拍扁，成中间稍厚边缘稍薄的扁圆状。

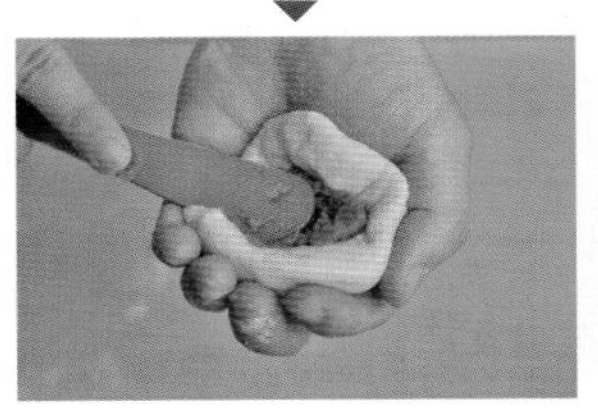

④在中间按压抹入咖哩馅（40g）。

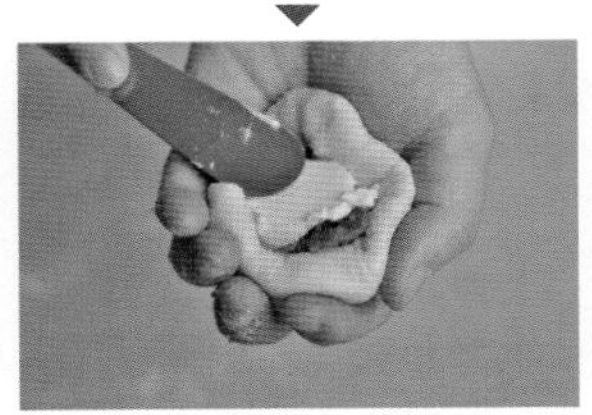

⑤抹上奶油奶酪（10g）。

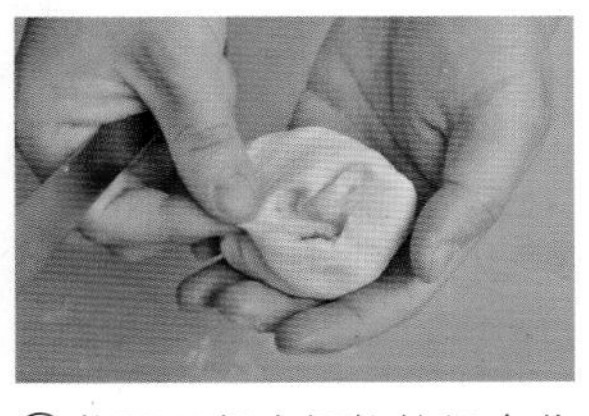

⑥将面团朝中间拉拢捏合收口，整形成圆球状。

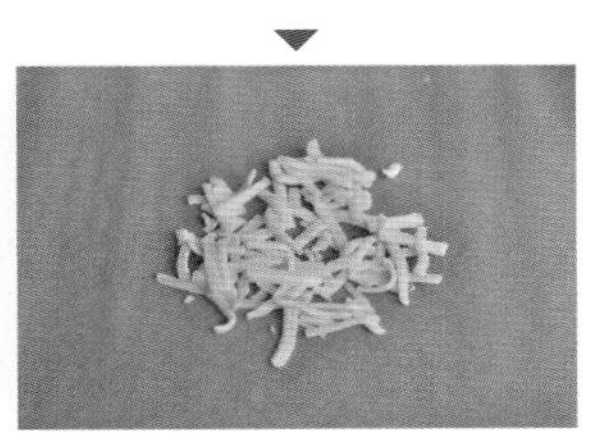

⑦将烤盘铺上烤焙纸，再用披萨奶酪丝铺成圆形（直径略大于面团）。

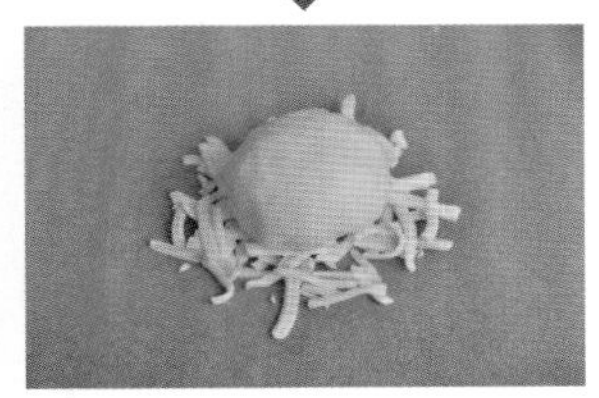

⑧再放置上面团，最后发酵60分钟（湿度75%、温度30℃）。

提示｜披萨奶酪丝底部的烤盘要先铺放烤焙纸，以避免烘焙过程中烤焦沾黏。

◉ 烘烤

⑨在面团表面铺上烤焙纸，并加压上散热盘。放入烤箱，以上火180℃／下火220℃烤约10分钟。

提示｜加压在面团上的重量不可太重，过重会使面团无法膨胀而扁塌。

13
番茄小圆法国

以西红柿天然酵母制作成的天然美味。
蓬松柔软富有弹性，包藏绝妙的香气，
不论单独吃或搭配主餐食用，都非常美味。

配　方

面团（份量8颗）

Ⓐ 法国粉…400g
高筋面粉…100g
番茄酵母种…200g
（做法见第28页）
番茄糊…100g
蜂蜜…25g
盐…7.5g
鲜奶…100g
水…100g
Ⓑ 无盐黄油…25g
Ⓒ 油渍番茄…75g
黑橄榄…50g
迷迭香…2.5g

结构类型
黑麦粉 + 硬质低糖奶类面团

做　法

◉ 搅拌面团

①将所有材料Ⓐ以慢速搅拌成团。

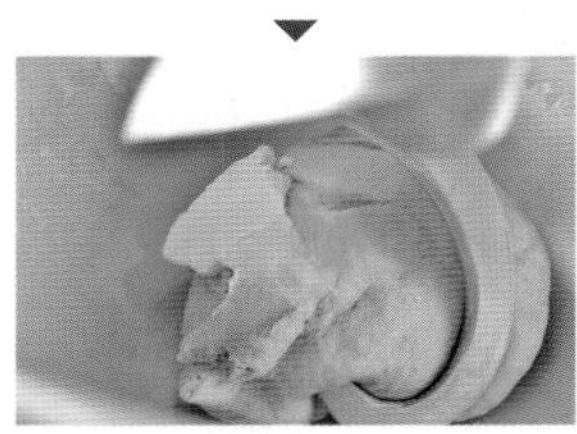

②转中速搅拌至表面光滑，加入材料Ⓑ以慢速搅拌均匀。

③再以中速搅拌至九成筋后，加入材料Ⓒ搅拌均匀即可（完成面温约26℃）。

◉ 基本发酵

④整理面团成圆滑状态，基本发酵60分钟，拍平，做3折1次翻面，再发酵约30分钟。

◉ 分割、中间发酵

⑤分割面团成130g×8个，将面团滚圆后中间发酵30分钟。

◉ 整形、最后发酵

⑥将面团稍轻拍，将面团表面推展开再拉整收合，搓整成圆球状。

⑦收口朝下放烤盘，最后发酵90分钟（湿度75%、温度30℃）。

⑧在表面均匀筛洒黑麦粉。

⑨用割纹刀轻划出切痕即可。

提示｜此面团未添加商业酵母，基本发酵时较不易察觉面团发酵状态，最后发酵与烘烤时膨胀度也不如添加工业酵母的面包来得好，但不影响成品的口感。

◉ 烘烤

⑩放入烤箱，先喷蒸汽3秒，以上火220℃／下火200℃烤约10分钟。

14

青酱蘑菇普罗旺斯

番茄和自制青酱、蘑菇馅搭配出明媚大自然的风味，
从色泽、香气、口感各方面刺激味蕾，
满满蔬果的鲜甜味与浓郁的奶酪香气交织其中，
即使凉了，吃起来仍然松软可口。

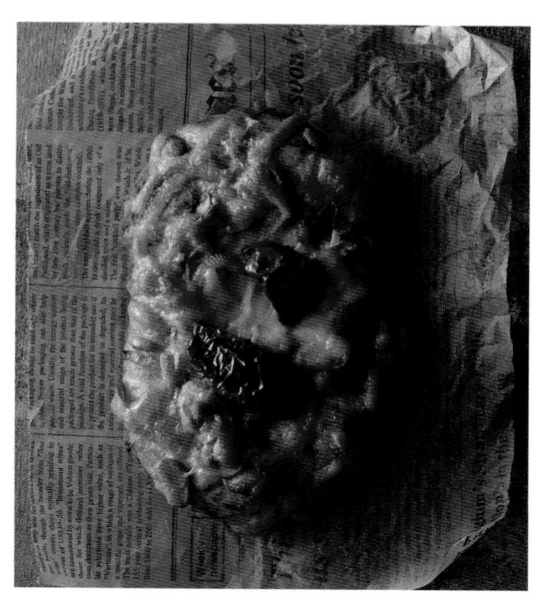

配　方

面团（份量8颗）

法国粉···500g
麦芽精···1g
盐···9g
水···340g
低糖干酵母···2g

蘑菇馅（取400g）

洋葱···250g
蘑菇···250g
白胡椒···3.5g
盐···2.5g
无盐黄油···60g

表面

油渍番茄···32个
青酱···适量
乳酪丝···适量

结构类型

油渍番茄
+
乳酪丝
+
蘑菇馅
+
青酱
+
硬质低糖奶类面团

做 法

◉ 蘑菇馅

①热锅放入黄油加热熔化，加入洋葱丝炒软，再加入蘑菇拌炒软化。

②加入白胡椒、盐调味拌匀，即成蘑菇馅。

◉ 搅拌面团

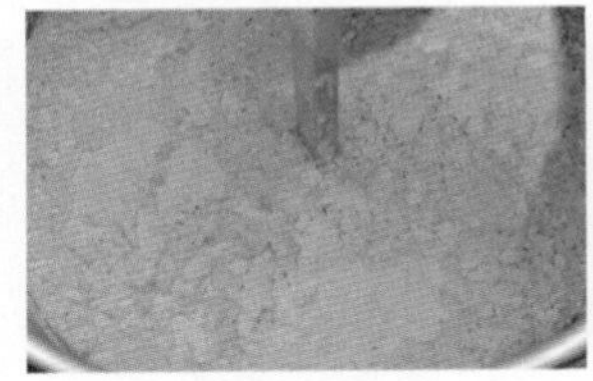

③将法国粉、麦芽精、水以慢速搅拌均匀。

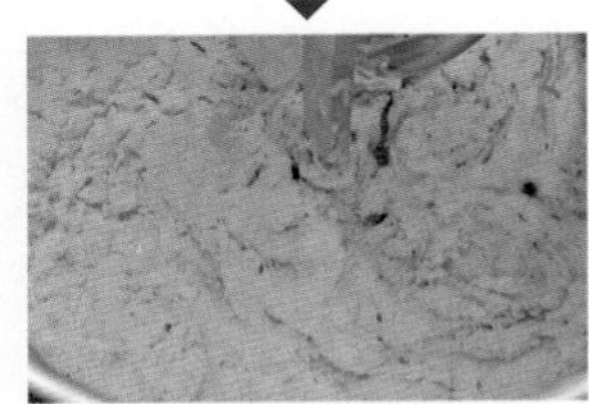

④加入低糖干酵母后稍搅拌1~2分钟。

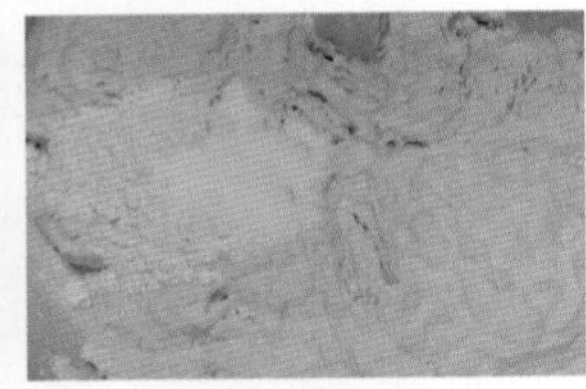

⑤静置30分钟，加入岩盐以慢速搅拌均匀。

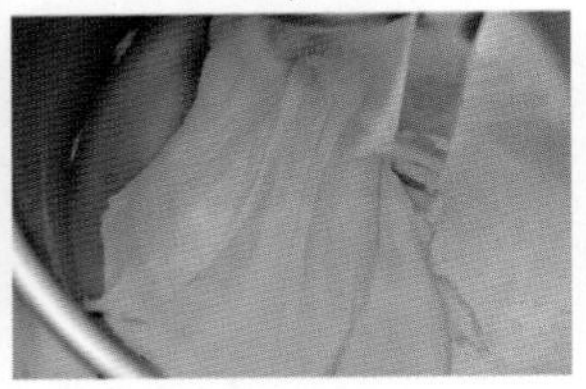

⑥再以中速搅拌10秒，至面筋可形成均匀薄膜（完成时面温约23℃）。

◉ 基本发酵

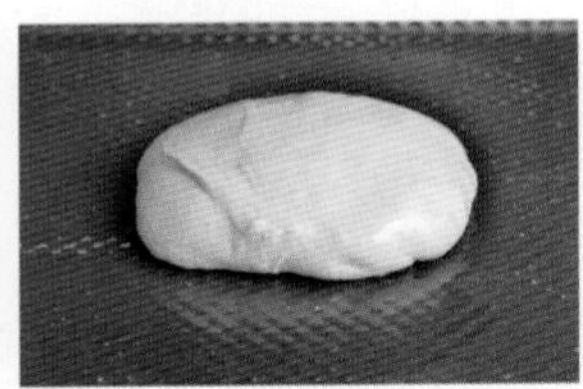

⑦整理面团成圆滑状态，基本发酵45分钟，拍平做3折1次翻面，冷藏松弛约18小时。

◉ 分割、中间发酵

⑧分割面团成100g×8个，将面团搓揉成纺锤状，中间发酵30分钟。

◉ 整形、最后发酵

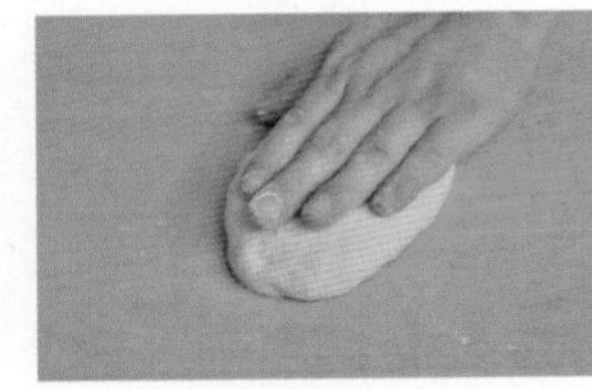

⑨将面团轻滚圆，稍拍压扁。

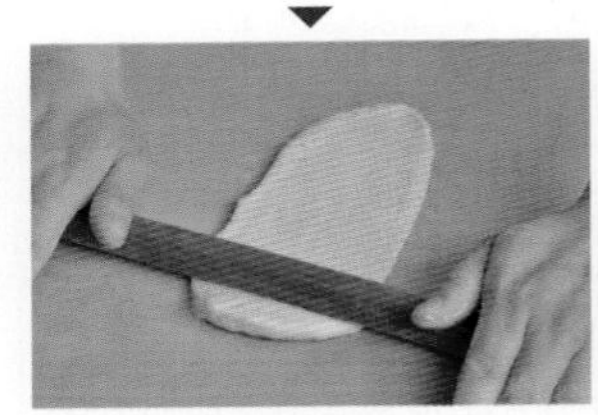

⑩将面团从中间往上、下擀平成椭圆片状，翻面。

⑪整齐排放在烤盘上，最后发酵60分钟（湿度75%、温度30℃）。

⑫用抹刀从面皮中心往外围均匀涂抹青酱。

⑬再铺放上蘑菇馅，洒上乳酪丝，最后铺上油渍番茄即可。

◉ 烘烤

⑭放入烤箱，先喷蒸汽3秒，以上火220℃/下火210℃烤约15分钟。

青酱

材料：罗勒100g、葱100g、白胡椒10g、盐5g、鹅油150g、大蒜泥50g

做法：将罗勒、葱、白胡椒、盐、大蒜泥、鹅油依序加入果汁机中搅拌成泥即可。

提示 | 制作青酱时，将食材依序加入搅拌，最后再加入蒜泥及鹅油，鹅油分次缓慢加入混合为佳。

15

番茄起司魔杖

西红柿与罗勒是绝美的搭配，
将它们与烘烤也不易熔化的高熔点奶酪丁揉入面团中，
简单地扭转成敦实的长棍，
让蔬果的清甜与奶酪的浓香得到很好的保留，
是一款值得细细品尝的手作面包。

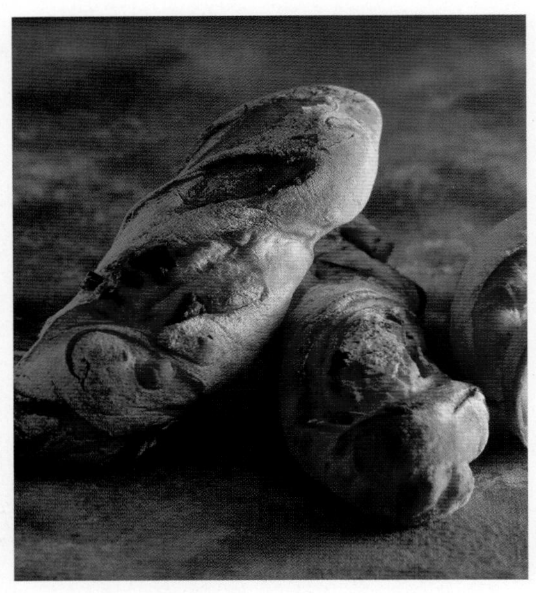

配　方

面团（份量6颗）

Ⓐ 法国粉…1000g
　低糖干酵母…4g
　水…700g
　麦芽精…2g
　岩盐…18g
Ⓑ 油渍番茄…200g
　高熔点奶酪…100g
　罗勒…20g

表面

黑麦粉…适量

结构类型
黑麦粉 + 番茄奶酪 + 硬质低糖奶类面团

做　法

◉ 搅拌面团

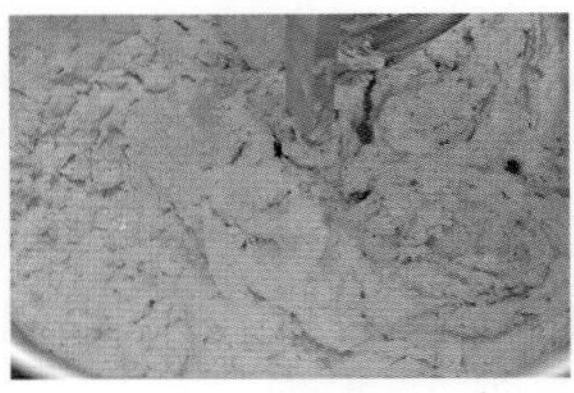

①将法国粉、麦芽精、水以慢速搅拌均匀，加入低糖干酵母后稍搅拌1~2分钟，静置30分钟。

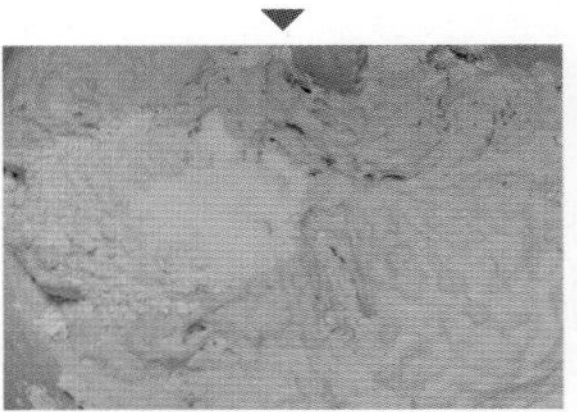

②加入岩盐以慢速搅拌均匀。

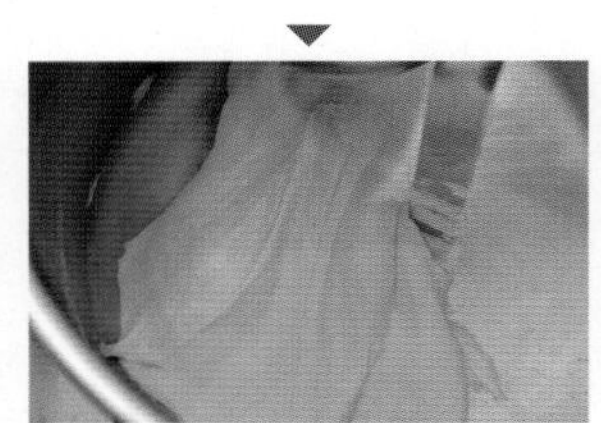

③再以中速搅拌10秒，至面筋可形成均匀薄膜（完成时面温约23℃）。

④取出面团边拍压边拉展成片状，翻面，在中间均匀铺放上材料Ⓑ。

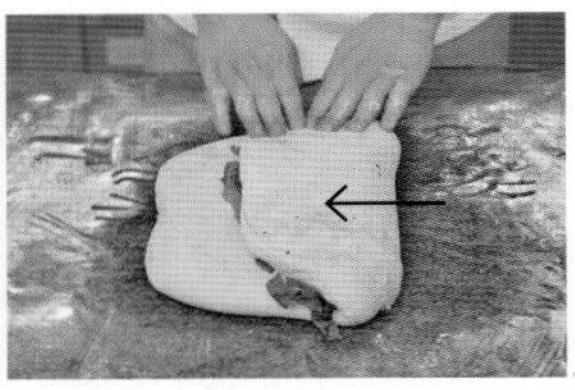

⑤将面团一侧1/3往中间折叠覆盖馅料。

⑥在折叠面团的表面再铺放上材料Ⓑ。

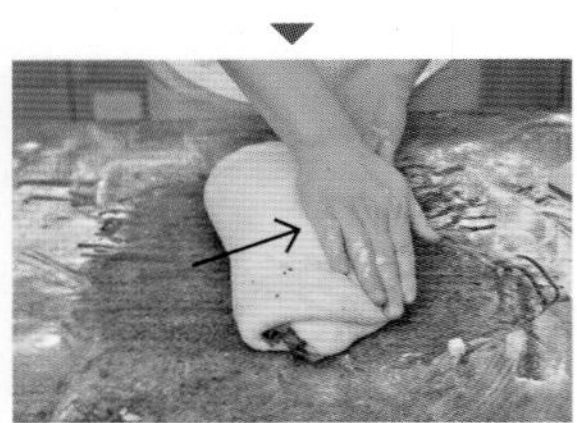

⑦将面团另一侧1/3往中间折叠覆盖馅料。

⑧在折叠面团的表面再铺放上材料Ⓑ。

⑨再从后端翻面对折收合。

提示｜这样的拌合方式是为了让馅料分布均匀，并且不影响材料的形态风味。

● 基本发酵

⑩整理面团成圆滑状态，基本发酵45分钟，拍平做3折1次翻面，冷藏松弛约18小时。

● 分割、中间发酵

⑪分割面团成300g×6个，将面团搓揉成纺锤状，中间发酵30分钟。

● 整形、最后发酵

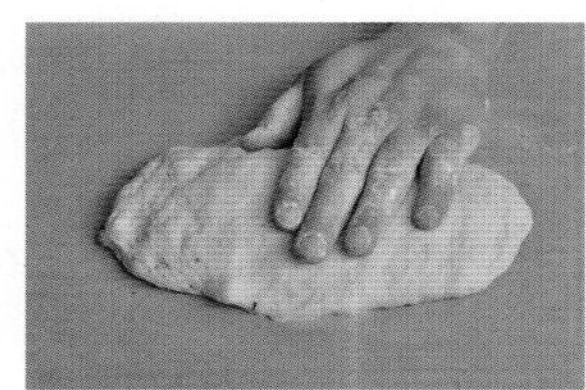

⑫将面团稍拉长，用手轻拍均匀，排出多余的空气，翻面。

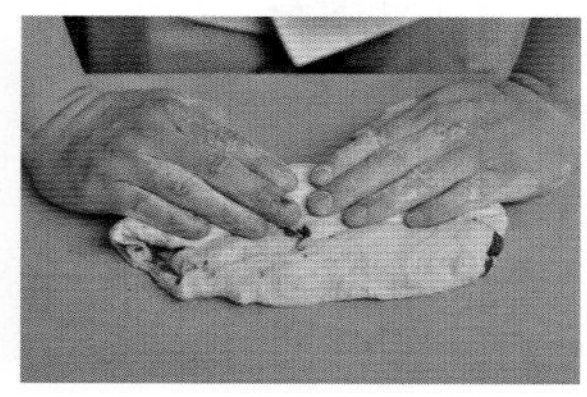

⑬从后端往上折1/3，按压塞紧。

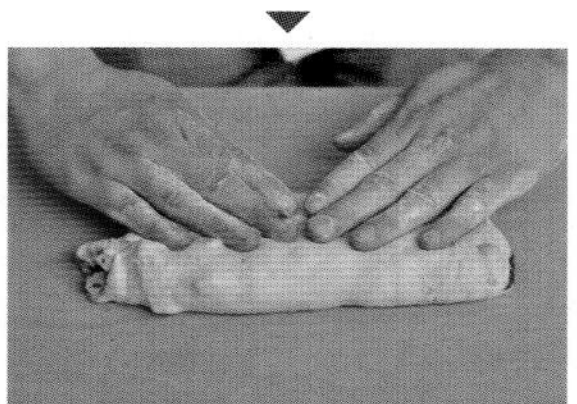

⑭再从前端向下折1/3，按压塞紧。

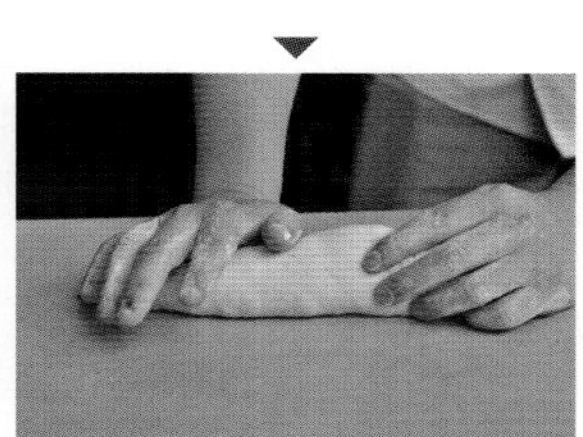

⑮按压接口处形成沟槽，再以沟槽为轴对折，按压新的接合口使其确实黏合。

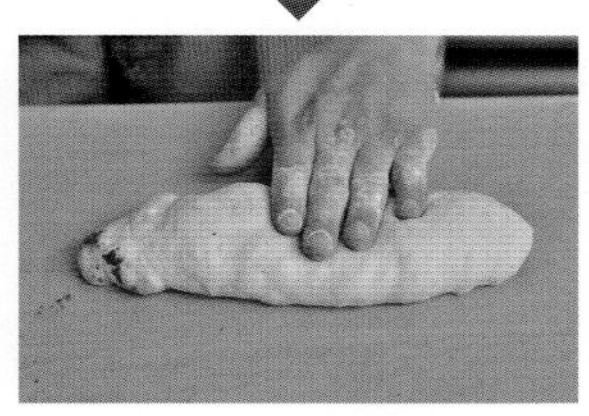

⑯将接合口朝下放置，稍轻拍压扁。

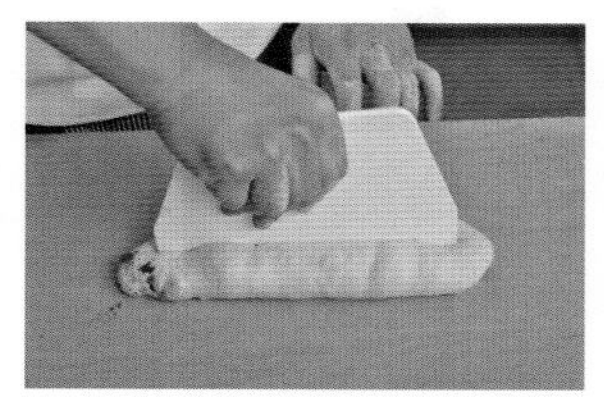

⑰用刮板在中间直刀压切（两端预留，不切断）。

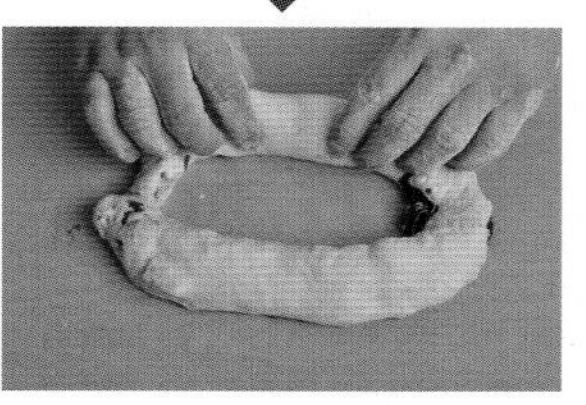

⑱再把压切开的刀口向两侧延展撑开，使面团形成大环状。

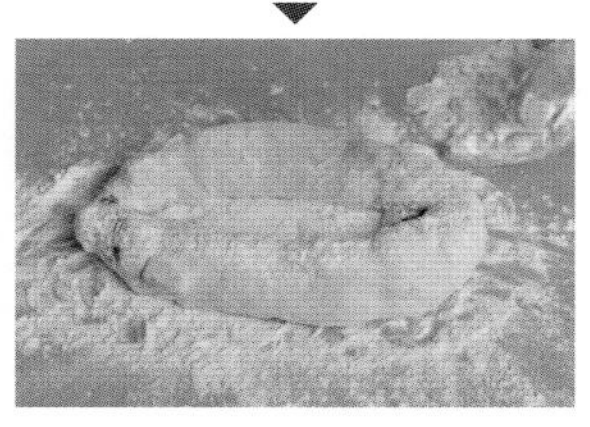

⑲撒放上足量的黑麦粉。

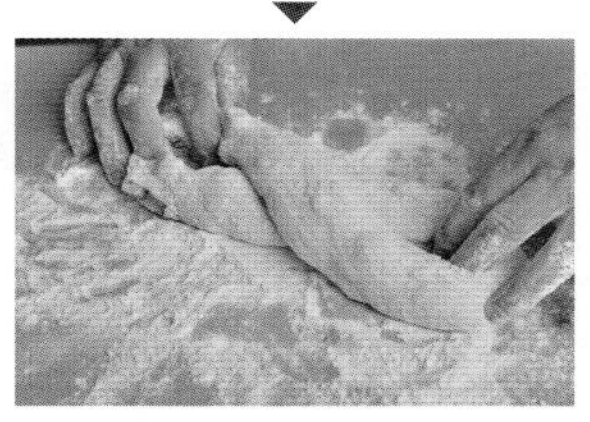

⑳抓住两端反向扭转成8字状。

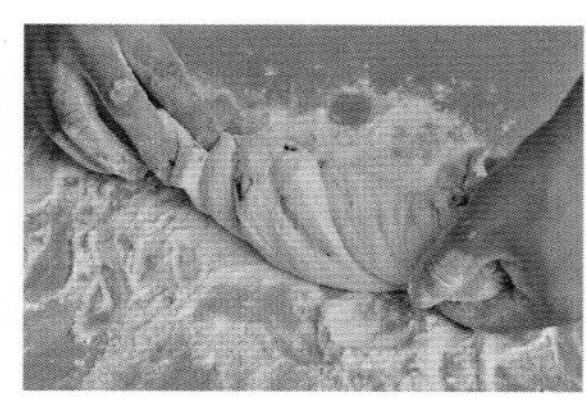

㉑再继续扭转成麻花棒状。

提示｜面团卷麻花状时，须放在黑麦粉中进行，以避免面粉沾黏，并且可使面团在烤焙过程中形成自然纹路。

㉒放在折凹槽的发酵帆布上，盖上发酵帆布，放室温最后发酵约40分钟。

㉓表面筛洒上黑麦粉。

● 烘烤

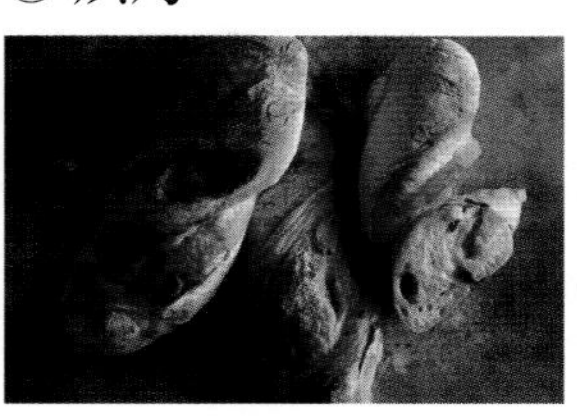

㉔放入烤箱，先喷蒸汽3秒，以上火220℃／下火210℃烤约15分钟。

#16
金黄玉米面包球

做法简单的入门款，
蕴含小麦自然的风味，
掺入的玉米粒带来自然甘甜与清脆口感，
一款纯粹迷人的小圆面包。

配　方

面团（份量8颗）

Ⓐ 法国粉…250g
低糖干酵母…3g
麦芽精…1g
上白糖…15g
岩盐…4g
全蛋…13g
鲜奶…25g
玉米水…28g
（从玉米罐头中沥出玉米粒后剩下的水）
水…98g

Ⓑ 无盐黄油…13g
玉米粒…100g

结构类型
蛋液 ＋ 硬质低糖奶类面团

做　法

◉ 搅拌面团

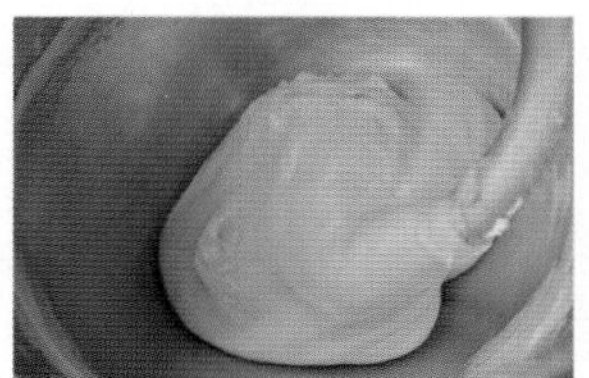

①将所有材料Ⓐ以慢速搅拌成团，转中速搅拌至表面光滑。

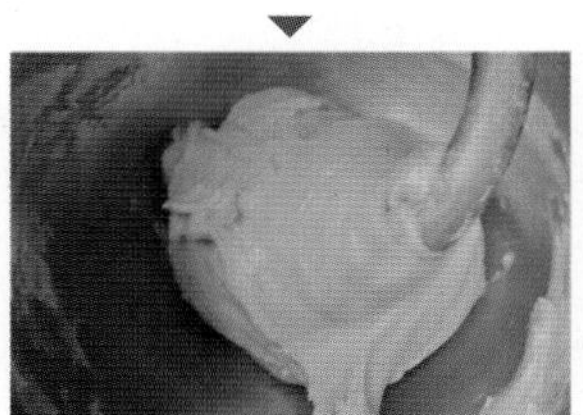

②加入无盐黄油以慢速搅拌至均匀，再以中速搅拌至面筋形成九成。

③加入玉米粒混合搅拌均匀即可（完成时面温约26℃）。

◉ 基本发酵

④整理面团成圆滑状态，基本发酵60分钟。

◉ 分割、中间发酵

⑤分割面团成60g×8个，将面团滚圆后中间发酵30分钟。

◉ 整形、最后发酵

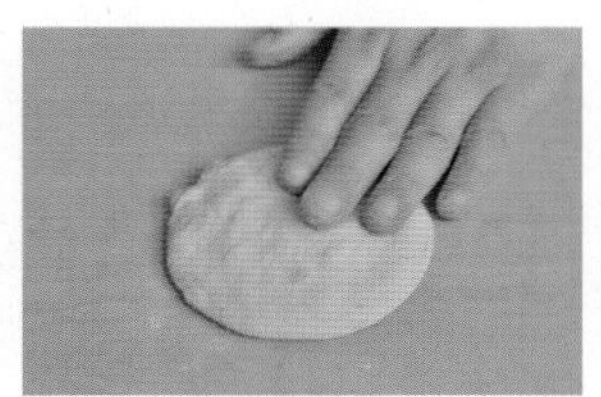

⑥将面团稍轻拍成厚度均匀的圆扁状，翻面。

⑦将面团拉整收合，捏紧收合口，整形成圆球状。

⑧放入烤盘最后发酵60分钟（湿度75%、温度30℃）。

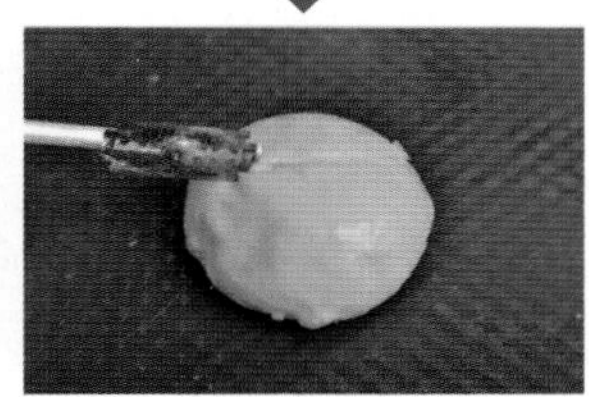

⑨在表面涂刷蛋液，待表面稍微风干，在中央轻划刀痕。

◉ 烘烤

⑩放入烤箱，以上火220℃/下火200℃烤约10分钟。

17 元气蛋沙拉布里欧

火腿与芝士的搭配相当对味，
融合的香气自面包切口流淌，在上面再层叠柔嫩的蛋色拉，
浑为一体的层层馅料与柔软香甜的布里欧面团搭配，
是一款健康营养、让人充满活力的元气面包。

配　方

液种（份量10颗）

法国粉…75g
鲜奶…75g
鲜酵母…0.25g

主面团

Ⓐ 高筋面粉…175g
鲜酵母…9g
细砂糖…38g
岩盐…4.5g
全脂奶粉…5g
全蛋…50g
蛋黄…38g
Ⓑ 无盐黄油…83g

内馅

火腿…10片
芝士片…5片

表面－沙拉蛋

美乃滋…50g
水煮蛋…500g

装饰

蛋液、海苔粉

结构类型
海苔粉 ＋ 沙拉蛋 ＋ 火腿、芝士 ＋ 软质富糖奶类面团

做　法

◉ 沙拉蛋

①将水煮蛋切碎与美乃滋混合拌匀备用。

◉ 搅拌面团

②**液种**。将法国粉、鲜奶、鲜酵母混合搅拌至可成粗薄膜，基本发酵1小时，冷藏1天。

> **提示**｜充分发酵的液种，可让布里欧面团搅拌时更快出筋，避免面温过高。

③**主面团**。将做法2、材料Ⓐ以慢速搅拌成团，转中速搅拌至表面光滑，加入材料Ⓑ以慢速搅拌至均匀。

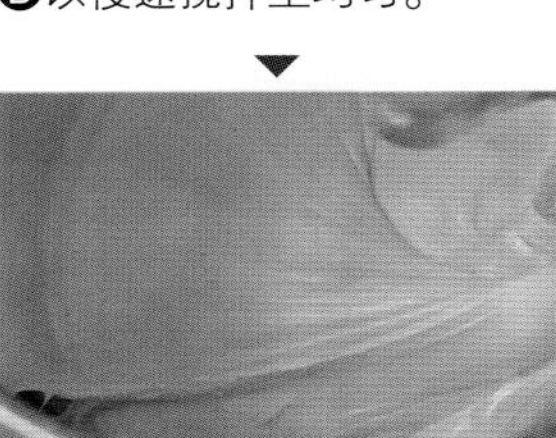

④再以中速搅拌至面筋形成，拉开呈均匀薄膜即可（完成时面温约26℃）。

◉ 基本发酵

⑤整理面团成圆滑状态，基本发酵60分钟。

◉ 分割、中间发酵

⑥分割面团成50g×10个，将面团滚圆后中间发酵30分钟。

◉ 整形、最后发酵

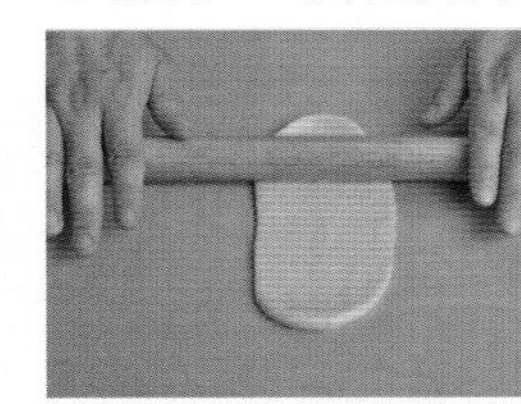

⑦将面团稍拍扁，擀成椭圆片状，并在底部用手指延压开（帮助黏合）。

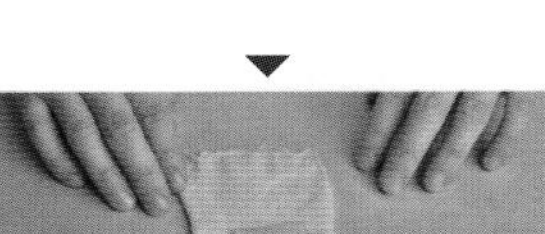
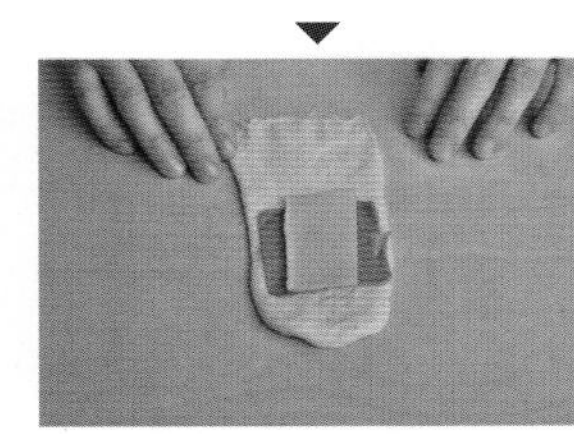

⑧铺放上火腿片、切半的芝士片。

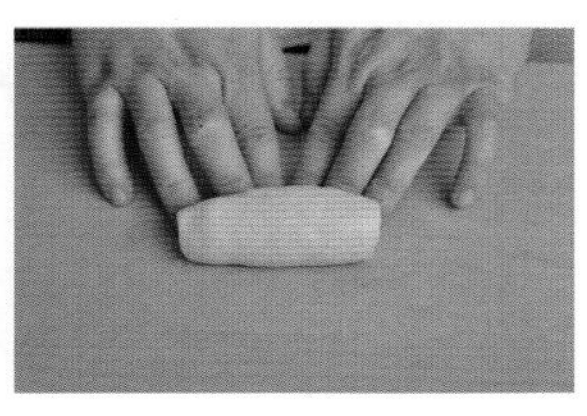

⑨将前端面团往后折并压合，再顺势卷起至底，收口于底，搓揉两端，整形成橄榄形。

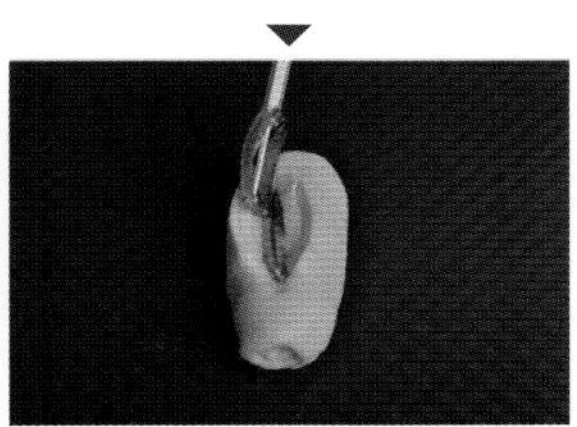

⑩在面团表面轻划出切痕（深度深及内馅），最后发酵60分钟（湿度75%、温度30℃），表面涂刷蛋液。

◉ 烘烤

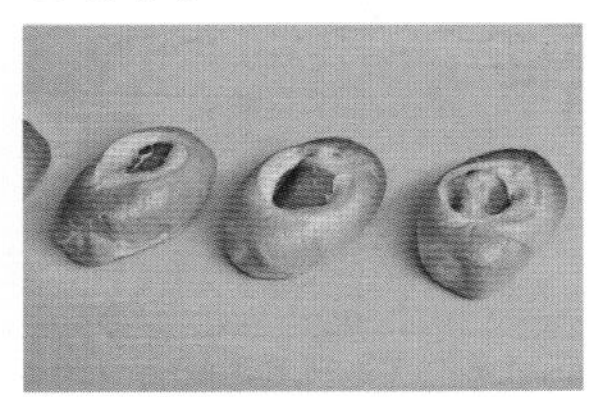

⑪放入烤箱，以上火200℃／下火180℃烤10分钟。

⑫在面包表面抹上沙拉蛋（30g），撒上海苔粉即可。

2 独具特色的名物面包

乡土和风味！从地方名物到节庆应景面包

18
榛果螺旋面包卷

起源于日本明治时期，
拥有众多粉丝的日式点心面包。
有着可爱的螺状外形，
最早其形状更为三角形一些，
也有人称它为短号面包。

模　型

- ϕ28mm×135mm田螺模具

配　方

面团（份量10颗）

Ⓐ 高筋面粉…250g
上白糖…38g
岩盐…4g
鲜酵母…8g
全蛋…38g
鲜奶…50g
水…78g
Ⓑ 无盐黄油…25g
发酵黄油…38g

内馅－榛果卡士达

Ⓐ 鲜奶…500g
香草荚…1/2支
Ⓑ 蛋黄…90g
细砂糖…100g
低筋面粉…25g
玉米粉…25g
榛果酱…150g
Ⓒ 无盐黄油…25g
君度橙酒…5g
Ⓓ 蜜核桃…250g

结构类型
榛果卡士达 ＋ 软质富糖奶类面团

做　法

◉ 榛果卡士达

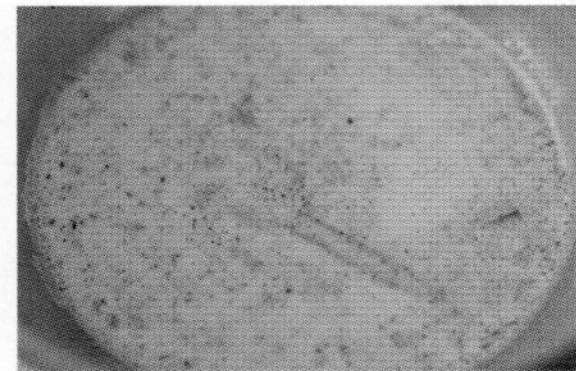

①材料Ⓑ混合搅拌均匀。另将香草籽连同香草荚外壳与鲜奶加热煮沸。

②将香草牛奶冲入到混匀的材料Ⓑ中，边拌边煮至中心点沸腾起泡，关火。

③加入黄油拌至融合，加入橙酒，再加入蜜核桃拌匀，倒入平盘中，待稍冷却，覆盖保鲜膜。

提示｜
- 熬煮榛果卡士达酱时须缓慢小火边拌动边煮，避免烧焦。
- 若想缩短步骤2拌煮沸腾的时间，可将材料B的细砂糖先于步骤1加入1/3，剩下的2/3待步骤2时再加入。

◉ 搅拌面团

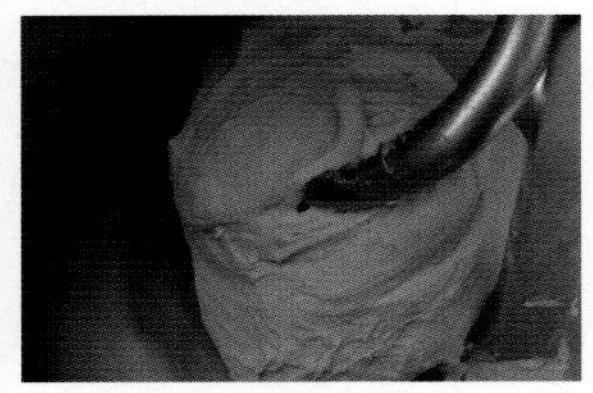

④将所有材料Ⓐ以慢速搅拌成团，转中速搅拌至表面光滑。

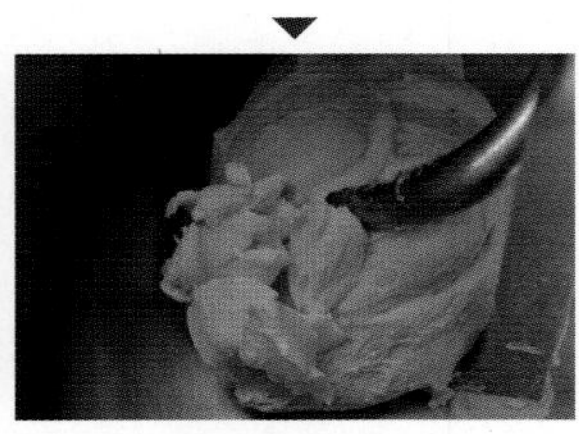

⑤加入材料Ⓑ以慢速搅拌至均匀。

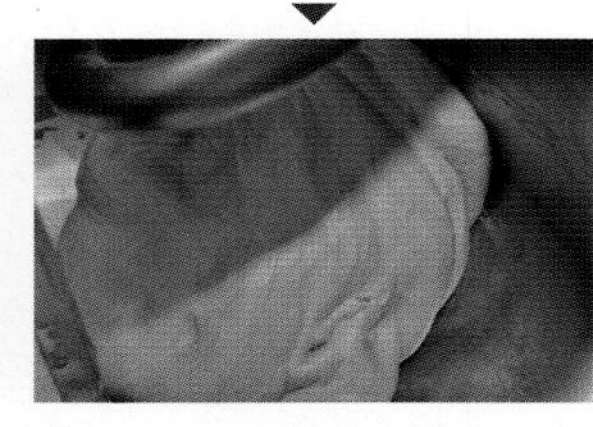

⑥再以中速搅拌至面筋形成均匀薄膜（完成时面温约26℃）。

◉ 基本发酵

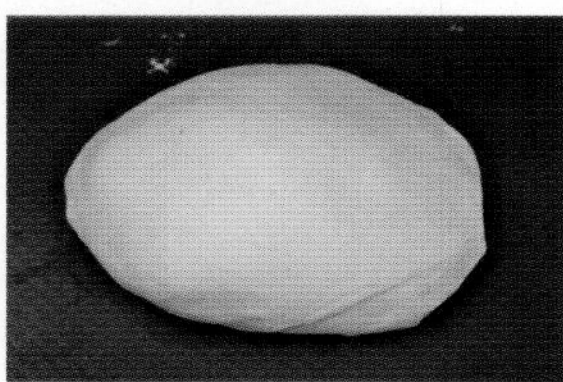

⑦整理面团成圆滑状态，基本发酵60分钟。

◉ 分割、中间发酵

⑧ 分割面团成60g×10个，将面团滚圆后中间发酵30分钟。

◉ 整形、最后发酵

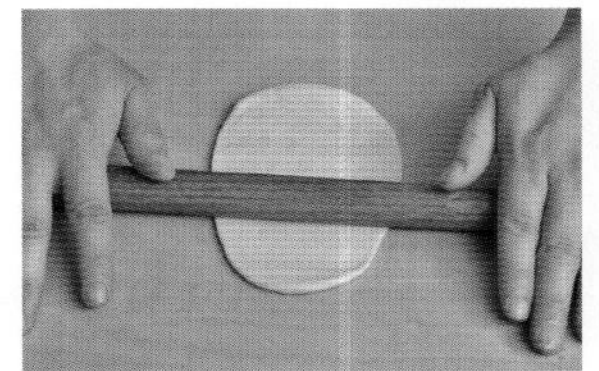

⑨ 将面团擀成椭圆片，翻面。

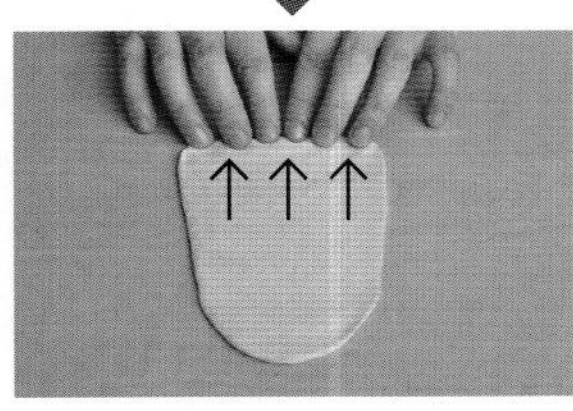

⑩ 在底部延压展开（帮助黏合）。

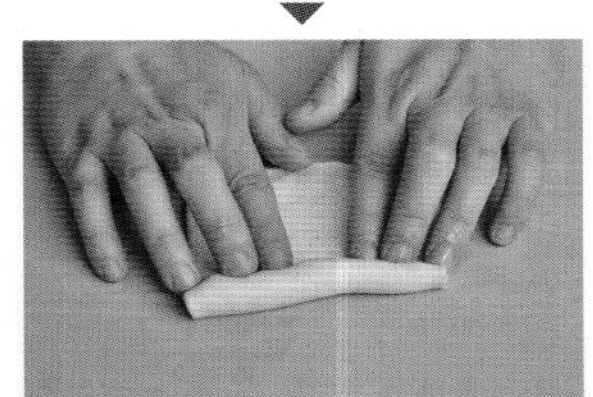

⑪ 将前端稍反折压合，再顺势卷至底。

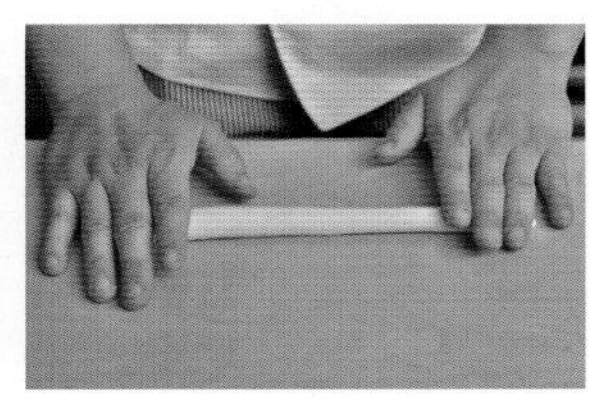

⑫ 由中间朝左右两侧均匀搓揉细长。

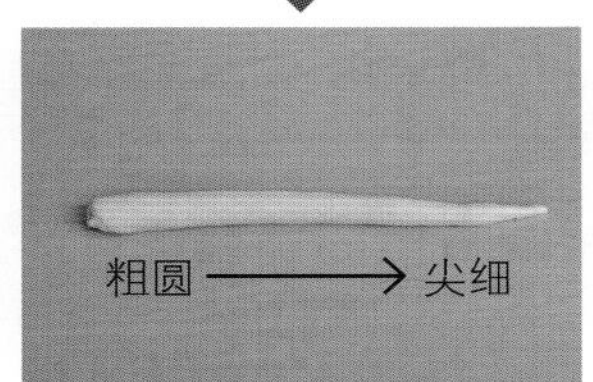

⑬ 成一端稍粗圆一端渐尖细的水滴状。

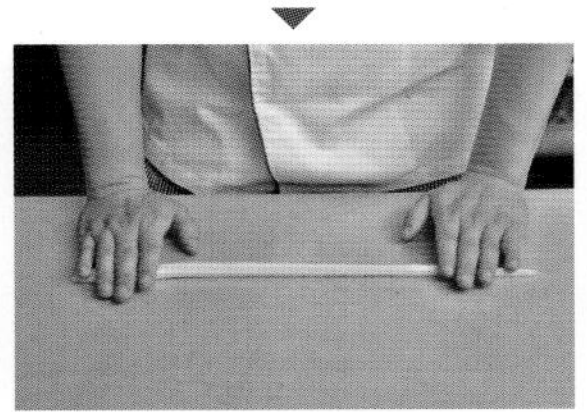

⑭ 稍松弛约5分钟，再搓揉成细长条状。

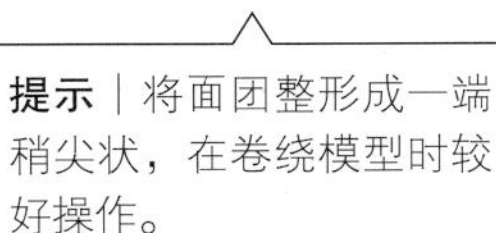

提示 | 将面团整形成一端稍尖状，在卷绕模型时较好操作。

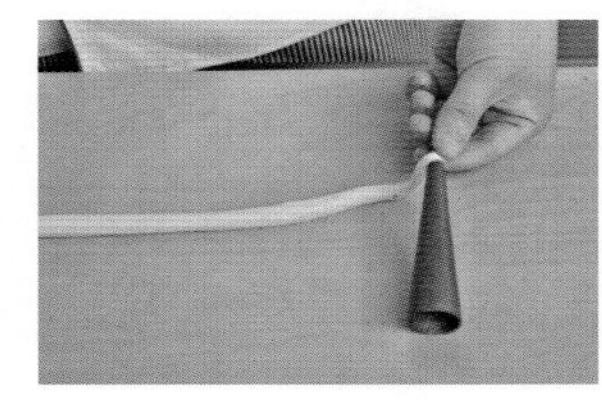

⑮ 将长条面团的尖端与田螺模型的尖端黏贴固定。

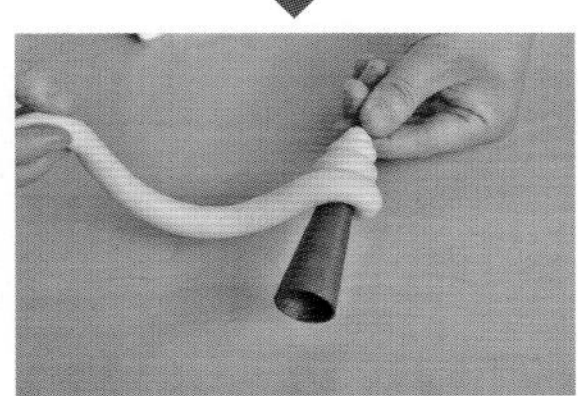

⑯ 一圈圈地紧贴缠绕到模型底部。

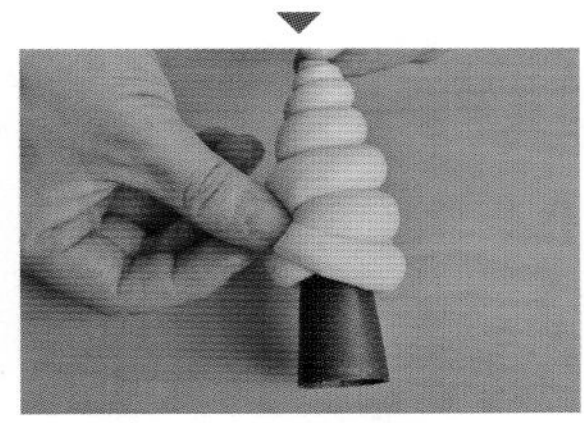

⑰ 面团尾端塞入自身底部。

⑱ 等间距排放入烤盘，最后发酵60分钟（湿度75%、温度30℃）。

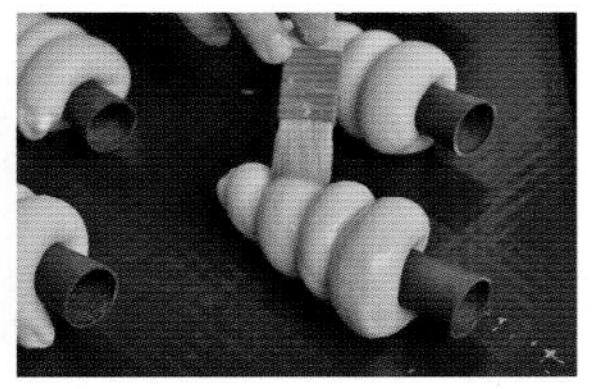

⑲ 表面涂刷蛋液。

◉ 烘烤

⑳ 放入烤箱，以上火200℃／下火180℃烤约10分钟，脱模。

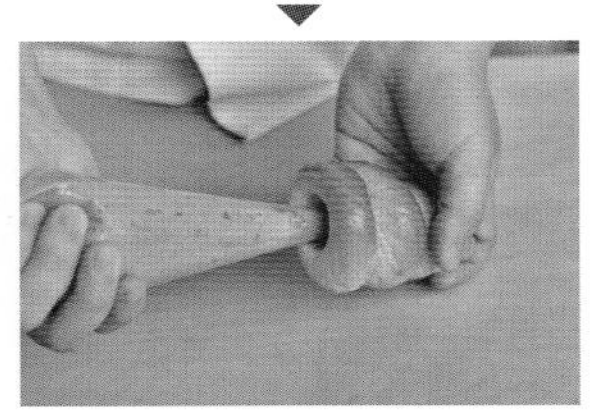

㉑ 在开口处挤入榛果卡士达馅即可。

㉒ 也可挤入其他内馅，如奶油霜、香草卡士达馅等。

19
酒种小圆红豆

日本最早的点心面包，
也是西方面包体与东方食材的最早搭配。
源于“木村屋”面包店开发出的技术，当时他们使用的是酒种发酵，
在日本据说曾缔造单日10万个的销售佳绩，
成为木村屋的人气商品，掀起红豆面包的风潮。
现今，它已经衍生出许多的口味与形式，深受大众喜爱。

食材

面团（份量10颗）

❹ 高筋面粉···200g
全粒粉···50g
细砂糖···20g
岩盐···4g
水···93g
鲜奶···42g
酒种···38g
（做法见第26页）
鲜酵母···8g
❺ 无盐黄油···18g

内馅

红豆馅···500g
（做法见第32页）

表面

蛋液、黑芝麻

结构类型
黑芝麻 ＋ 红豆馅 ＋ 软质富糖奶类面团

做 法

◉ 搅拌面团

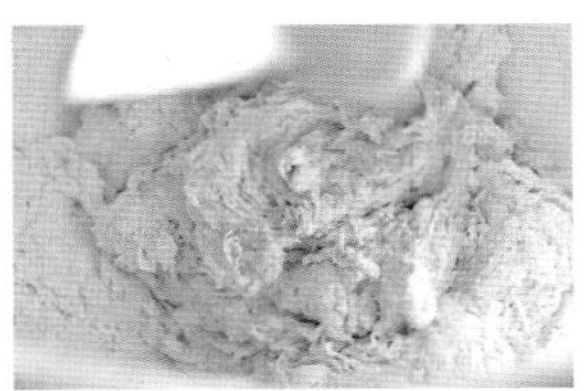

①将酒种与其他所有材料❹以慢速搅拌成团。

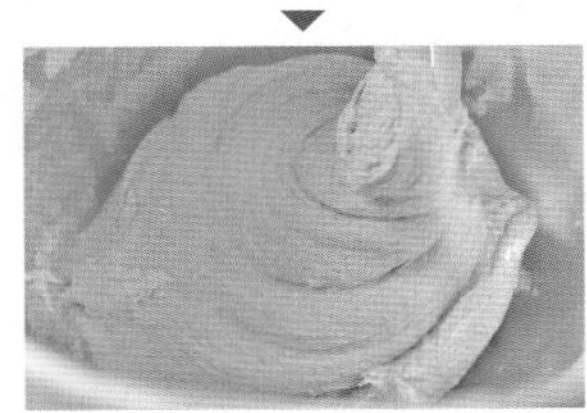

②转中速搅拌至表面光滑，加入材料❺以慢速搅拌至均匀。

③再以中速搅拌至面筋可形成均匀薄膜（完成时面温约26℃）。

◉ 基本发酵

④整理面团成圆滑状态，基本发酵60分钟。

◉ 分割、中间发酵

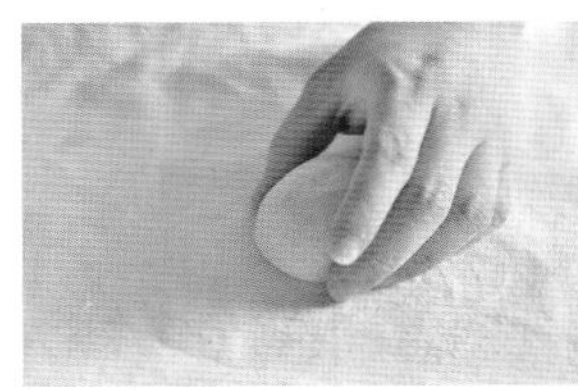

⑤分割面团成50g×10个，将面团滚圆后中间发酵30分钟。

◉ 整形、最后发酵

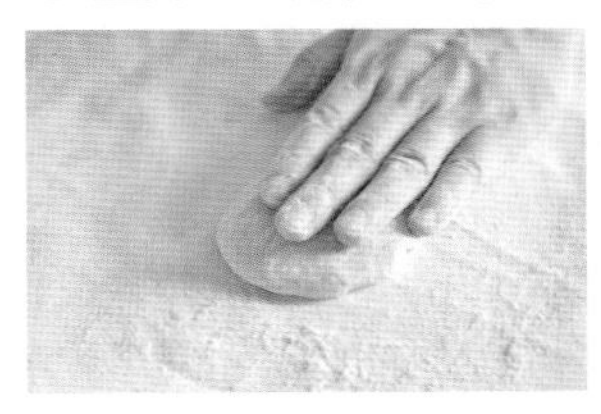

⑥将面团稍滚圆，轻拍成中间稍厚边缘稍薄的圆扁状。

⑦在中间按压抹入红豆馅（50g）。

⑧将面皮朝中间收合，包覆住馅料，捏紧收口。

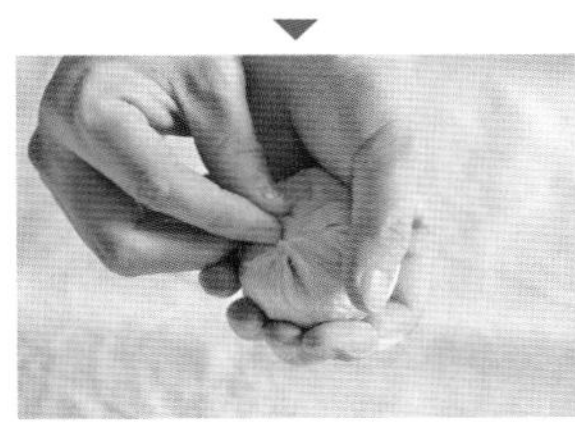

⑨整形成圆球状，收口朝底放入烤盘中，最后发酵60分钟（湿度75%、温度35℃）。

⑩表面刷上蛋液、沾上黑芝麻。

◉ 烘烤

⑪放入烤箱，以上火200℃／下火180℃烤约10分钟。

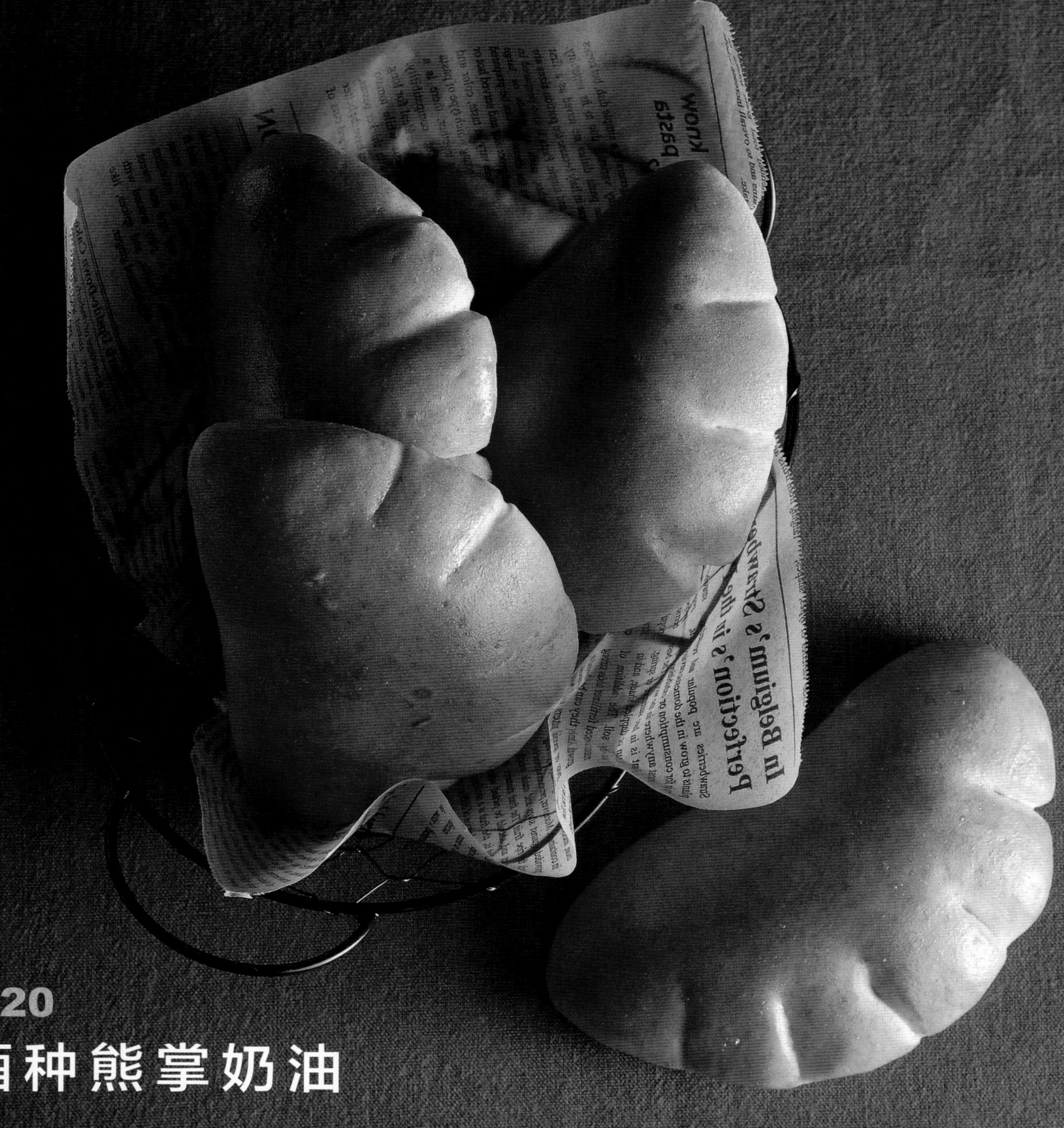

20

酒种熊掌奶油

内馅是香浓顺滑、风味十足的卡士达馅，
又称克林姆面包。
与红豆面包、菠萝面包一样都是日本知名的点心面包。
关于其原始形状，相传为手套模样，
演变至今已发展出各式不同的造型。

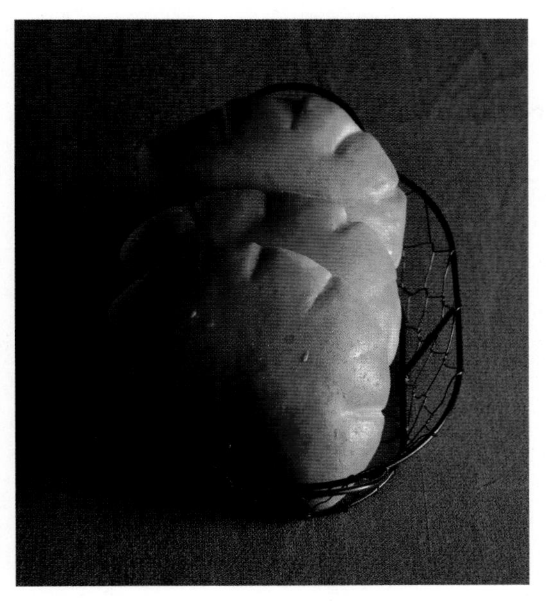

配　方

面团（份量10颗）

Ⓐ 高筋面粉…200g
全粒粉…50g
上白糖…20g
岩盐…4g
水…93g
鲜奶…42g
酒种…38g
（做法见第26页）
鲜酵母…8g
Ⓑ 无盐黄油…18g

内馅

香草卡士达
（做法见第32页）

结构类型
香草卡士达 ＋ 软质富糖奶类面团

做　法

◉ 香草卡士达

①香草卡士达的制作方式参见第32页。

◉ 制作面团

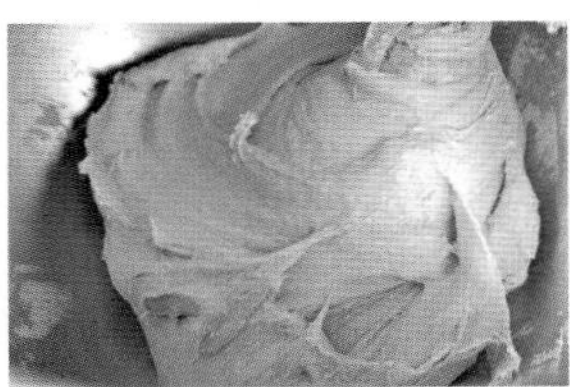

②面团制作参见第81页“酒种小圆红豆”做法1~5，完成搅拌、基本发酵。将面团分割成50g×10个，滚圆后中间发酵30分钟。

◉ 整形、最后发酵

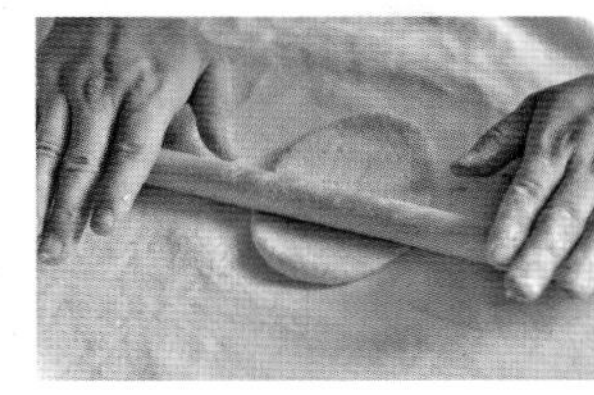

③将面团稍滚圆后，轻拍扁再擀成椭圆片状。

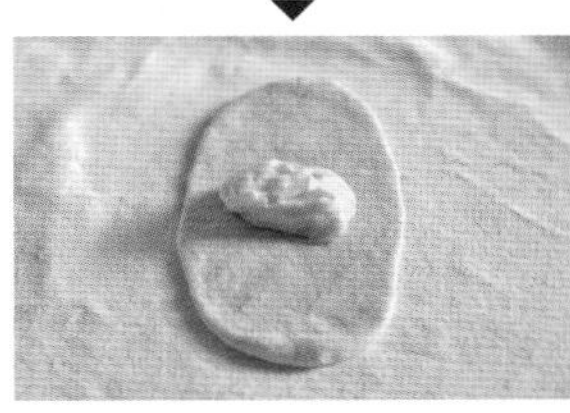

④在中间抹入香草卡士达馅（30g）。

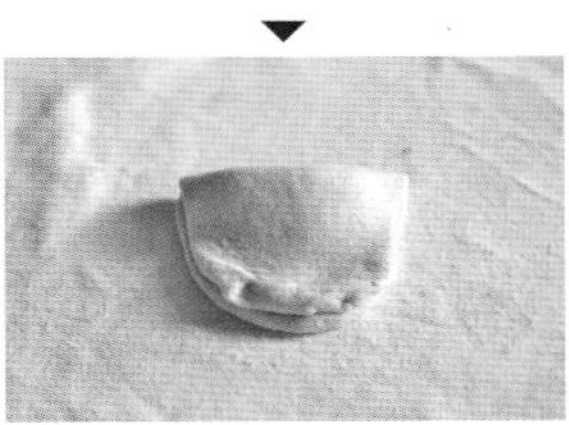

⑤将后端面皮朝前端对折，包覆住馅料。

⑥将接合边捏紧密合，整形成半圆状。

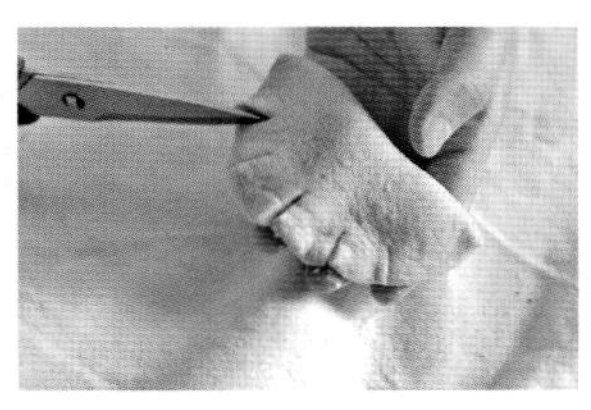

⑦在接口边缘等间距剪出5道口。

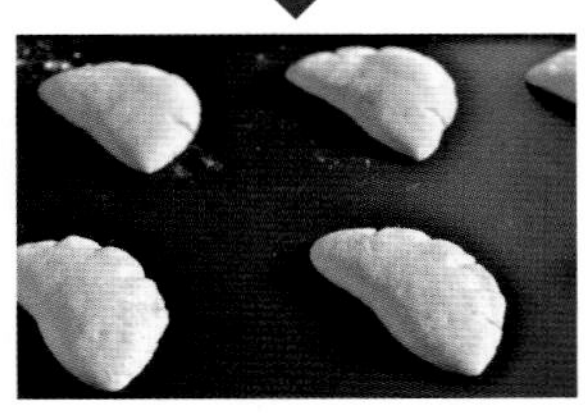

⑧放入烤盘中，最后发酵60分钟（湿度75%、温度30℃）。

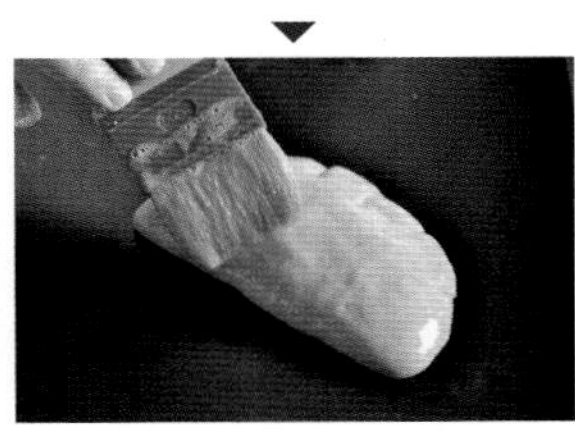

⑨表面刷上蛋液（或再用杏仁片点缀）。

◉ 烘烤

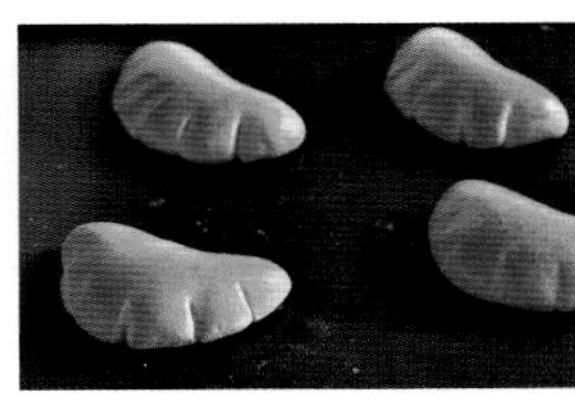

⑩放入烤箱，以上火200℃／下火180℃烤约10分钟。

21

樱花红豆面包

运用日本传统的酒种酵母制作，
表面镶嵌着咸味的粉红盐渍樱花，
淡淡的咸味搭配酒种发酵的特殊香气，
醇香甜蜜，风味独特，
浓浓的日式风情，春天浪漫的幸福滋味。

花形款

模　型

- ϕ 98mm×35mm八角模

配　方

面团（份量10颗）

Ⓐ 高筋面粉…200g
全粒粉…50g
细砂糖…20g
岩盐…4g
水…93g
鲜奶…42g
酒种…38g
（做法见第26页）
鲜酵母…8g
Ⓑ 无盐黄油…18g

内馅－樱花红豆馅

红豆馅…320g
（做法见第32页）
盐渍樱花…12朵

表面

盐渍樱花…10朵
不湿糖

结构类型
盐渍樱花 ＋ 樱花红豆馅 ＋ 软质富糖奶类面团

做　法

◉ 樱花红豆馅

①将红豆馅、盐渍樱花混合拌匀即可。

◉ 搅拌面团

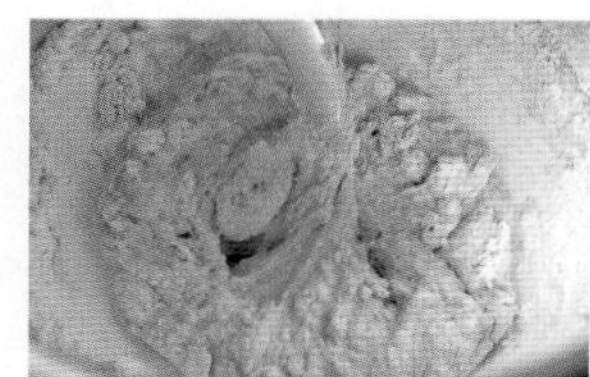

②将酒种与其他所有材料Ⓐ以慢速搅拌成团。

▼

③转中速搅拌至表面光滑，加入材料Ⓑ以慢速搅拌至均匀。

▼

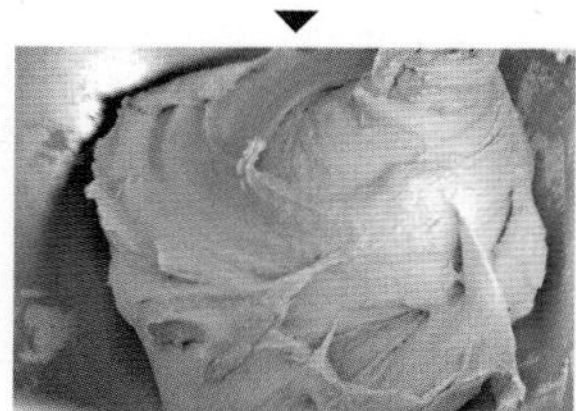

④再以中速搅拌至面筋可形成均匀薄膜（完成时面温约26℃）。

◉ 基本发酵

⑤整理面团成圆滑状态，基本发酵60分钟。

◉ 分割、中间发酵

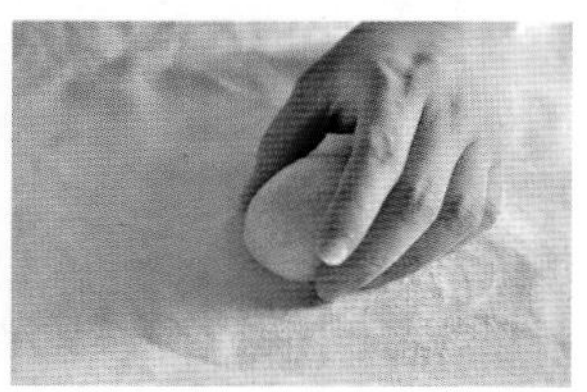

⑥分割面团成50g×10个，将面团滚圆后中间发酵30分钟。

◉ 整形、最后发酵

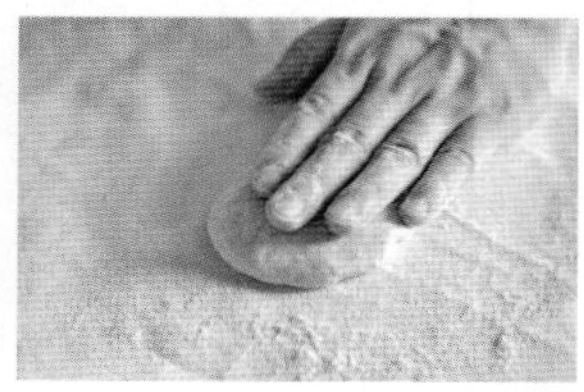

⑦**花模款**。将面团稍滚圆，轻拍成中间稍厚边缘稍薄的圆扁状。

▼

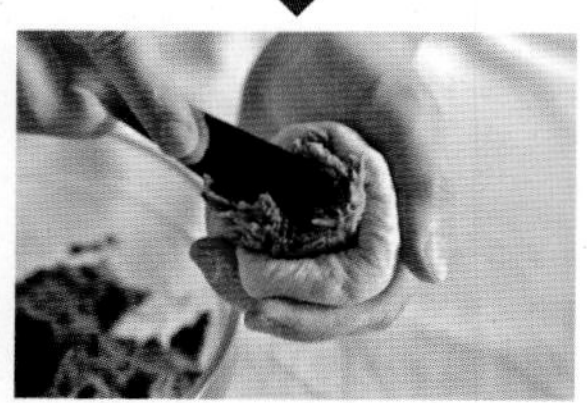

⑧在面团中间按压抹入樱花红豆馅（50g）。

烘烤

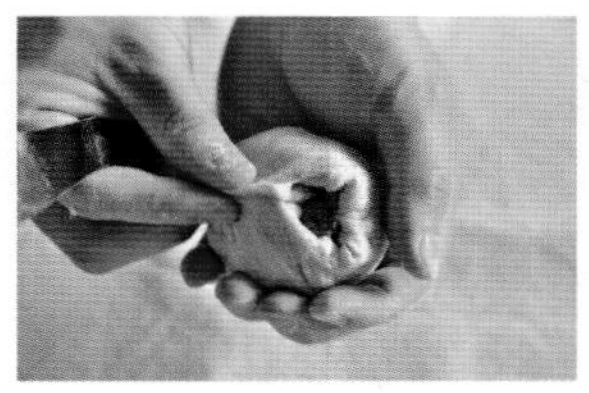

⑨将面皮朝中间收合，包覆住馅料，捏紧收合口。

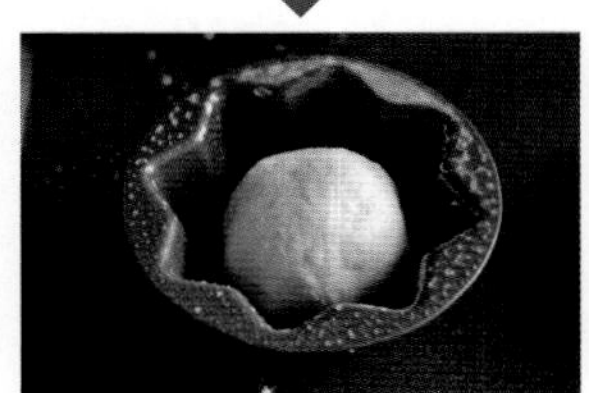

⑩整形成圆球状，收口朝底放入喷好烤盘油的模型中。

⑪最后发酵60分钟（湿度75%、温度30℃）。

⑫表面覆盖上烤焙纸，再压盖上烤盘，准备烤焙。

⑬**花形款**。将包馅、整形成圆球状的面团，轻拍压扁。

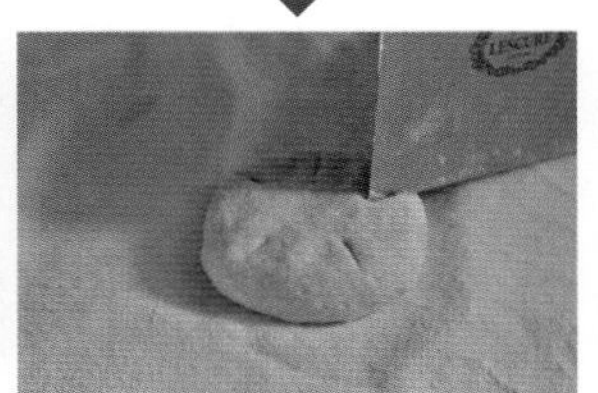

⑭用刮板等间距切划5刀先做出标记。

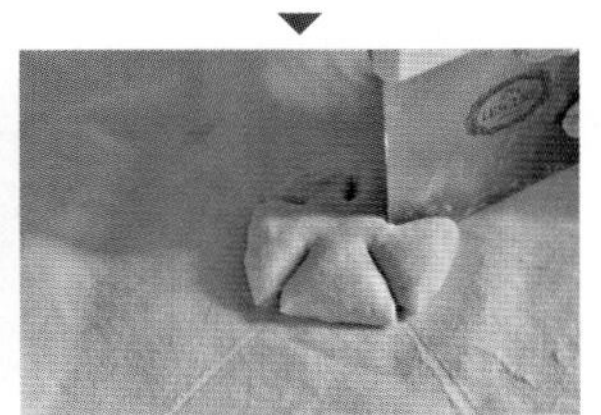

⑮再压切，形成放射状（不切断），成花形。

提示｜为避免面团膨胀时红豆馅从面团中露出，红豆馅要紧实地包在面团中央，并捏紧面团收口。

⑯放入烤盘，最后发酵60分钟。

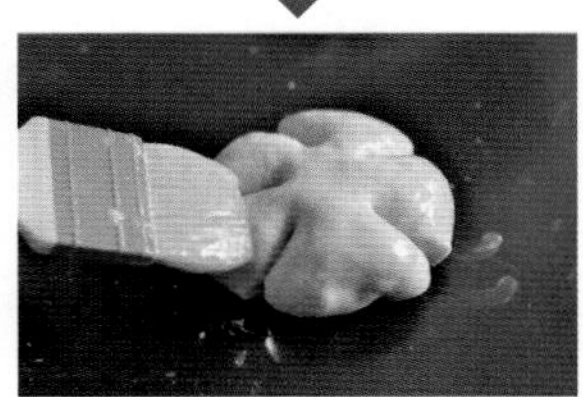

⑰表面涂刷上蛋液，在中间压出小凹洞，压入盐渍樱花即可。

提示｜盐渍樱花要先泡水，去除多余的盐分之后再使用。

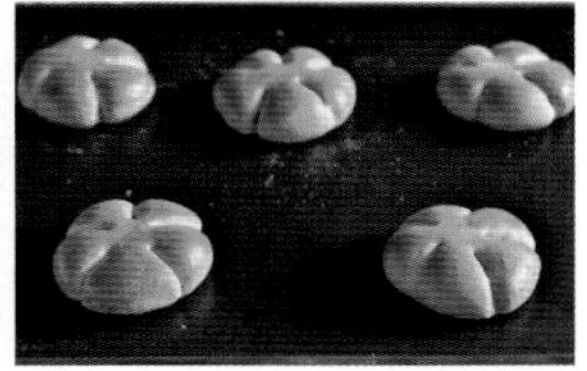

⑱放入烤箱，以上火200℃／下火180℃烤约10分钟。

⑲将花模款脱模，放上樱花模型片，筛洒上不湿糖。

⑳最后在中间放上盐渍樱花即可。

和风物语

酒种樱花红豆面包，相传源自日本明治时期。明治天皇巡视水户藩的郊外别馆时，山冈铁舟奉上“木村屋”的樱花红豆面包给天皇，从那时起口味独特的樱花红豆面包一炮而红，成了皇室御用的圣品，更为此将4月4日订为当地的“红豆面包日”。时至今日，以盐渍樱花作为点缀的樱花红豆面包，人气依然屹立不摇。

22

盐之花可颂

牛角造型的面包卷中包着有盐黄油，
外脆内软，入口带着咸香，
中间的黄油在烘烤中会流溢出，在底部经烘烤形成焦香酥脆口感，
整体越嚼越香。

配　方

面团（份量10颗）

法国粉…250g
岩盐…4.5g
麦芽精…1g
低糖干酵母…1g
法国老面…50g
（做法见第24页）
水…170g

夹层

有盐黄油…70g

表面

盐之花

结构类型
盐之花 + 有盐黄油 + 硬质低糖奶类面团

做 法

◉ 搅拌面团

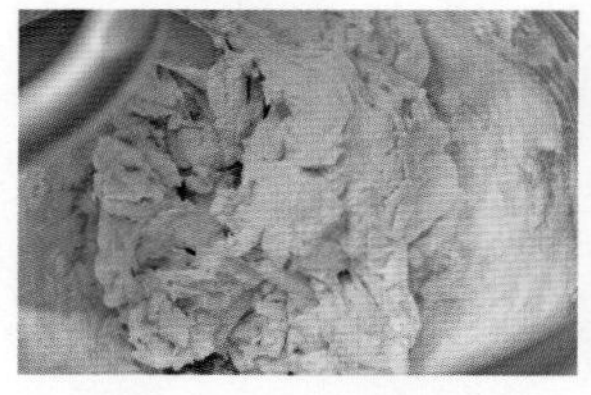

①将老面与所有材料放入搅拌缸中，以慢速搅拌混合成团。

②转中速搅拌至表面光滑，面筋可形成均匀薄膜（完成时面温约26℃）。

◉ 基本发酵

③整理面团成圆滑状态，基本发酵45分钟，拍平做3折1次翻面，再发酵约45分钟。

◉ 分割、中间发酵

④分割面团成45g×10个，将面团滚圆后中间发酵30分钟。

◉ 整形、最后发酵

⑤将有盐黄油分切成7g×10个。

⑥将面团搓揉成椭圆。

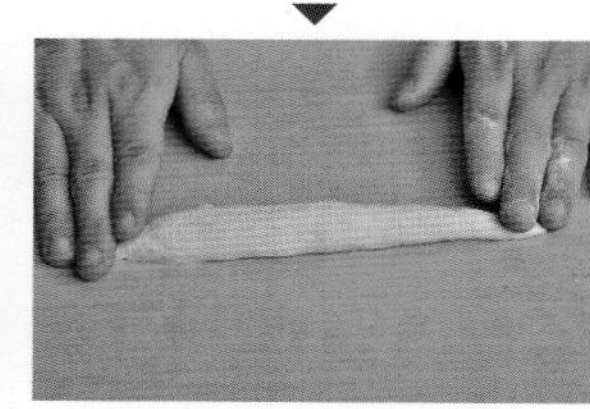

⑦再延展搓成一端稍厚一端渐细的圆锥状。

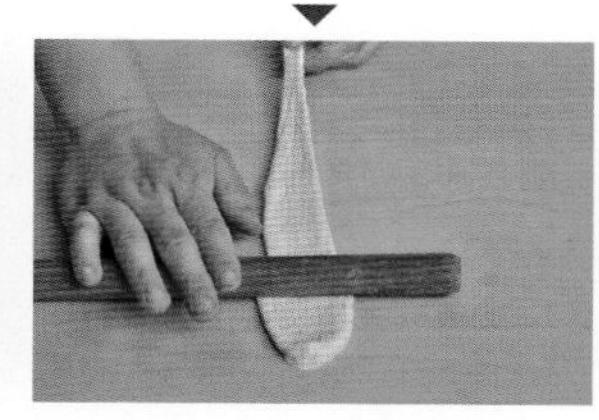

⑧用擀面棍从厚端往尖端擀平，同时拉住尖端延展。

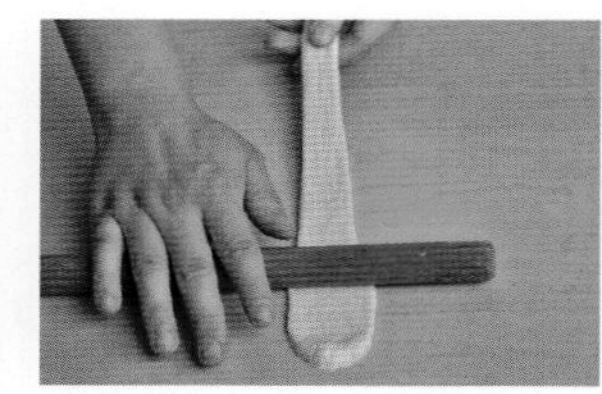

⑨翻面，再重复擀平延展。

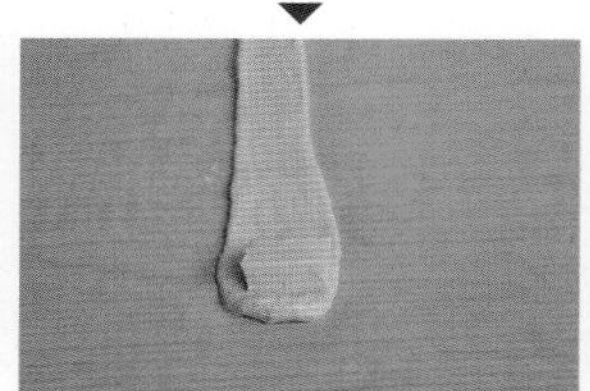

⑩在圆端放上有盐黄油（7g）。

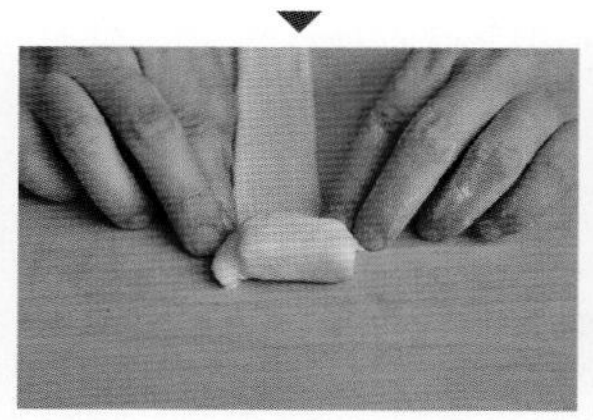

⑪将圆端外侧边缘略为反折，并轻轻按压。

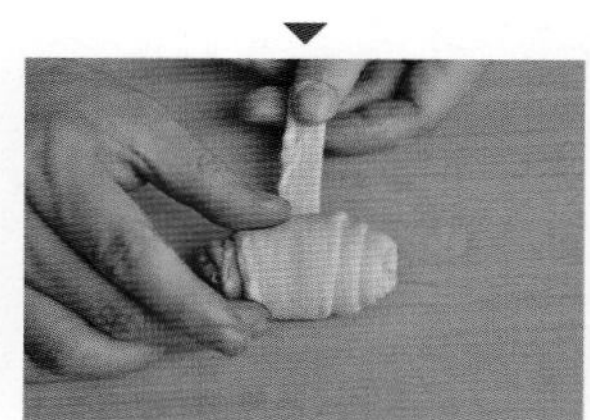

⑫顺势卷起至底，成圆筒状。

⑬收口于底，成牛角状。

提示 | 注意左右对称。略紧地将面团卷起，可使可颂组织层次更分明。

⑭将成形面团收口朝下，排列烤盘上，最后发酵约60分钟（湿度75%、温度30℃）。

⑮在表面稍喷水雾，再撒上盐之花。

◉ 烘烤

⑯放入烤箱，先喷蒸汽3秒，以上火220℃/下火190℃烤约13分钟。

23

超极馅夹心堡

（红豆奶油 / 花生奶油 / 水果香缇 / 番茄鲔鱼沙拉）

纺锤状的外形据说源于日本江户时代传入的法式面包，
种类丰富，夹馅美味变化多达30种以上。
其中又以红豆奶油馅最为知名，
其双馅夹层与柔软劲道的面包体搭配，相当美味入口。

配　方

面团（份量8颗）

A 高筋面粉…500g
上白糖…50g
岩盐…7g
全脂奶粉…20g
鲜酵母…18g
全蛋…60g
水…285g
B 无盐黄油…75g

夹馅

A 水果香缇（每份）
打发动物稀奶油…50g
水蜜桃…2片
葡萄柚…2片
B 红豆奶油（每份）
发酵黄油…1片
红豆馅…100g
（做法见第32页）
细砂糖…适量
C 颗粒花生
去皮花生（熟）…150g
细砂糖…40g
发酵黄油…50g
花生酱…200g
D 金枪鱼沙拉（每份）
金枪鱼罐头…100g
美乃滋…10g
E 奥勒冈番茄糊
蒜头…20g
小番茄…200g
盐…2g
白醋…10g
奥勒冈草…20g

结构类型
内层夹馅 + 软质富糖奶类面团

做　法

◉ 搅拌面团

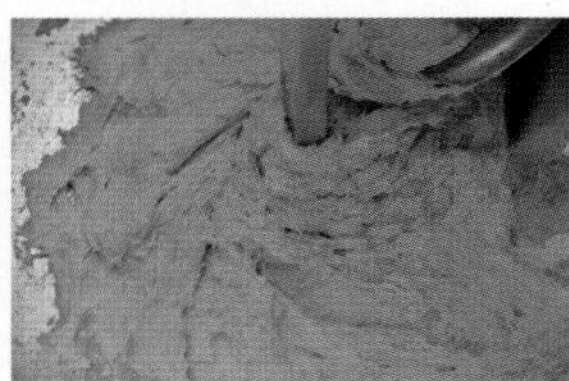

①将材料A以慢速搅拌成团。

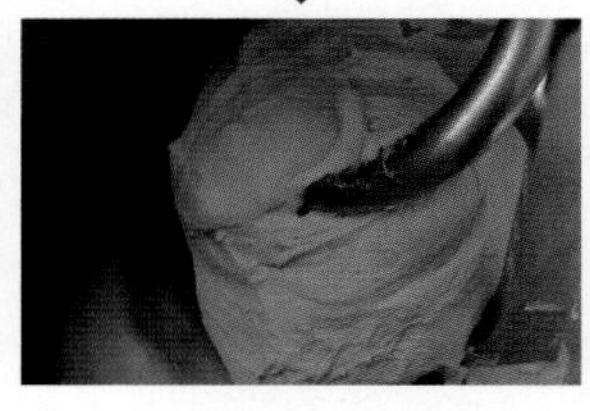

②转中速搅拌至光滑面。

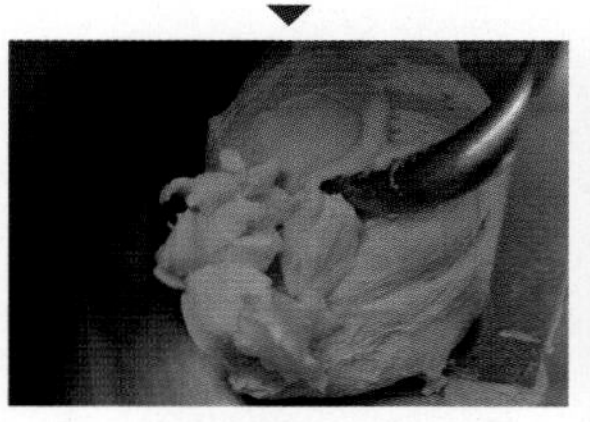

③加入材料B以慢速搅拌至均匀。

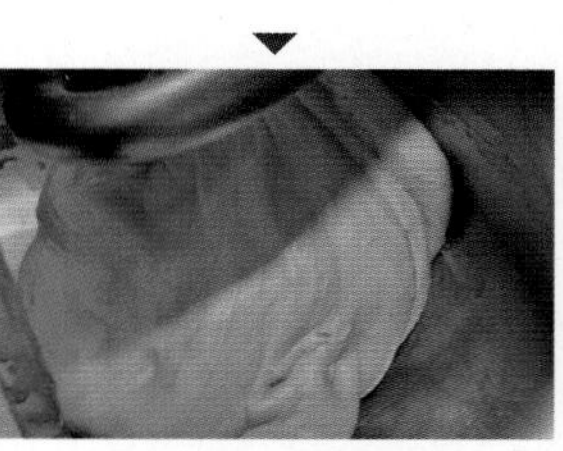

④再以中速搅拌至面筋形成，可呈均匀薄膜即可（完成时面温约26℃）。

◉ 基本发酵

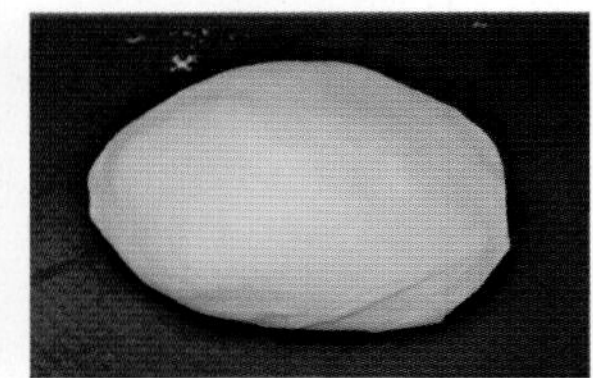

⑤整理面团成圆滑状态，基本发酵60分钟。

◉ 分割、中间发酵

⑥分割面团成120g×8个，将面团滚圆后中间发酵30分钟。

◉ 整形、最后发酵

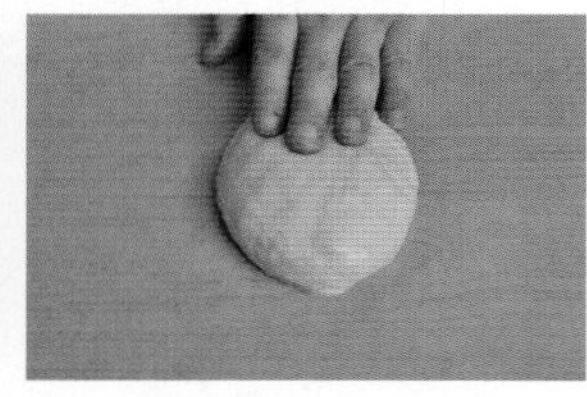

⑦将面团稍搓滚后拍扁。

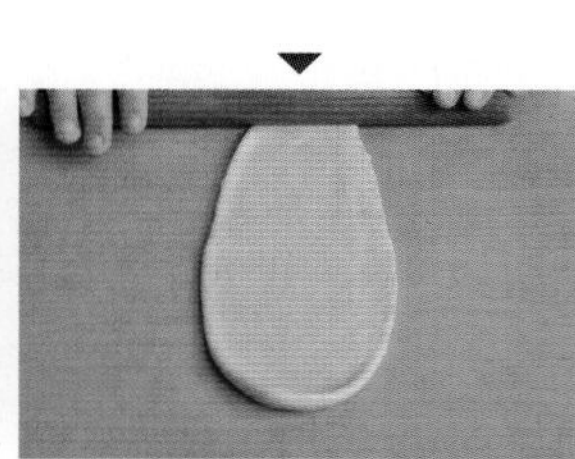

⑧再擀成厚度一致的椭圆片状，翻面，将底部稍延展开（帮助黏合）。

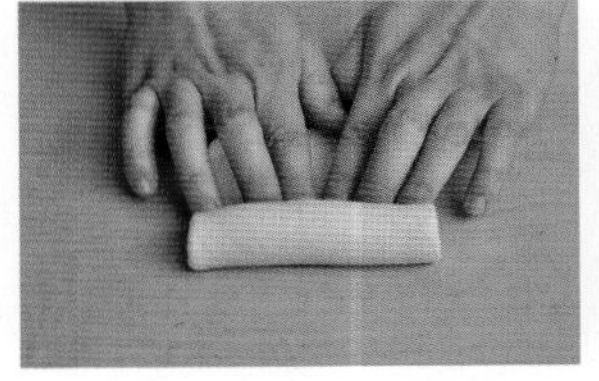

⑨将前端往下反折压合，再将整个面团卷折至底。

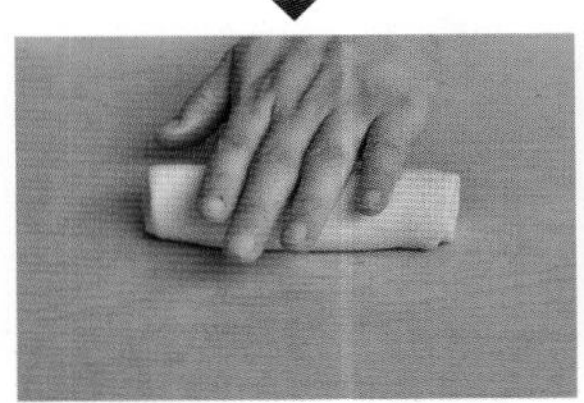

⑩收口于底，成长条状，稍搓揉两端整形。

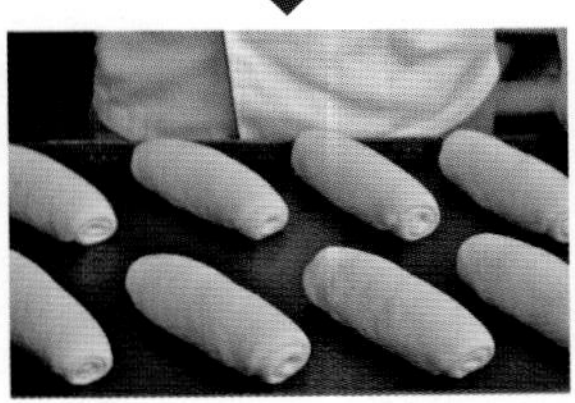

⑪放入烤盘，最后发酵60分钟（湿度75%、温度30℃）。

◉烘烤

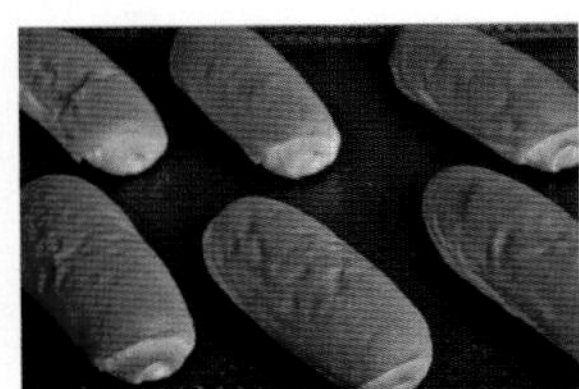

⑫放入烤箱，上火200℃/下火180℃烤约10分钟。

◉夹馅

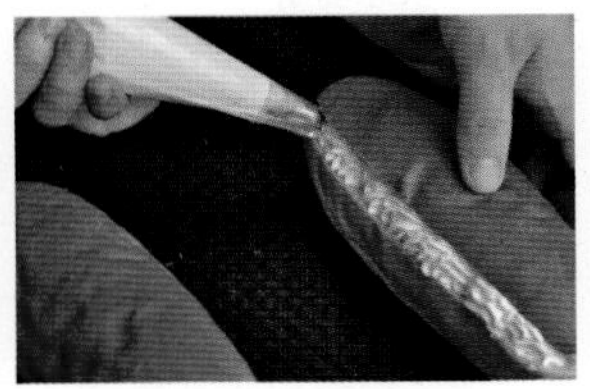

⑬**水果香缇**。将面包侧边切开，挤入打发稀奶油。

⑭再相间摆放入水蜜桃、葡萄柚果瓣装点即可。

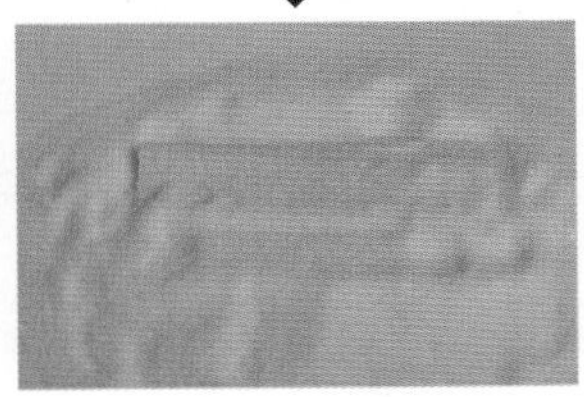

⑮**红豆奶油**。将发酵黄油片均匀沾裹细砂糖。

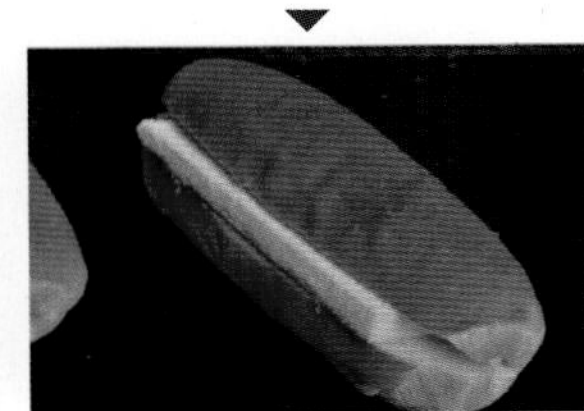

⑯在切剖开的面包中夹入砂糖黄油片。

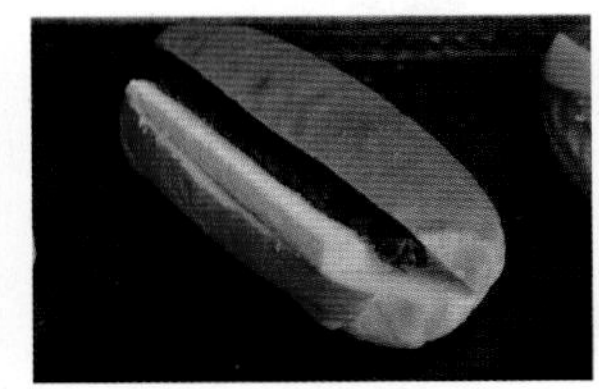

⑰再挤入红豆馅即可。

⑱**颗粒花生**。将去皮熟花生用调理机打碎，加入细砂糖混匀，再加入发酵黄油、花生酱搅拌均匀。

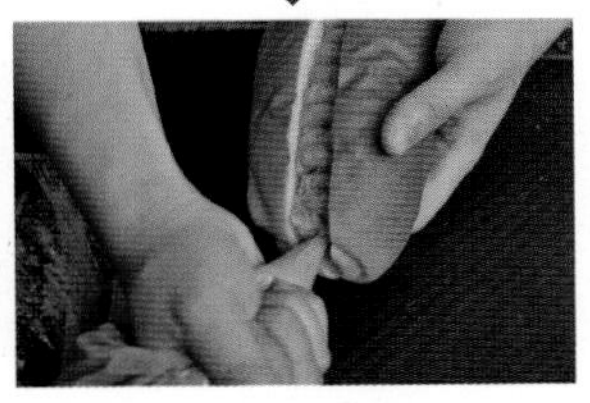

⑲在剖开的面包中挤入做法18的颗粒花生酱（约100g）即可。

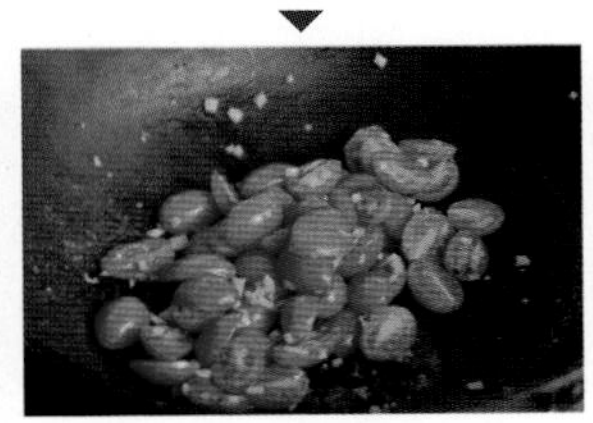

⑳**奥勒冈番茄糊**。热锅炒香蒜头，加入切片小番茄拌炒至软化。

㉑加入盐、白醋、奥勒冈草拌匀。

㉒用调理机搅打均匀，即成奥勒冈番茄糊。

㉓**金枪鱼沙拉**。金枪鱼罐头油分沥干，取出金枪鱼捣碎，加入美乃滋拌匀即可。

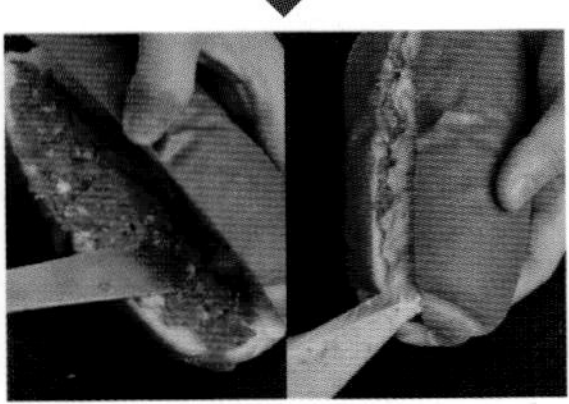

㉔在剖开的面包中抹上奥勒冈番茄糊，再挤上金枪鱼沙拉即可。

24

日和咖哩面包

咸食面包的代表，
Q弹面团体包着咖哩馅，
外酥脆金黄，内柔软香浓，趁热享用最是美味。
最早是以油炸成形，
近年来因健康取向，也发展出非油炸型。

配　方

面团（份量10颗）

❶ 高筋面粉…233g
　低筋面粉…100g
　上白糖…60g
　岩盐…5g
　鲜酵母…10g
　蛋黄…20g
　鲜奶…67g
　水…113g
❷ 无盐黄油…50g

内馅

咖哩馅…350g
（做法见第33页）

表面

面包粉…适量

结构类型
面包粉 ＋ 咖哩馅 ＋ 软质富糖奶类面团

做　法

◉ 搅拌面团

①将所有材料Ⓐ以慢速搅拌成团，转中速搅拌至表面光滑。

②加入材料Ⓑ以慢速搅拌至均匀，再以中速搅拌至面筋可形成均匀薄膜（完成时面温约26℃）。

◉ 基本发酵

③整理面团成圆滑状态，基本发酵60分钟。

◉ 分割、中间发酵

④分割面团成60g×10个，将面团滚圆后中间发酵30分钟。

◉ 整形、最后发酵

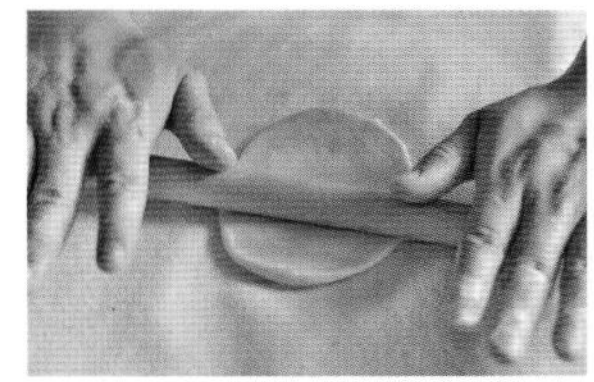

⑤将面团滚圆，稍拍扁后擀平成厚度均匀的圆形。

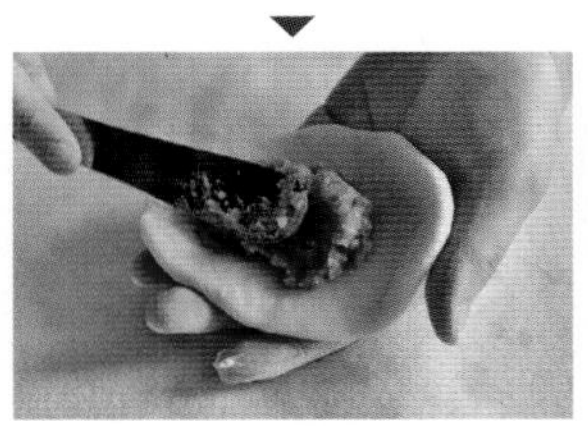

⑥抹入咖哩馅（35g）。

⑦将面皮对折包覆内馅，将接合口捏紧收合。

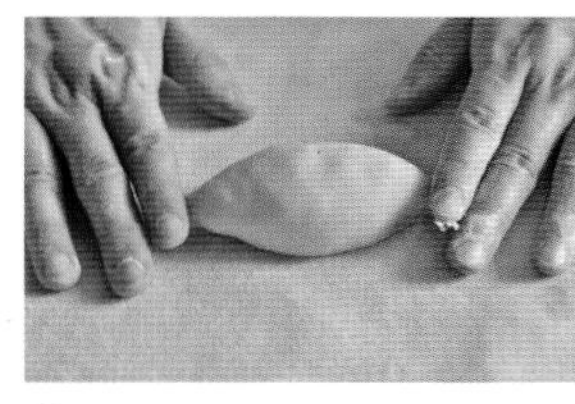

⑧整形成两端稍尖的梭状。

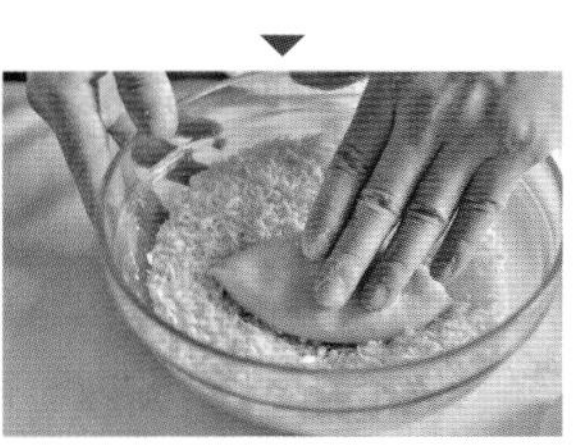

⑨面团表面喷水雾，沾裹一层面包粉，最后发酵25分钟（湿度75%、温度30℃）。

◉ 烘烤法

⑩放入烤箱，以上火180℃/下火200℃烤约10分钟。

◉ 油炸法

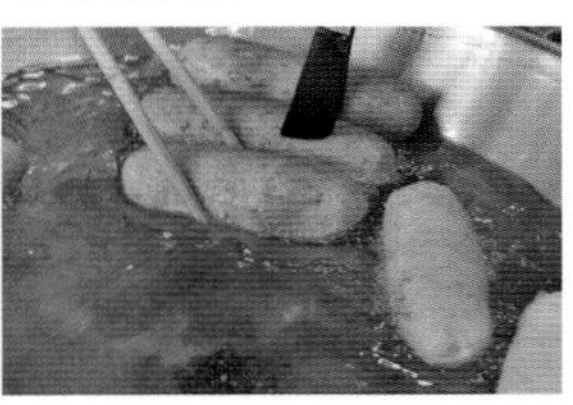

⑪往热油锅（约180℃）放入做法9，以中小火油炸面团两面至上金黄色，捞出，沥干油分。

提示｜此面团配方烘烤易上色，故不建议表层沾蛋液，以喷水雾的方式较佳。

25
竹轮鲔鱼明太子

竹轮卷中填充金枪鱼（即鲔鱼）沙拉酱，层次分明的咸香滋味，
烤好后，表层趁热涂抹上鲜美的明太鱼子酱，余热会让香气瞬间四溢。
多重美味口感让人胃口大开。

配　方

面团（份量10颗）

Ⓐ 高筋面粉…250g
上白糖…38g
岩盐…4g
鲜酵母…8g
全蛋…38g
鲜奶…50g
水…78g
Ⓑ 无盐黄油…25g
发酵黄油…38g

内馅

竹轮…10个
金枪鱼罐头…100g
美乃滋…10g

表面

明太鱼子馅…100g
（做法见第101页）
蛋液、披萨奶酪丝…200g

结构类型
披萨奶酪丝、明太鱼子馅 ＋ 竹轮金枪鱼沙拉 ＋ 软质富糖奶类面团

做　法

◉ 竹轮金枪鱼沙拉

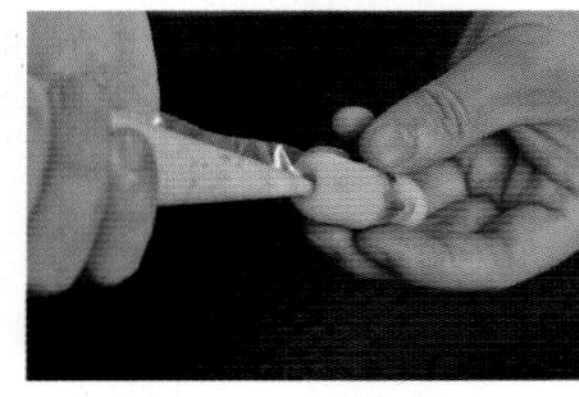

①金枪鱼罐头油分沥干，取出金枪鱼捣碎，加入美乃滋拌匀，填满竹轮的空心。

◉ 搅拌、发酵面团

②面团搅拌参照第38页“珍珠菠萝”做法5~8，完成面团的搅拌、基本发酵。分割面团成50g×10个，将面团滚圆后中间发酵30分钟。

◉ 整形、最后发酵

③将面团搓成一端圆一端尖细的圆锥状。

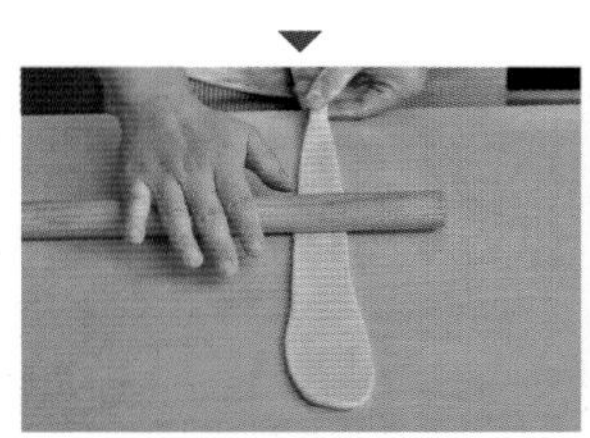

④从圆端往下擀平，翻面。

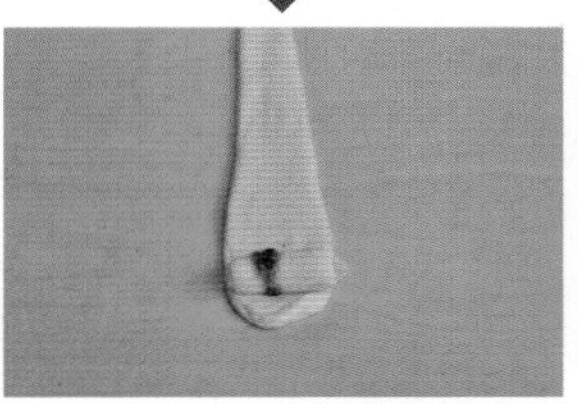

⑤在圆端放上竹轮金枪鱼沙拉。

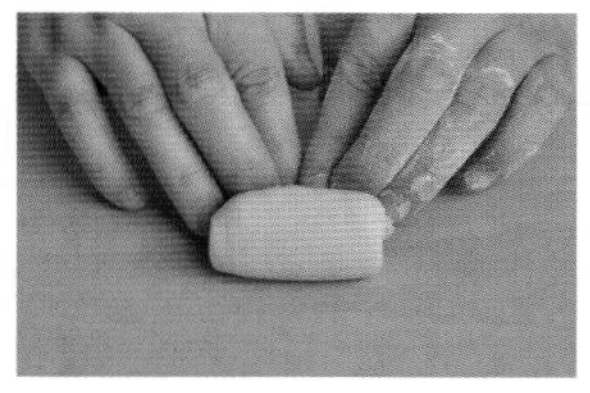

⑥将圆端往下稍反折压合，再将整体卷折至底。

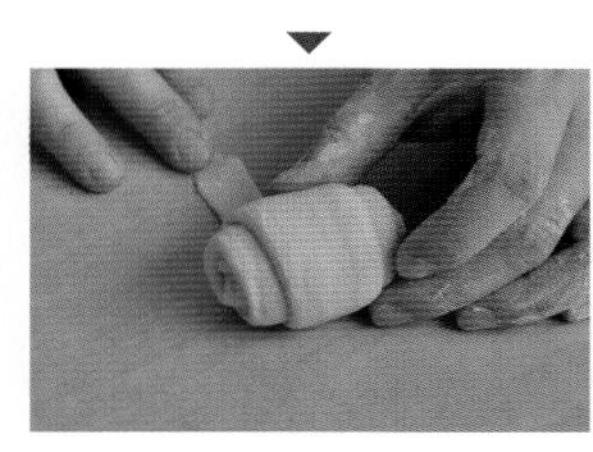

⑦收口于底，成圆柱状，放入烤盘。

⑧最后发酵60分钟（湿度75%、温度30℃），在表面涂刷蛋液，再撒上披萨奶酪丝。

◉ 烘烤

⑨放入烤箱，以上火200℃/下火180℃，烤约10分钟。趁温热，表面均匀涂抹明太鱼子馅（10g）即可。

提示｜趁热抹上明太鱼子馅，这样余温能让油脂完全化开，融合在面包体中，风味较佳。

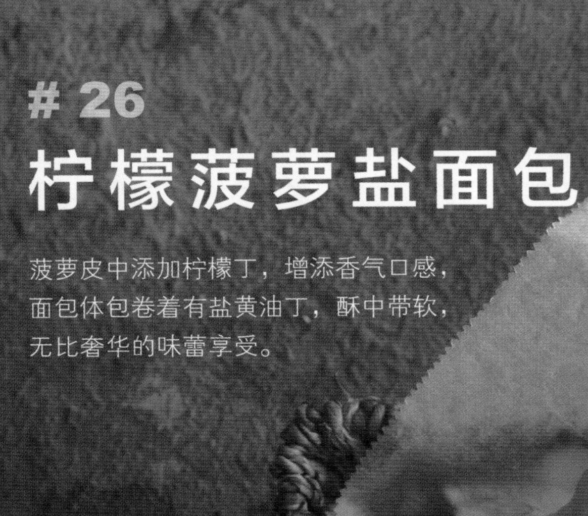

26
柠檬菠萝盐面包

菠萝皮中添加柠檬丁，增添香气口感，
面包体包卷着有盐黄油丁，酥中带软，
无比奢华的味蕾享受。

配　方

面团（份量10颗）

Ⓐ 高筋面粉…250g
上白糖…38g
岩盐…4g
鲜酵母…8g
全蛋…38g
鲜奶…50g
水…78g

Ⓑ 无盐黄油…25g
发酵黄油…38g

夹层

有盐黄油…70g

日式菠萝皮

无盐黄油…85g
上白糖…160g
全蛋…85g
低筋面粉…293g
蜜渍柠檬丁…50g

结构类型
日式菠萝皮 ＋ 软质富糖奶类面团

做　法

◉ 日式菠萝皮

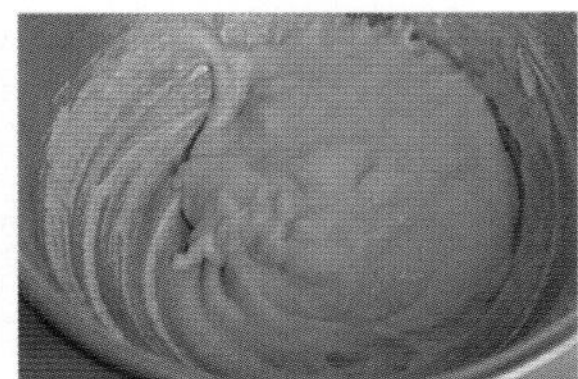

①将黄油、上白糖先搅拌混合至糖溶化，加入全蛋搅拌至完全融合。

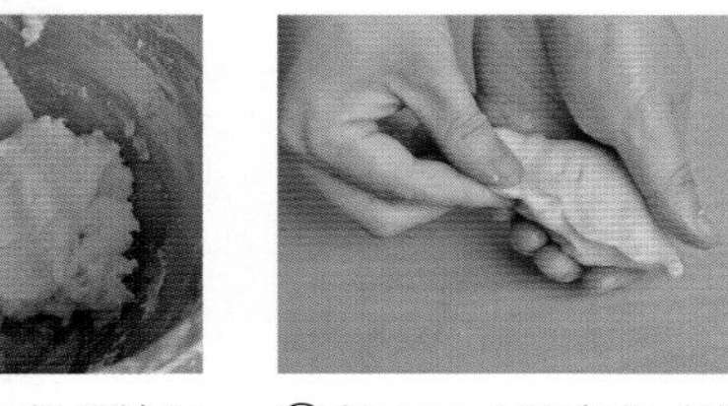

②加入过筛低筋面粉搅拌混合至无粉粒。

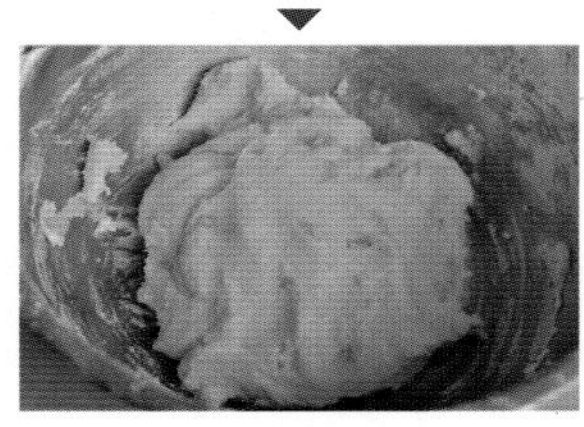

③加入柠檬丁混合均匀，即成日式菠萝，密封冷冻。

◉ 搅拌、发酵面团

④面团搅拌参照第38页“珍珠菠萝”做法5~8，完成面团的搅拌、基本发酵。分割面团成50g×10个，将面团滚圆后中间发酵30分钟。

◉ 整形、最后发酵

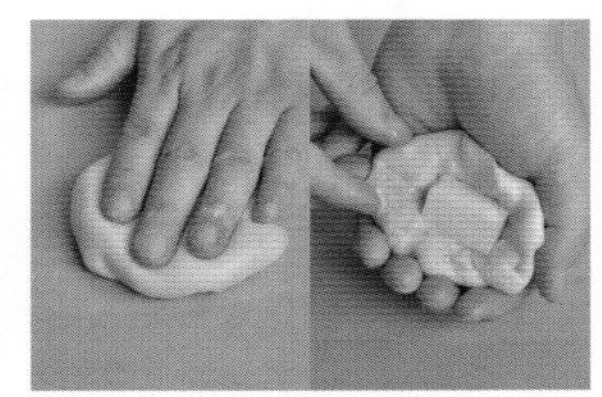

⑤将面团滚圆，按压成圆扁形，在面皮中放入有盐黄油（7g）。

⑥将面团对折成半圆状，将边缘按压捏合。

⑦整形成椭圆，收口于底，捏紧底部收合。

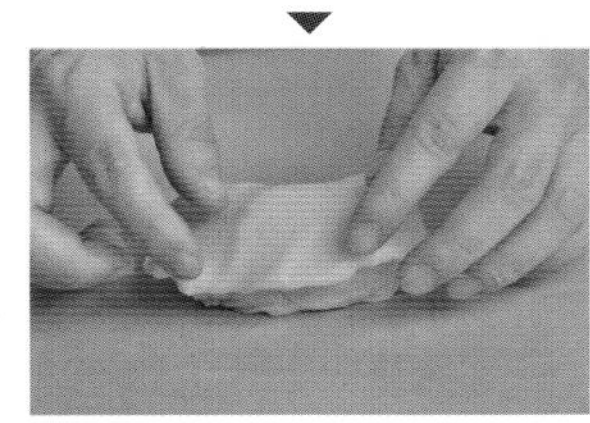

⑧将菠萝皮面团分割成30g×10个，稍压扁，覆盖在主面团上。

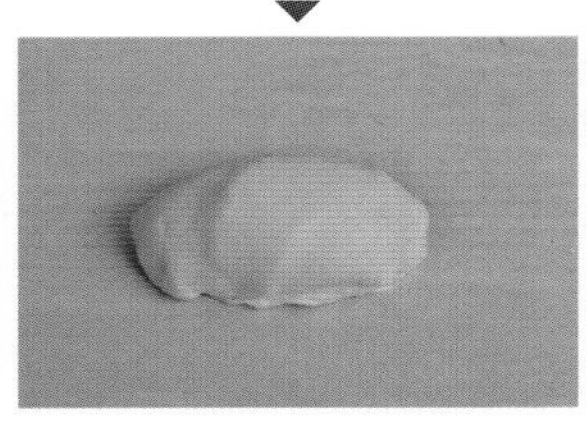

⑨用手掌稍按压使两者紧密贴合，使菠萝皮完全包覆面团，最后发酵25分钟（湿度75%、温度30℃）。

◉ 烘烤

⑩放入烤箱，以上火200℃/下火180℃烤10分钟。

27
炙烧明太子法国

法式与日式的绝美结合。
在传统法式面包上，涂满特制风味的明太鱼子酱，
带有颗粒感的明太鱼子，与芥末独特的呛味十分配搭，
结合法式面包外脆内软的口感，
展现诱人的风味。

配　方

面团（份量7条）

法国粉…500g
麦芽精…1g
水…340g
岩盐…9g
低糖干酵母…2g

表面—明太子馅

明太鱼子…500g
芥末沙拉…500g
盐…3g
柠檬汁…23g
无盐黄油…248g
芥末…30g

结构类型

明太子馅
＋
硬质低糖奶类面团

做　法

◉ 明太子馅

①将所有材料混合搅拌均匀即可。

> **提示**｜所有食材须完全解冻后再拌匀使用，避免黄油遇冷结块不易搅拌均匀。

◉ 搅拌面团

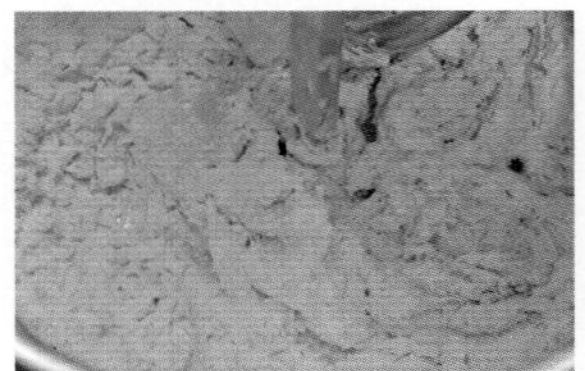

②将法国粉、麦芽精、水以慢速搅拌成团，加入低糖干酵母搅拌均匀。

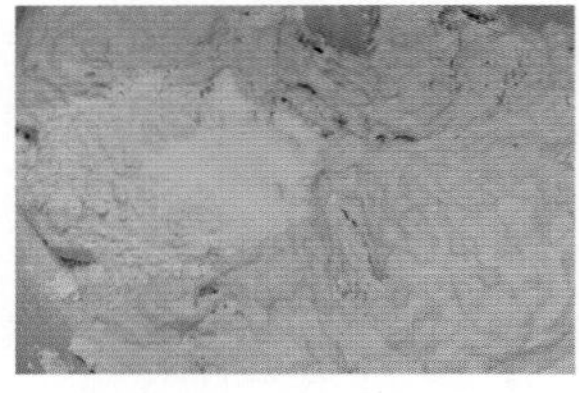

③静置发酵30分钟，加入岩盐以慢速搅拌至均匀。

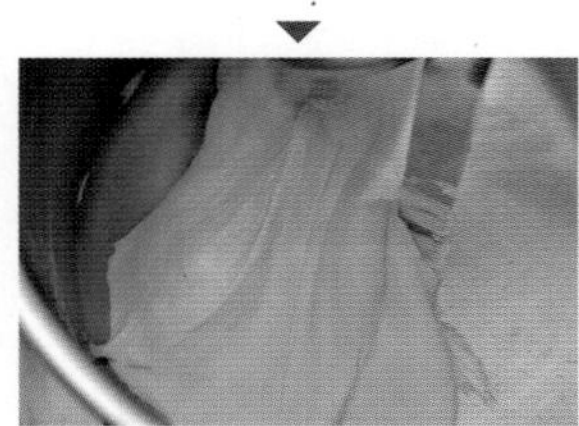

④再转中速搅拌10秒至面筋可形成均匀薄膜（完成时面温约23℃）。

◉ 基本发酵

⑤整理面团成圆滑状态，基本发酵45分钟，拍平做3折1次翻面，再冷藏发酵18小时。

◉ 分割、中间发酵

⑥分割面团成120g×7个，将面团搓成纺锤状后中间发酵30分钟。

◉ 整形、最后发酵

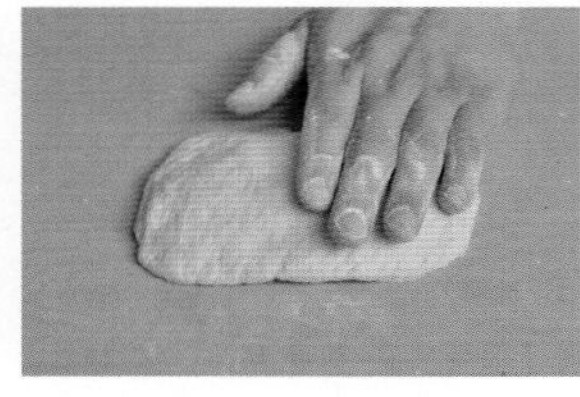

⑦将面团均匀轻拍出多余空气，翻面。

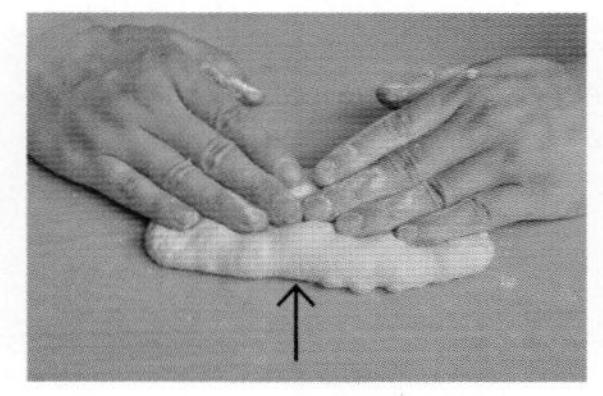

⑧从前侧向中间折1/3，按压紧接合处。

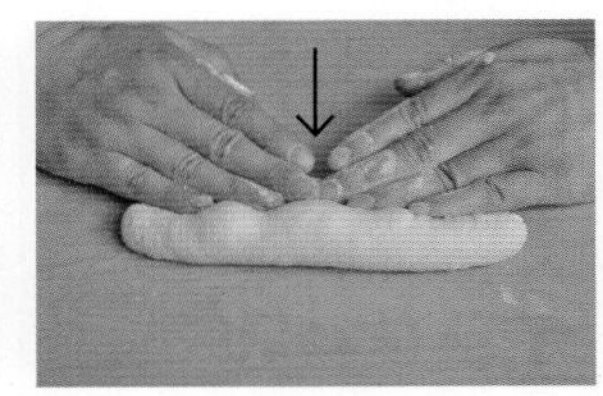

⑨再向前滚动翻折，按压接合口，使收口确实黏合。

⑩再向前滚动翻折，将新的收合口朝下。

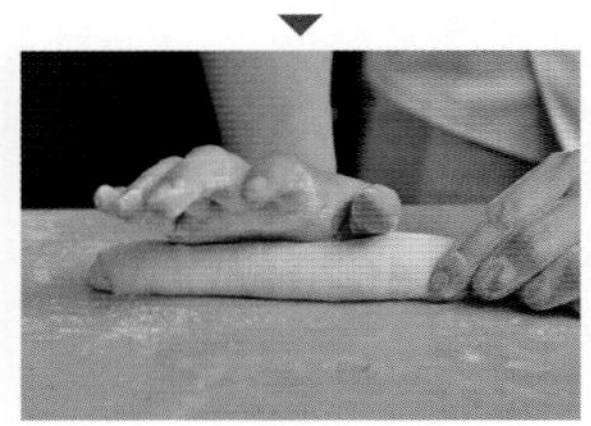

⑪按压，均匀轻拍。

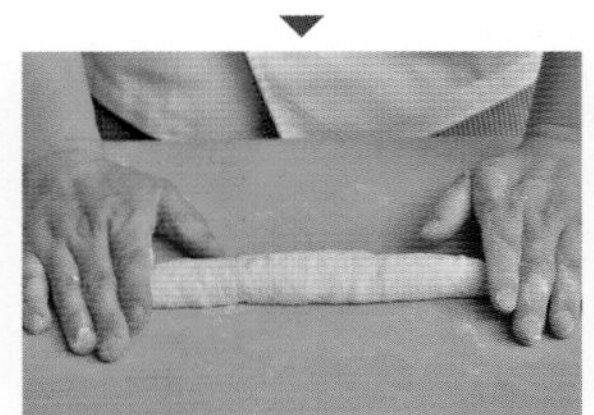

⑫搓揉两端成细长形。

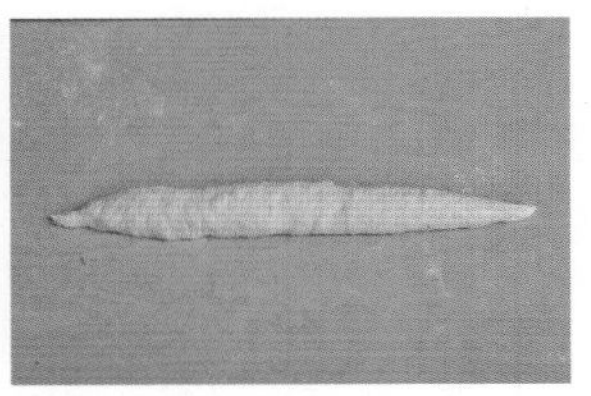

⑬放在折凹槽的发酵帆布上，放室温最后发酵40分钟，在表面水平轻划一道割痕。

> **提示**｜手持割纹刀时，刀片须往身体侧倾斜约45度角，这样割出纹路，法国面包才会出现漂亮的裂痕。

◉ 烘烤

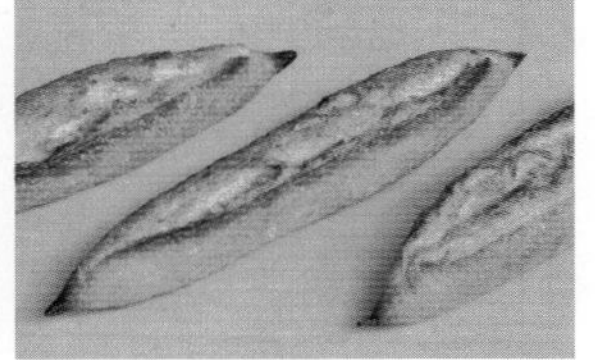

⑭放入烤箱，先喷蒸汽3秒，以上火220℃／下火210℃烤约15分钟。

> **提示**｜喷蒸汽如太久，会导致面团过度潮湿，影响表面割痕深度。

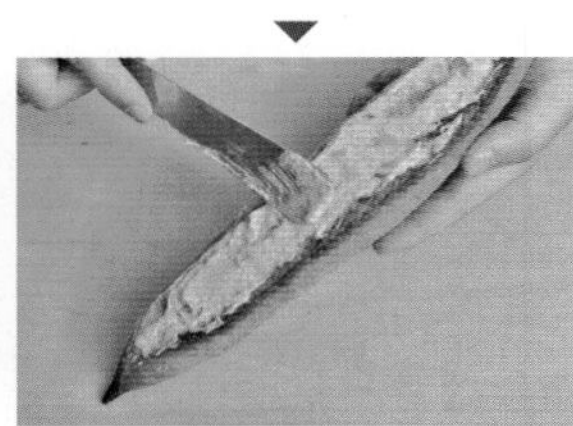

⑮将面包体由侧边横剖开（不切断），在表层、里面抹上明太子酱，再送入烤箱，喷蒸汽3秒，回烤约3分钟即可。

28
史多伦圣诞面包

德国人在圣诞节庆必尝的面包！
加入丰富果干、坚果制成的史多伦，
口感丰富而扎实。
烤好的史多伦，放置数日待其熟成后的风味更佳。

模　型

- 圣诞面包模

配　方

中种面团（份量6颗）

高筋面粉…285g
鲜酵母…113g
水…188g

主面团

Ⓐ 高筋面粉…850g
全蛋…3个
上白糖…340g
盐…13g
鲜奶…113g
Ⓑ 无盐黄油…370g
发酵黄油…110g
Ⓒ 综合水果干…1250g
（做法见第31页）

表面

澄清黄油、不湿糖

结构类型

不湿糖
＋
澄清黄油
＋
软质富糖奶类面团

做　法

◉ 澄清黄油

①将无盐黄油（份量外）小火加热熔化。

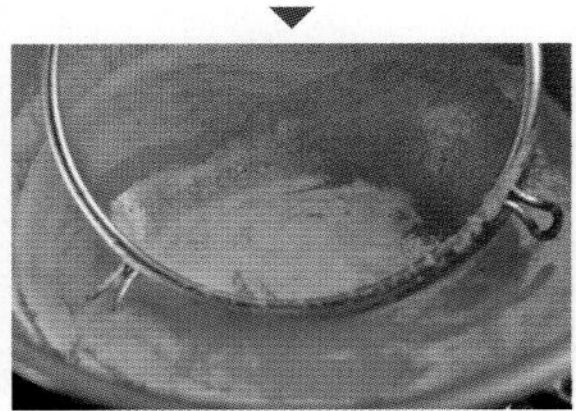

②将黄油表面的杂质浮沫捞除，过滤。

③取中间层金黄澄澈的澄清黄油使用。

◉ 搅拌面团

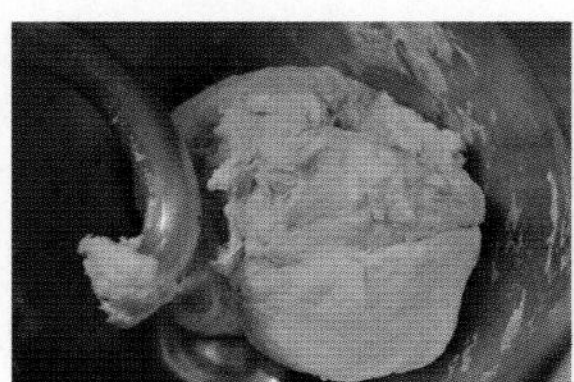

④**中种面团**。将高筋面粉、鲜酵母、水混合搅拌均匀至产生黏性。

⑤将面团基本发酵1小时。

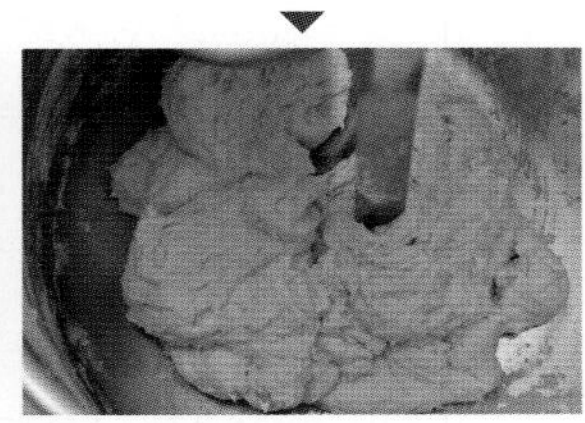

⑥**主面团**。将做法5中种面团、所有材料Ⓐ以慢速搅拌均匀。

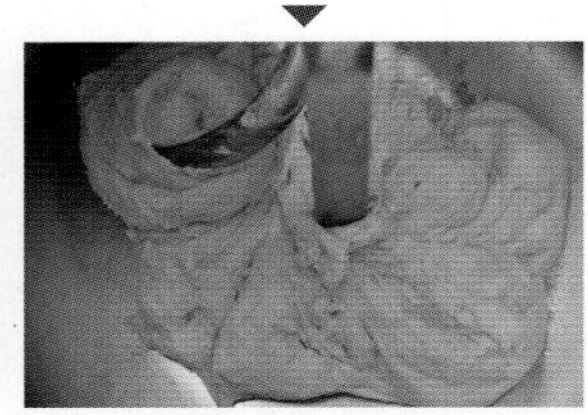

⑦分次加入材料Ⓑ搅拌，转中速搅拌至八分筋道。

⑧再加入材料Ⓒ混合拌匀即可（完成时面温约26℃）。

基本发酵

⑨整理面团成圆滑状态，基本发酵40分钟。

⑩轻拍平整面团，从面团一侧往中间折叠1/3。

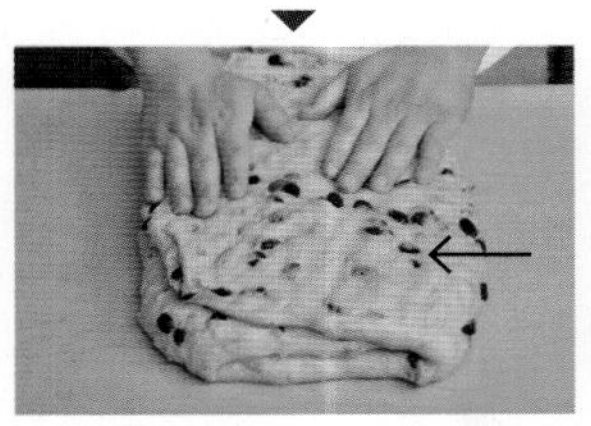

⑪再将面团另一侧往中间折叠1/3。

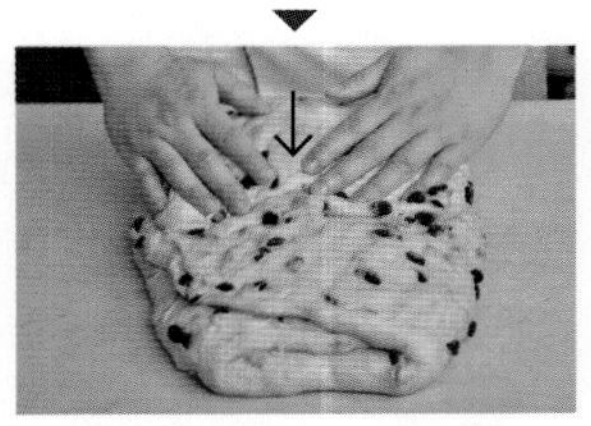

⑫从底部往上折叠1/3。

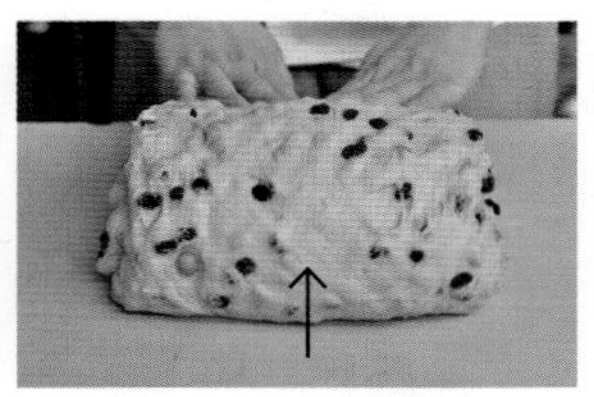

⑬再从前端往下折叠1/3，使收合部分朝下，再发酵约20分钟。

分割、中间发酵

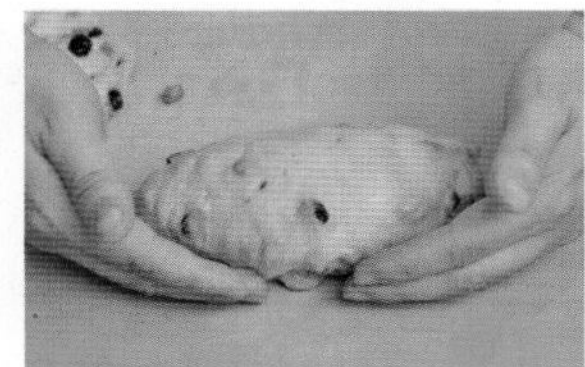

⑭分割面团成500g×6个。将面团朝底部拉拢收合，整形成椭圆状。

⑮中间发酵30分钟。

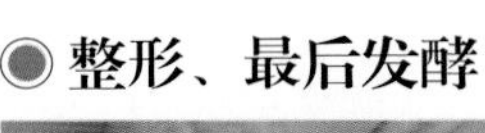

整形、最后发酵

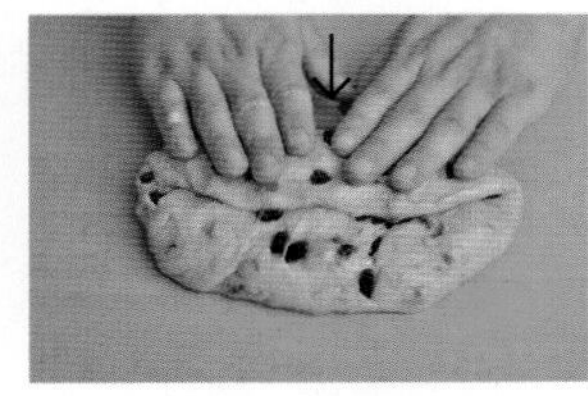

⑯将面团轻拍，翻面，从底侧向中间折1/3，按压紧接合处。

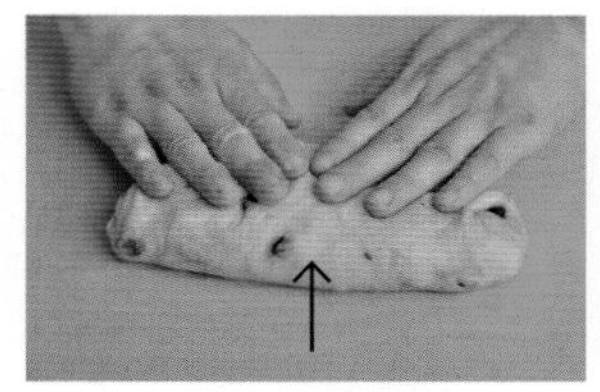

⑰再将前侧向后对折，按压接合口，使收口确实黏合。

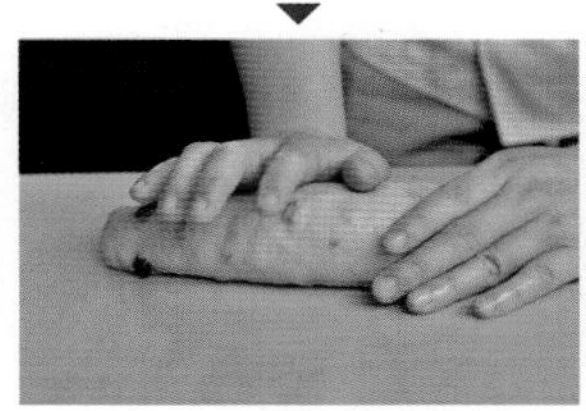

⑱再对折面团，滚动面团同时按压接合口，均匀轻拍，最后使接合口在底部。

⑲搓揉均匀成形。

圣诞面包模

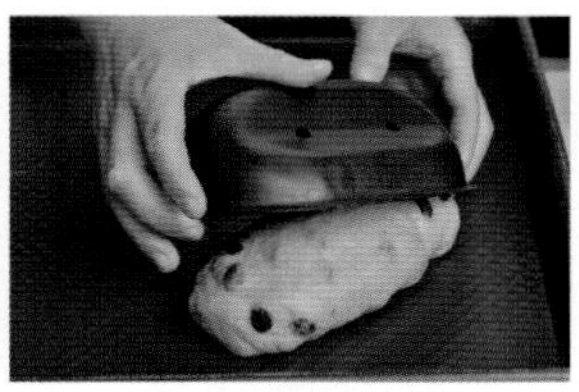

⑳用圣蛋面包模型覆盖住面团，最后发酵50分钟（湿度75%、温度30℃）。

烘烤

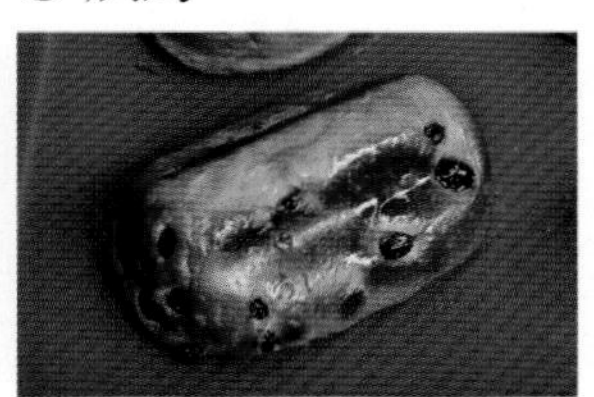

㉑放入烤箱，以上火210℃/下火190℃烤45分钟，脱模，趁热涂刷澄清黄油3~5次，待其完全渗入。

㉒表面撒上厚厚一层的不湿糖。

和风物语

圣诞面包史多伦（Stollen）是德国圣诞节庆的糕点，相传源于其外形像“襁褓中的圣婴”，是一款历史悠久的面包。崇尚洋风的日本人，每在岁末倒数迎接新年到来之际，常会以此糕点作为过节应景之物，或馈赠亲友的精美礼物。

29
兵粮角食

吐司也称角食（かくしょく）。
在日本相传最早出现于伊豆的韮山，
当时制作它是为了在战争时期方便携带食用，
1860年内海兵吉面包制造所开始贩卖给一般大众。
此款吐司带有淡淡的乳香及甜味，质地蓬松绵密，
直接食用或搭配其他材料做成三明治，都非常美味。

模　型

- 上长宽327mm×121mm，
  高121mm，
  下长宽313mm×119mm

配　方

面团（份量1条）

❹ 高筋面粉…1000g
上白糖…40g
鲜酵母…30g
岩盐…18g
蛋黄…30g
蜂蜜…50g
动物稀奶油…50g
鲜奶…100g
麦芽精…2g
水…590g
❺ 无盐黄油…80g

结构类型
介于软质与硬质中间的面团

做　法

◉ 搅拌面团

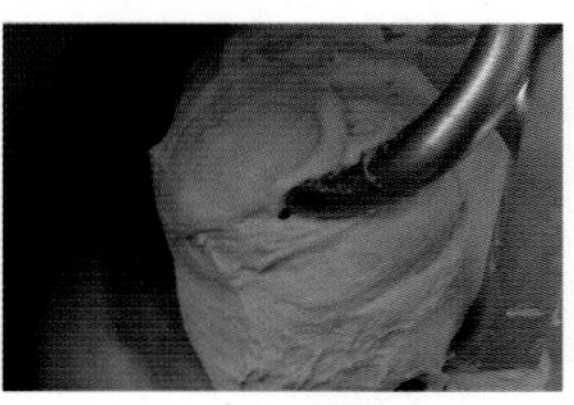

① 将所有材料Ⓐ以慢速搅拌成团，转中速搅拌至表面光滑。

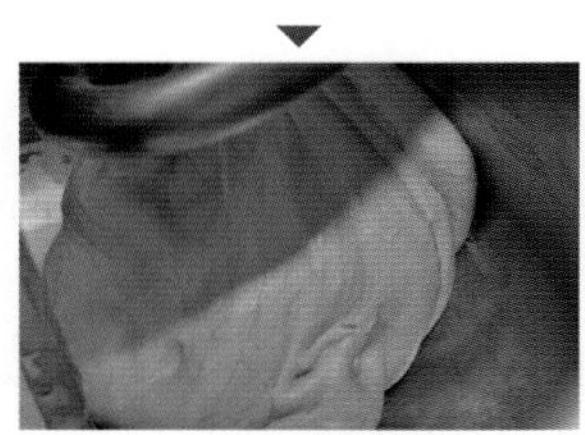

② 加入材料Ⓑ以慢速搅拌均匀，再转中速搅拌至面筋可形成均匀薄膜（完成时面温约26℃）。

◉ 基本发酵

③ 整理面团成圆滑状态，基本发酵40分钟。

◉ 分割、中间发酵

④ 分割面团成200g×5个，将面团滚圆后中间发酵30分钟。

◉ 整形、最后发酵

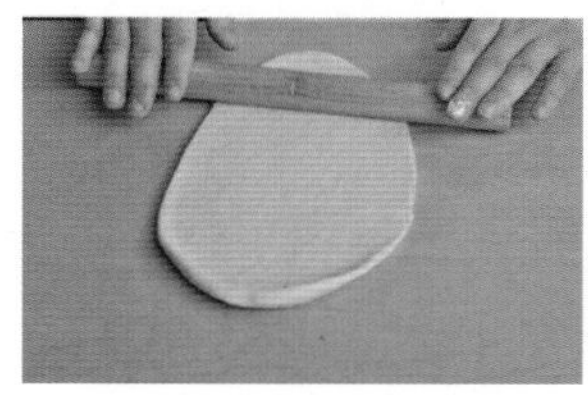

⑤ 将面团轻拍扁，擀平成椭圆片状，翻面。

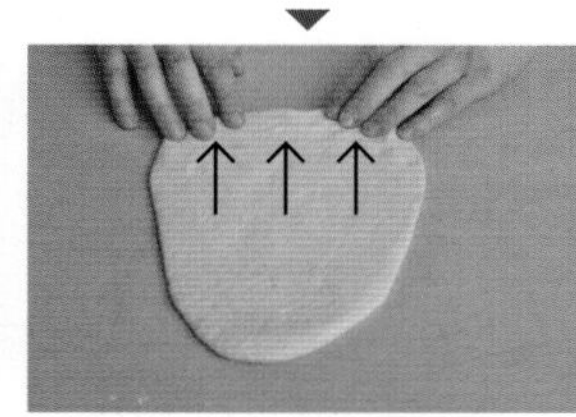

⑥ 将底部延压展开（帮助黏合）。

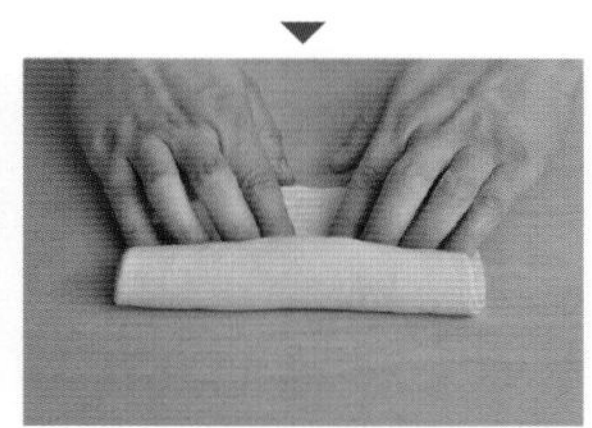

⑦ 从前端往底部卷起，收合于底，成圆筒状，松弛约15分钟。

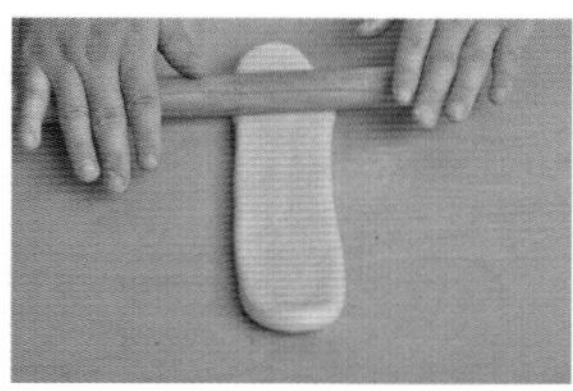

⑧ 转向纵放，擀平，翻面。

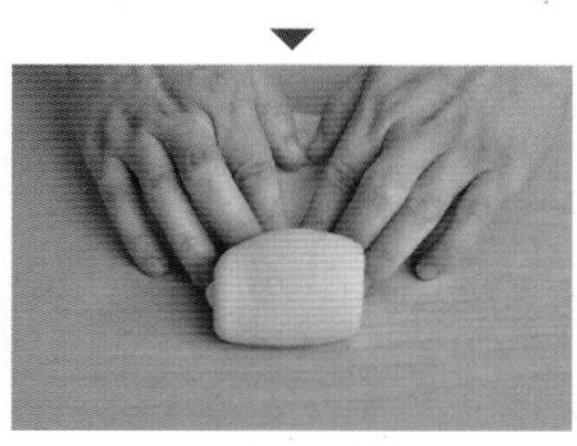

⑨ 再从前端往底部卷起，收合于底，成圆筒状。

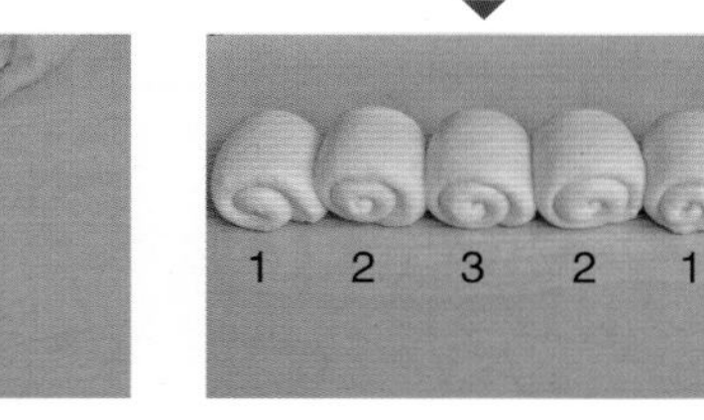

⑩ 以5个为组，收口朝底放置（入模次序如图：先两侧后中间）。

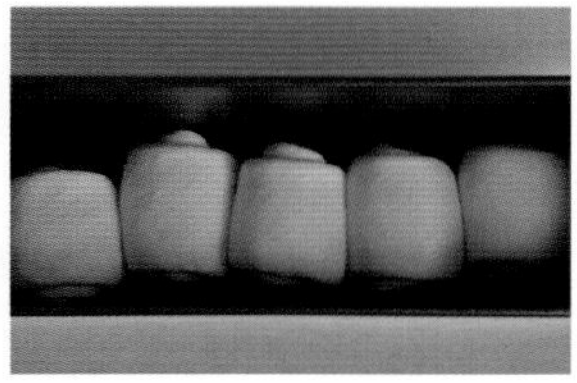

⑪ 均匀放置模型中，最后发酵90分钟（湿度75%、温度30℃），膨胀至约八分满，盖上吐司盖。

◉ 烘烤

⑫ 放入烤箱，以上火220℃/下火220℃烤35分钟。

3

深度之味的
本格面包

经典风味！从纯粹到香甜的奢华风味

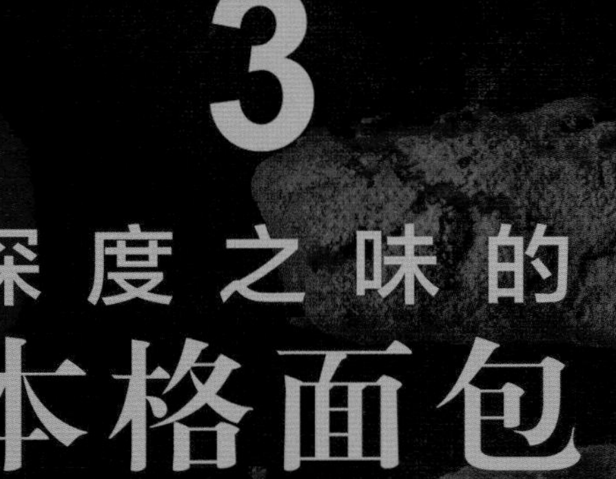

编者注："本格"是日语词，有"正式、深刻"的意思。本章内有不少面包体量较大，因此"本格面包"也可以理解成"主食面包"。

\# 30

流沙起司三重奏

烤好的热乎乎的面包，能尝到里头浓稠滑顺的热起司，不但以特制的起司酱为内馅，还搭配奶酪丁、奶酪丝，共三重提味，营造出起司面包醇、厚、香、浓的口感。

配　方

面团（份量7颗）

- Ⓐ 高筋面粉…1000g
  - 上白糖…60g
  - 麦芽精…5g
  - 全蛋…100g
  - 鲜酵母…30g
  - 法国老面…150g（做法见第24页）
  - 岩盐…17g
  - 水…560g
- Ⓑ 无盐黄油…70g
  - 半熟核桃…300g

内馅

- Ⓐ **起司酱**
  - 无盐黄油…100g
  - 芝士片…140g
  - 动物稀奶油…130g
  - 细砂糖…80g
  - 岩盐…2g
- Ⓑ 高熔点奶酪…700g

表面

黑麦粉…适量
披萨奶酪丝…350g

结构类型
披萨奶酪丝 + 黑麦粉 + 奶酪丁 + 起司酱 + 介于软质与硬质中间的面团

做　法

◉ 起司酱

①将无盐黄油、芝士片先加热熔化，加入其余材料Ⓐ煮沸即可。

◉ 搅拌面团

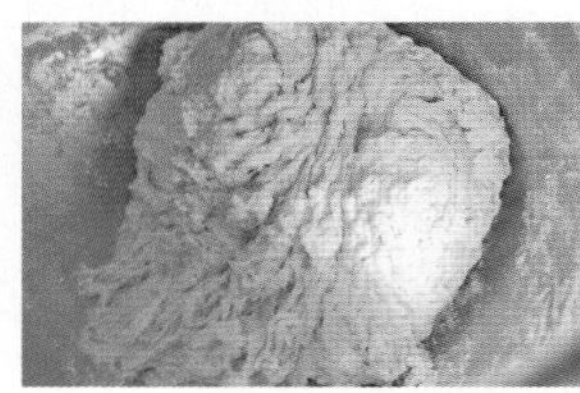

②将老面、其他材料Ⓐ以慢速搅拌成团。

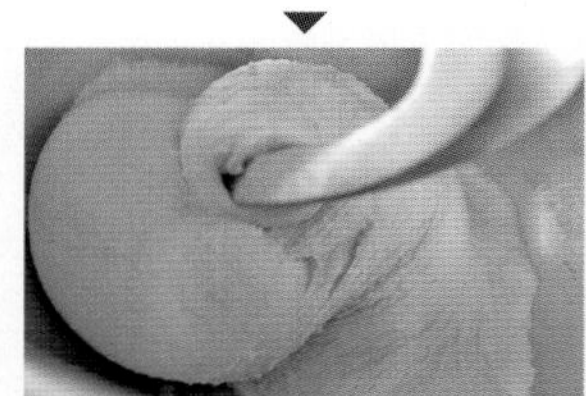

③转中速搅拌至表面光滑。

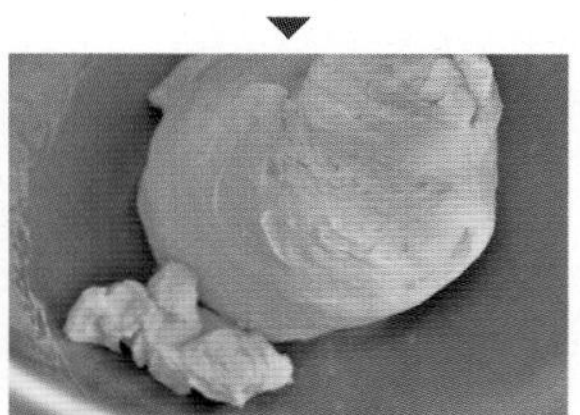

④加入无盐黄油以慢速搅拌至均匀。

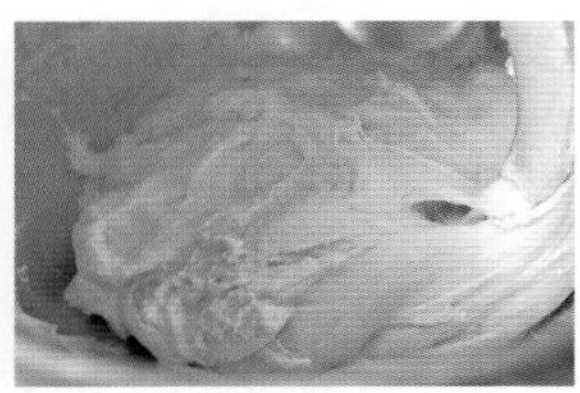

⑤再以中速搅拌至面筋形成九分。

⑥最后加入半熟核桃。

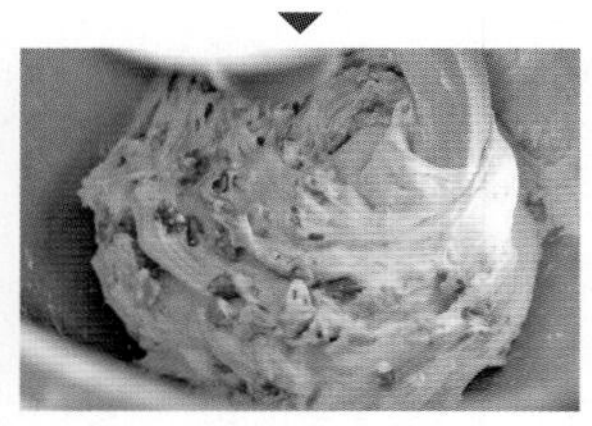

⑦搅拌混合拌匀即可（完成时面温约26℃）。

提示｜将核桃先焙烤半熟，可去除青涩味，释出浓郁香气。

基本发酵

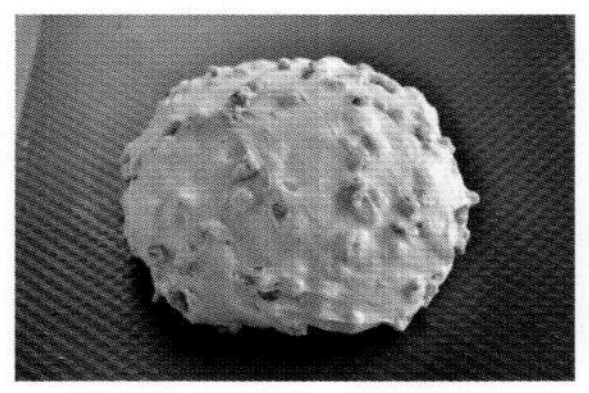

⑧整理面团成圆滑状态，基本发酵45分钟，拍平做3折1次翻面，再发酵约45分钟。

分割、中间发酵

⑨分割面团成300g×7个，将面团滚圆后中间发酵30分钟。

整形、最后发酵

⑩将面团以手掌轻拍扁，翻面。

⑪在面团中心处抹上起司酱（50g）。

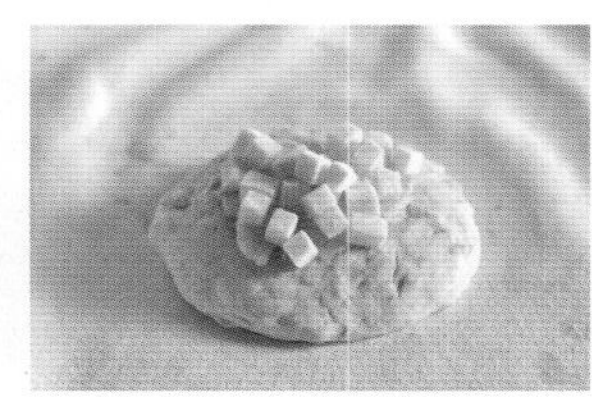

⑫再铺放上高熔点奶酪（100g）。

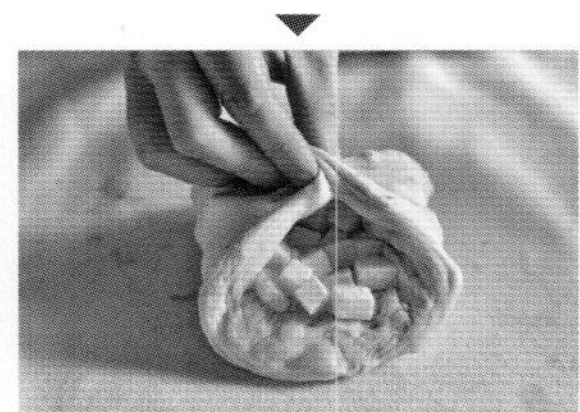

⑬将左右两侧面皮拉起捏合。

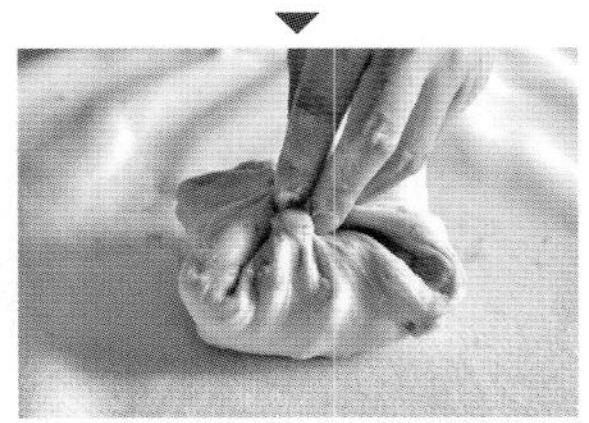

⑭再将上下两侧面皮拉起捏合，完全包覆内馅。

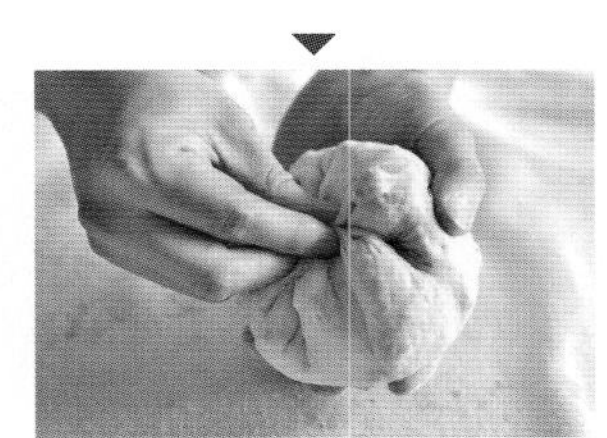

⑮捏紧接合口，整形成球状。

⑯将面团放入烤盘最后发酵约60分钟（湿度75%、温度30℃）。

⑰表面筛洒上黑麦粉，并于中心处剪出十字口（刀口深及内馅）。

⑱最后在刀口处撒放披萨奶酪丝（50g）。

烘烤

⑲放入烤箱，先喷蒸汽3秒，以上火220℃／下火210℃烤约15分钟。

31

黑麦葡萄芝心面包

清甜的麦香中，
再加入香气十足的酒渍葡萄干，再搭配奶油奶酪，
带出柔滑香醇的韵味，
绝妙的平衡，源自发酵面种的风味释放。

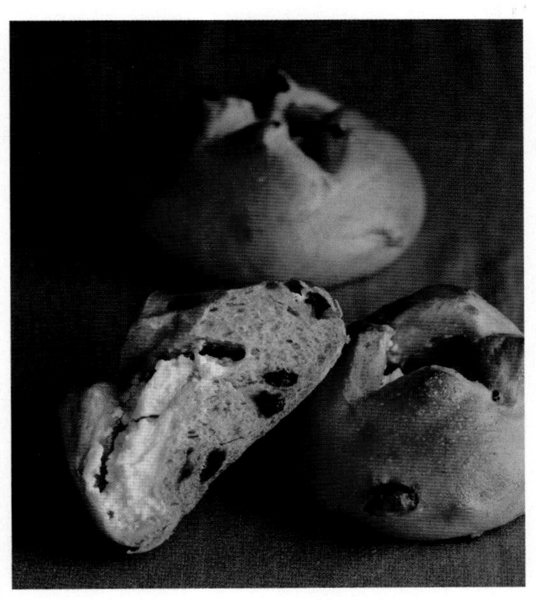

配 方

面团（份量7颗）

Ⓐ 高筋面粉…225g
黑麦粉…25g
法国老面…150g
（做法见第24页）
鲁邦种…75g
（做法见第29页）
蜂蜜…10g
岩盐…4g
红酒…60g
鲜酵母…8g
水…75g

Ⓑ 无盐黄油…15g
酒渍葡萄干…100g
（做法见第31页）

内馅

奶油奶酪…350g

表面

蛋液

结构类型
奶油奶酪 + 介于软质与硬质 中间的面团

做 法

◉ 搅拌面团

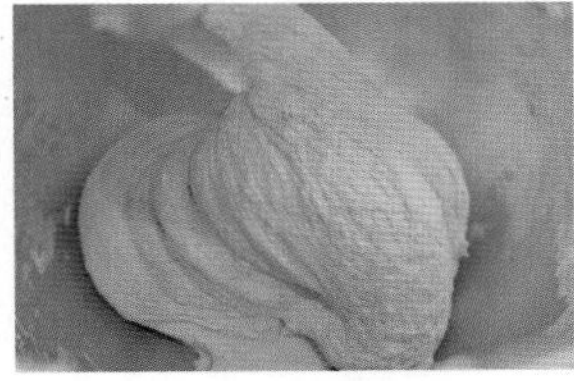

①将老面、鲁邦种与其他材料Ⓐ以慢速搅拌成团。

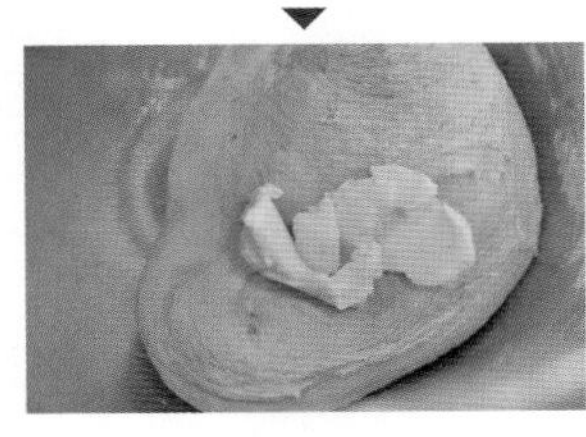

②转中速搅拌至表面光滑，加入无盐黄油后慢速搅拌至均匀。

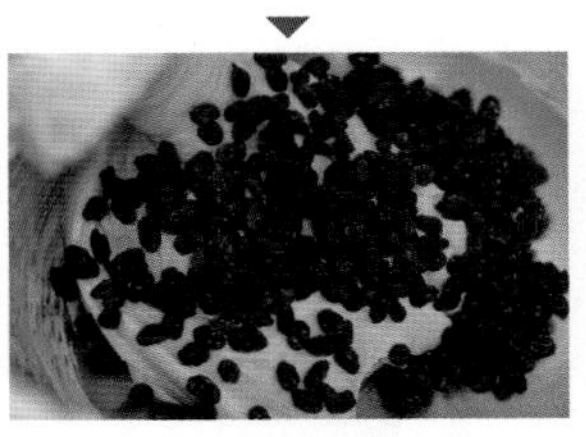

③再以中速搅拌至面筋形成九分。

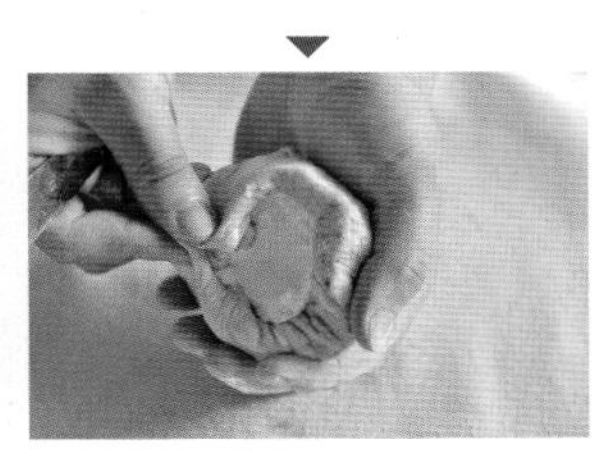

④最后加入酒渍葡萄干拌匀即可（完成时面温约26℃）。

◉ 基本发酵

⑤整理面团成圆滑状态，基本发酵60分钟。

◉ 分割、中间发酵

⑥分割面团成100g×7个，将面团滚圆后中间发酵30分钟。

◉ 整形、最后发酵

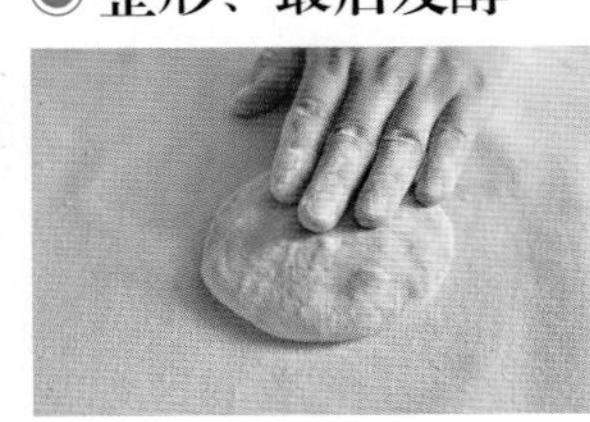

⑦将面团滚圆，轻拍按压扁成中间稍厚的圆形，翻面。

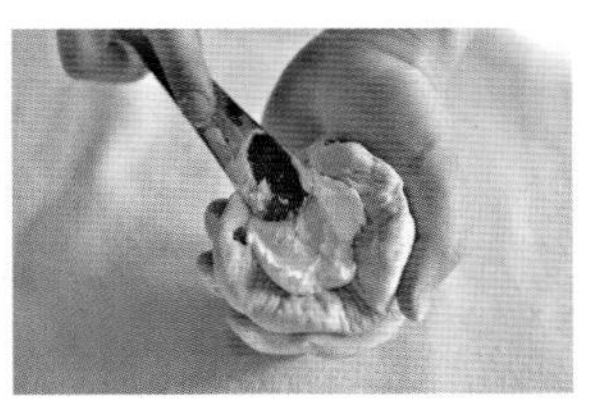

⑧在中间按压抹入奶油奶酪（50g）。

⑨拉起面皮边缘包覆内馅。

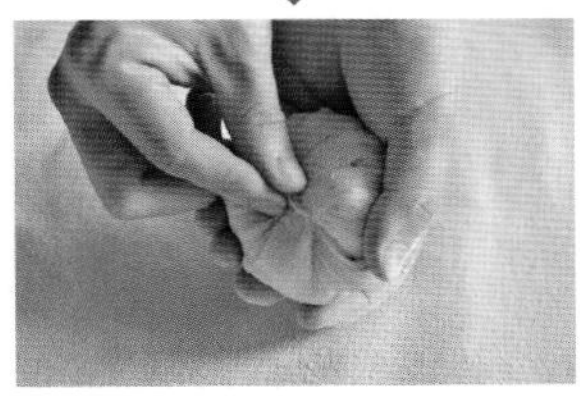

⑩捏紧接合口，整形成球状，最后发酵约60分钟（湿度75%、温度30℃）。

⑪在面团表面涂刷蛋液，并在中心处剪出十字口（刀口深及内馅）。

◉ 烘烤

⑫放入烤箱，先喷蒸汽3秒，以上火210℃／下火200℃烤约12分钟。

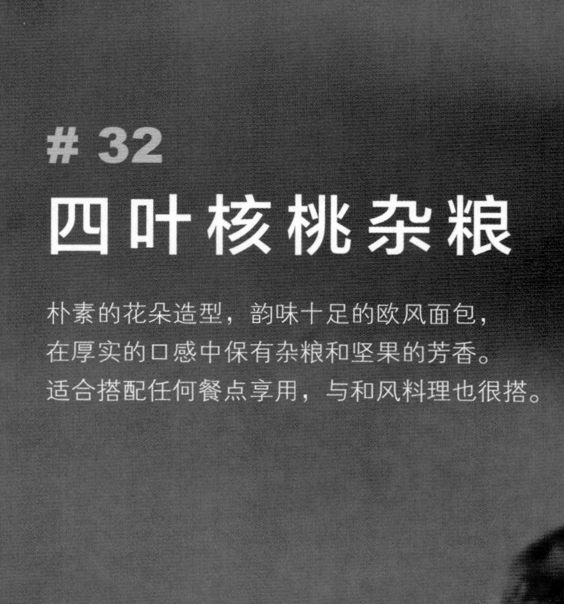

32

四叶核桃杂粮

朴素的花朵造型，韵味十足的欧风面包，
在厚实的口感中保有杂粮和坚果的芳香。
适合搭配任何餐点享用，与和风料理也很搭。

配　方

面团（份量15颗）

Ⓐ 高筋面粉…900g
　杂粮粉…100g
　鲜酵母…30g
　水…480g
　细砂糖…150g
　盐…18g
　全蛋…100g
Ⓑ 无盐黄油…120g
　核桃…400g

结构类型

介于软、硬质中间的面团

做　法

◉ 搅拌面团

①将材料Ⓐ以慢速搅拌成团，转中速搅拌至表面光滑。

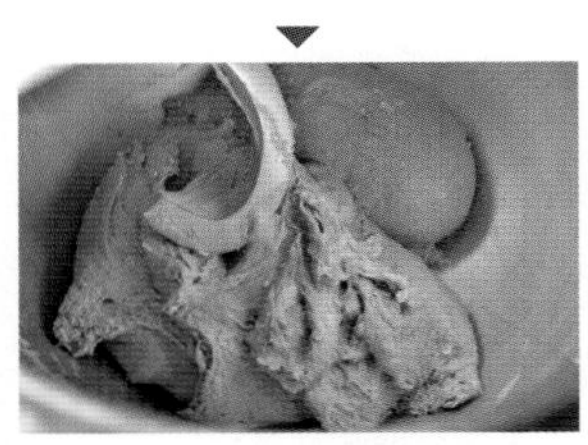

②加入无盐黄油后慢速搅拌至均匀，再以中速搅拌至面筋形成九分。

③最后加入核桃，搅拌混合均匀即可（完成时面温约26℃）。

◉ 基本发酵

④整理面团成圆滑状态，基本发酵60分钟。

◉ 分割、中间发酵

⑤分割面团成150g×15个，将面团滚圆后中间发酵30分钟。

◉ 整形、最后发酵

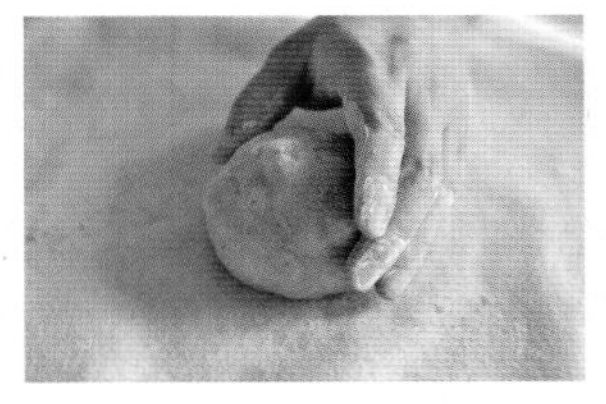

⑥将面团轻拍，翻面，从下往上端对折，再由侧边对折，捏合收口，拉整成球状。

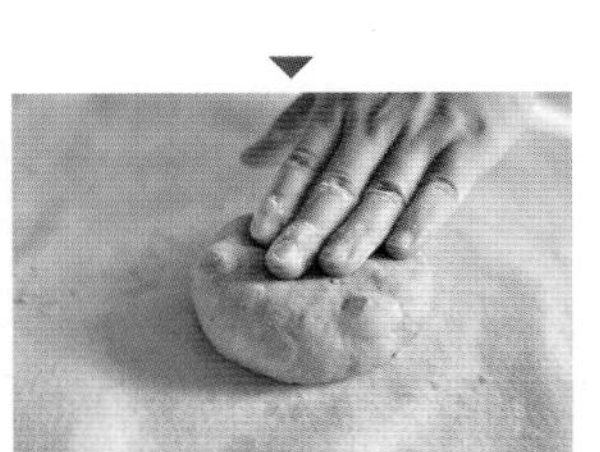

⑦将面团表面沾裹高筋面粉，轻拍压扁。

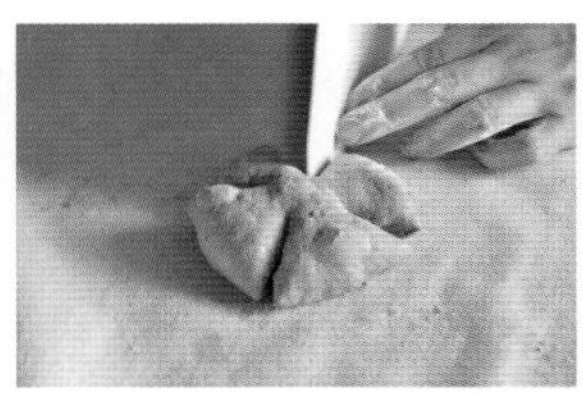

⑧用刮板对称切出4道放射切口（不切断），形成花形。

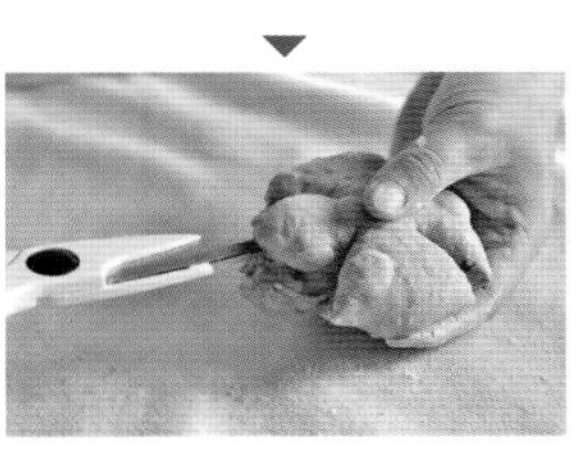

⑨再用剪刀在侧面以稍倾斜角度（约45度）剪出口。

⑩形成有层次的花形，放入烤盘，最后发酵约60分钟（湿度75%、温度30℃）。

⑪在表面均匀涂刷上蛋液。

◉ 烘烤

⑫放入烤箱，先喷蒸汽3秒，以上火220℃/下火210℃烤约15分钟。

#33
柳橙无花果黑麦起司

搭配黑麦粉一起烘烤，咀嚼中还吃得到果粒的独特口感，
加上奶油奶酪的温润香气，
风味浓醇，又不失爽口的欧风面包。

配　方

面团（份量3颗）

Ⓐ 高筋面粉…450g
黑麦粉…50g
法国老面…300g
（做法见第24页）
蜂蜜…20g
岩盐…7g
红酒…120g
鲜酵母…15g
水…150g
Ⓑ 无盐黄油…20g
Ⓒ 红酒无花果…200g
酒渍柳橙皮…200g
（做法见第31页）

内馅

日式奶油奶酪…300g
（做法见第32页）

结构类型
黑麦粉 ＋ 日式奶油奶酪 ＋ 介于软、硬质类中间的面团

做　法

◉ 搅拌面团

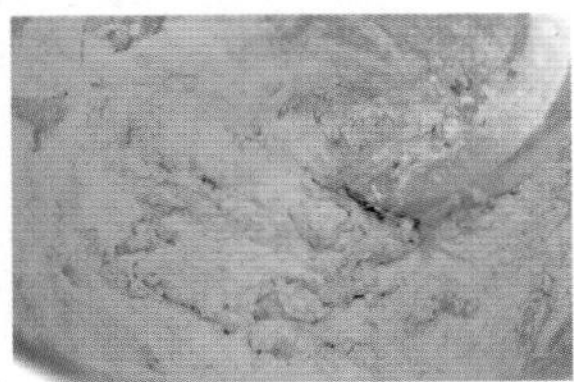

①将老面与其他材料Ⓐ以慢速搅拌成团。

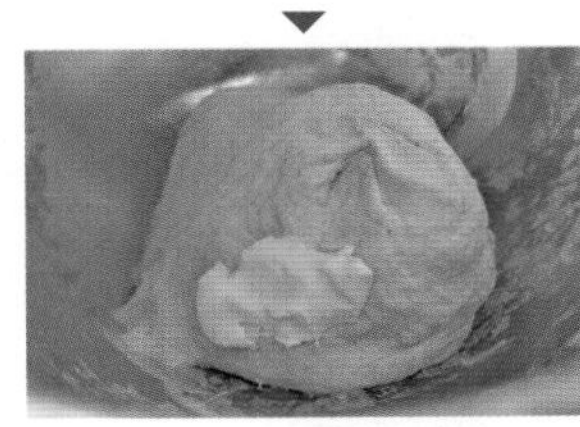

②转中速搅拌至表面光滑，加入材料Ⓑ以慢速搅拌至均匀。

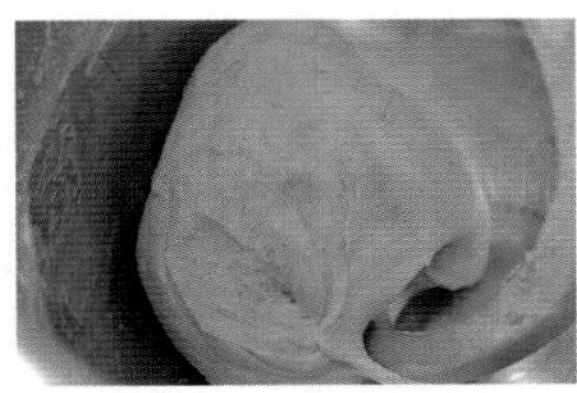

③再以中速搅拌至面筋形成九分。

④加入红酒无花果、酒渍柳橙皮，搅拌混合均匀即可（完成时面温约26℃）。

红酒无花果制作。将无花果干200g、红酒500g、肉桂粉1g拌煮至收汁入味，待冷却使用。

◉ 基本发酵

⑤整理面团成圆滑状态，基本发酵60分钟。

◉ 分割、中间发酵

⑥分割面团成400g×3个，将面团滚圆后中间发酵30分钟。

◉ 整形、最后发酵

⑦将面团以手掌轻拍成扁球状，翻面，在中间抹上日式奶油奶酪馅（100g）。

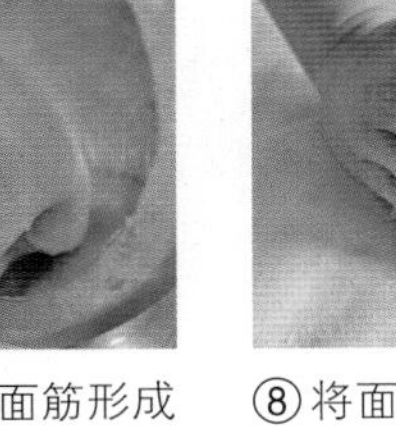

⑧将面团从己侧往外侧卷折至底。

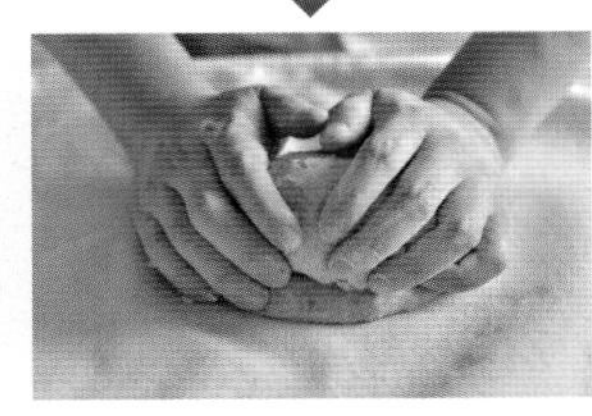

⑨固定好接口。

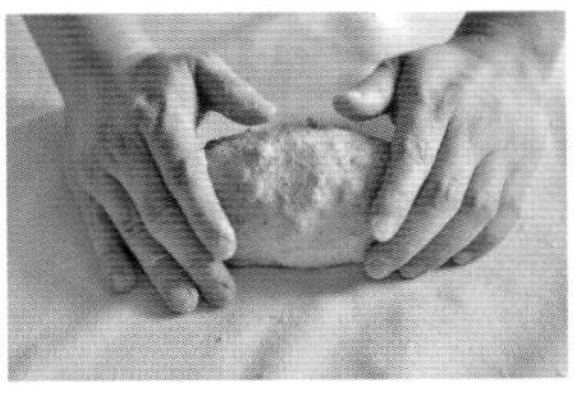

⑩稍加滚动，搓揉两端，整形成橄榄状。

⑪放在折凹槽的发酵帆布上，放室温下最后发酵40分钟。洒上黑麦粉，在表面轻割4道痕。

◉ 烘烤

⑫放入烤箱，先喷蒸汽3秒，以上火230℃／下火210℃烤约20分钟。

34
北欧乡村杂粮

看似硬口，却有柔软的口感，越嚼越香，
隐隐散发着杂粮小麦的天然香味，
在细细品尝中感受北欧乡村的清爽。

配　方

面团（份量13颗）

高筋面粉…700g
杂粮粉…300g
法国老面…300g
（做法见第24页）
水…680g
盐…18g
麦芽精…5g
鲜酵母…20g

结构类型
杂粮粉 + 硬质低糖奶类面团

做　法

◉ 搅拌面团

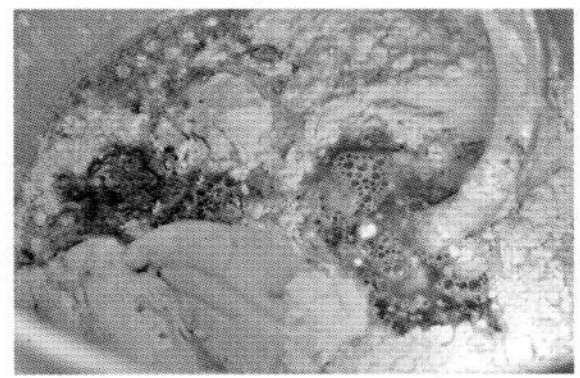

①将老面与其他所有材料放入搅拌缸。

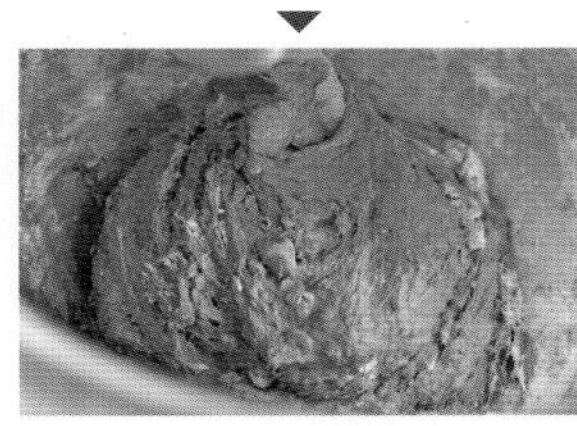

②以慢速搅拌均匀成团。

③再转中速搅拌至表面光滑（完成时面温约24℃）即可。

◉ 基本发酵

④整理面团成圆滑状态，基本发酵60分钟。

◉ 分割、中间发酵

⑤分割面团成150g×13个，将面团滚圆后中间发酵30分钟。

◉ 整形、最后发酵

⑥将面团均匀轻拍，翻面，从己侧往外侧轻轻卷折。

⑦按压折入的面团边缘使其贴合。

⑧再由外侧向内对折，并按压面团边缘使其贴合。

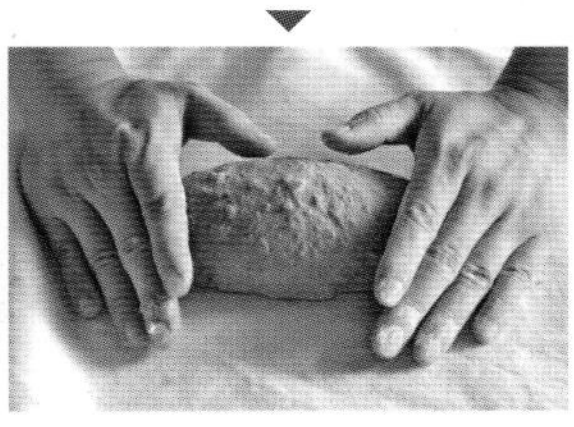

⑨稍搓揉两端，整成橄榄形。

⑩使面团收口朝下，沾上高筋面粉，最后发酵约40分钟。表面筛洒黑麦粉，用割纹刀斜划切口。

◉ 烘烤

⑪放入烤箱，先喷蒸汽3秒，以上火220℃/下火210℃烤约15分钟。

35

欧风黑麦田园

典型的乡村面包，
厚实芳香的外皮，
与润泽具嚼感的内里为其最大特色。
相较于传统欧式面包使用法国粉来制作，
此款则搭配黑麦粉，
也可添加坚果果干。

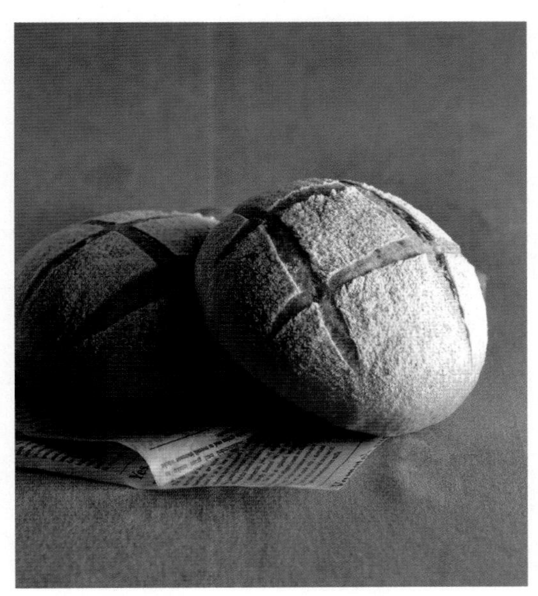

配　方

面团（份量6颗）

高筋面粉…700g
黑麦粉…300g
法国老面…300g
（做法见第24页）
水…680g
盐…18g
麦芽精…5g
鲜酵母…20g

结构类型
黑麦粉 ＋ 硬质低糖奶类面团

做　法

◉ 搅拌面团

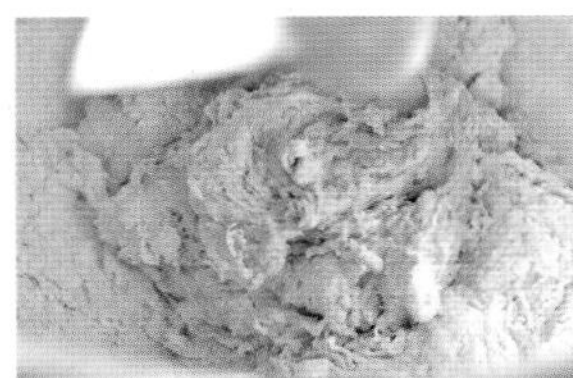

①将老面与所有材料以慢速搅拌。

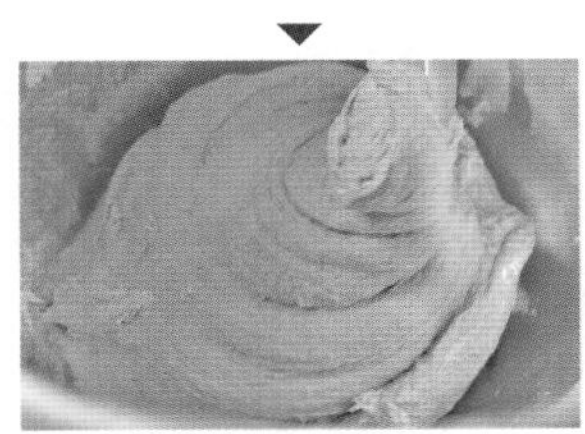

②混合均匀成团。

③转中速搅拌至表面光滑即可（完成时面温约24℃）。

◉ 基本发酵

④整理面团成圆滑状态，基本发酵30分钟。

◉ 分割、中间发酵

⑤分割面团成300g×6个，将面团滚圆后中间发酵30分钟。

◉ 整形、最后发酵

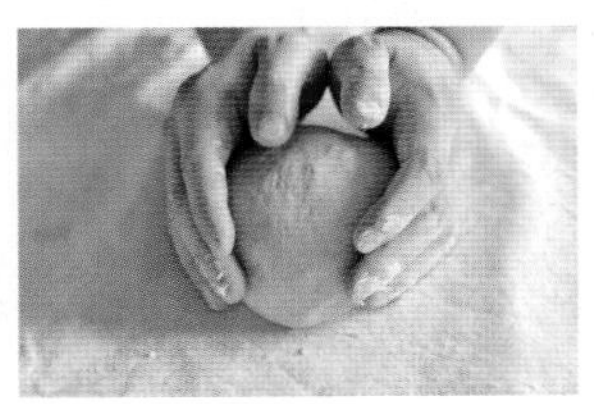

⑥将面团均匀轻拍，翻面，从下往上端对折，再由侧边对折，拉整成球状。

⑦捏紧接合口。

⑧将面团放在折出凹槽的发酵帆布上，盖上发酵帆布，放室温下最后发酵约40分钟。

⑨表面筛洒黑麦粉，并在中间轻划井字割痕。

◉ 烘烤

⑩放入烤箱，先喷蒸汽7秒，以上火230℃/下火210℃烤约15分钟。

36

果香鲁斯堤克

水分含量高，以不含油脂为最大特色。
在面团中添加自制鲁邦种，提升面团的保湿度，
并且通过鲁邦种的乳酸发酵味，提引出独特的香气风味。
酒渍果干的香甜为面包带出更多层次。

配 方

面团（份量6颗）

Ⓐ 法国粉…400g
黑麦粉…280g
盐…12g
鲜酵母…24g
鲁邦种…120g
（做法见第29页）
水…424g

Ⓑ 核桃…140g
酒渍葡萄干…380g
（做法见第31页）
酒渍橘子皮…40g

结构类型
黑麦粉 ＋ 硬质低糖奶类面团

做　法

◉ 搅拌面团

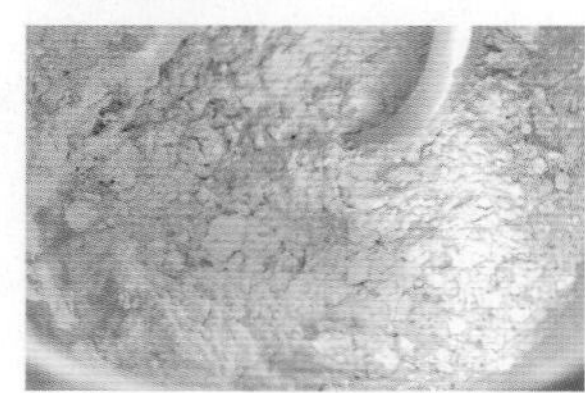

①将鲁邦种与其他材料Ⓐ放入搅拌缸中。

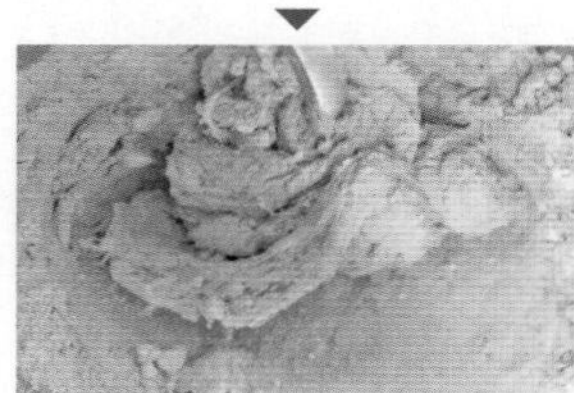

②以慢速搅拌混合均匀。

③再以中速搅拌至表面光滑。

④再加入材料Ⓑ。

⑤搅拌混合均匀即可（完成时面温约26℃）。

◉ 基本发酵

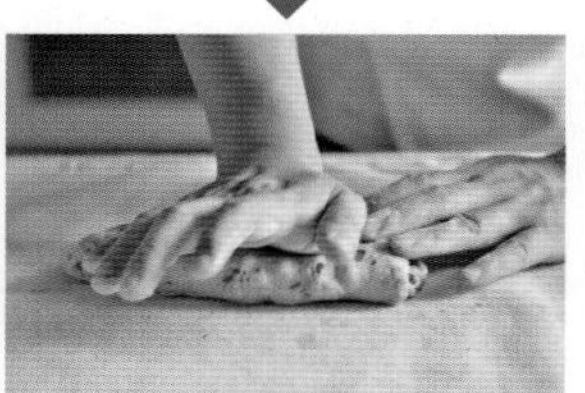

⑥整理面团成圆滑状态，基本发酵60分钟。

◉ 分割、中间发酵

⑦分割面团成300g×6个，将面团滚圆后中间发酵30分钟。

◉ 整形、最后发酵

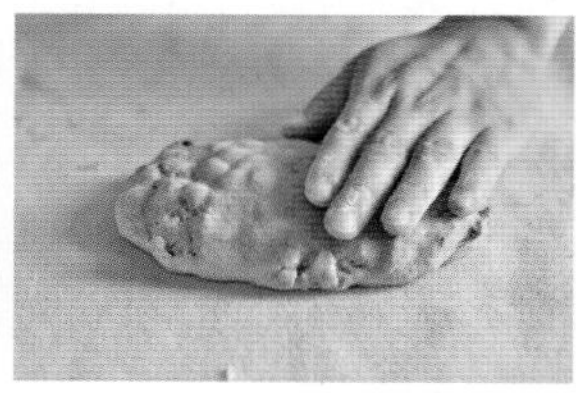

⑧将面团均匀轻拍，翻面。

⑨从内侧折叠起1/3，按压折入的面团边缘使其贴合。

⑩再将另一侧向内对折，并按压面团边缘使其贴合。

⑪将面团翻面，使折叠收合的部分朝下。

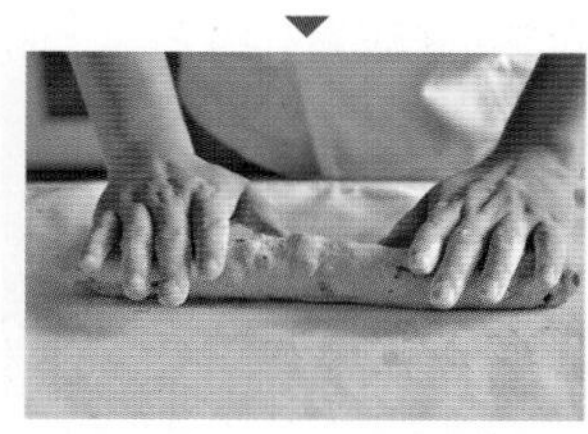

⑫稍搓揉，均匀延展成长条。

⑬将面团放在折凹槽的发酵帆布上，盖上发酵帆布，放室温下最后发酵约40分钟，筛洒黑麦粉即可。

提示｜发酵帆布折成凹槽可支撑面团，避免面团变形或往两侧塌陷。

◉ 烘烤

⑭放入烤箱，先喷蒸汽3秒，以上火240℃/下火210℃烤约20分钟。

酒渍橘子皮

材料：橘子皮40g、橙酒40g

做法：将橘子皮、橙酒混合浸泡入味（约7天）备用。

37

墨西哥辣椒起司小吐司

松软的面包体里，包含了丰富的风味与口感。
微辛呛辣的墨西哥辣椒片，与浓郁香醇的奶酪丁一起从开口溢出，
再混合表层的披萨丝与意式香料，
交织出绝妙的特色，
是口感香味独具的美味面包。

模　型

- 上长宽181mm×91mm，高77mm，
  下长宽170mm×73mm

配　方

面团（份量5条）

Ⓐ 高筋面粉…500g
上白糖…75g
岩盐…9g
鲜酵母…15g
全蛋…75g
鲜奶…100g
水…155g
Ⓑ 发酵黄油…125g

内馅（每条）

墨西哥辣椒…20g
高熔点奶酪…20g

表面（每条）

蛋液…适量
披萨奶酪丝…20g
意大利香料…3g

结构类型
意大利香料 ＋ 披萨奶酪丝 ＋ 奶酪丁 ＋ 墨西哥辣椒 ＋ 软质富糖奶类面团

做　法

◉ 搅拌面团

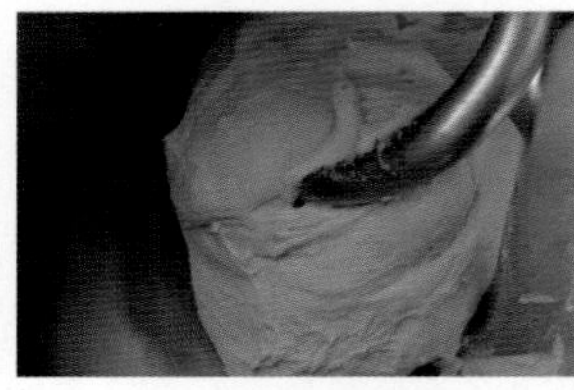

① 将所有材料Ⓐ以慢速搅拌成团，转中速搅拌至表面光滑。

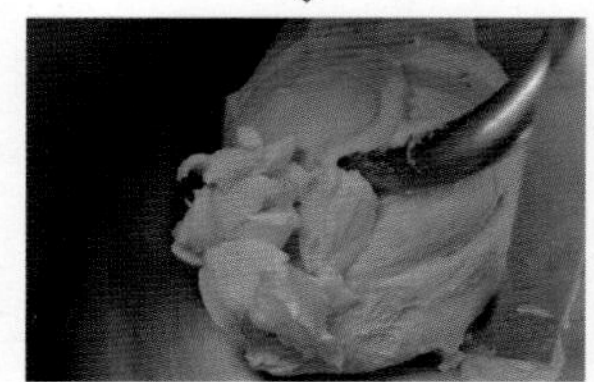

② 加入材料Ⓑ以慢速搅拌均匀。

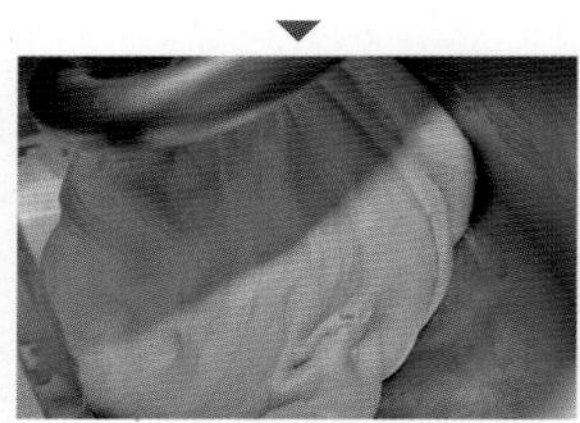

③ 再转中速搅拌至面筋可形成均匀薄膜（完成时面温约26℃）。

◉ 基本发酵

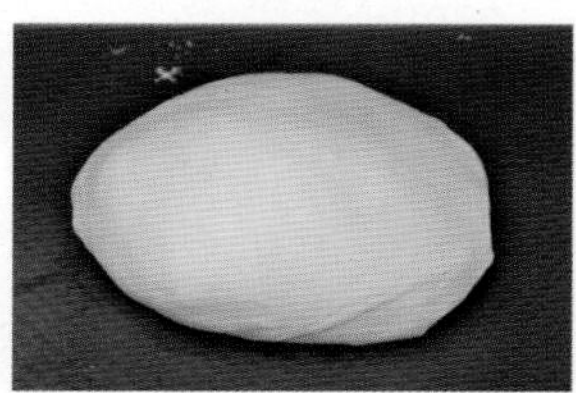

④ 整理面团成圆滑状态，基本发酵60分钟。

◉ 分割、中间发酵

⑤ 分割面团成200g×5个，将面团滚圆后中间发酵30分钟。

◉ 整形、最后发酵

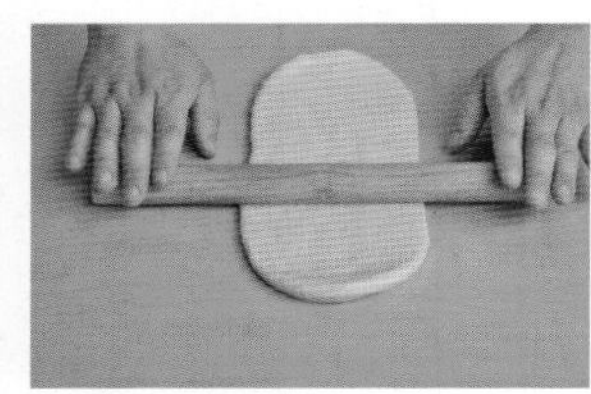

⑥ 将面团轻拍扁，擀平成椭圆片状，翻面。

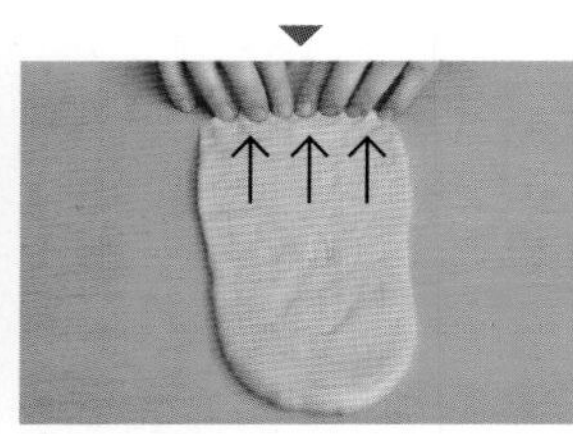

⑦ 将面团底部稍延压展开（帮助黏合）。

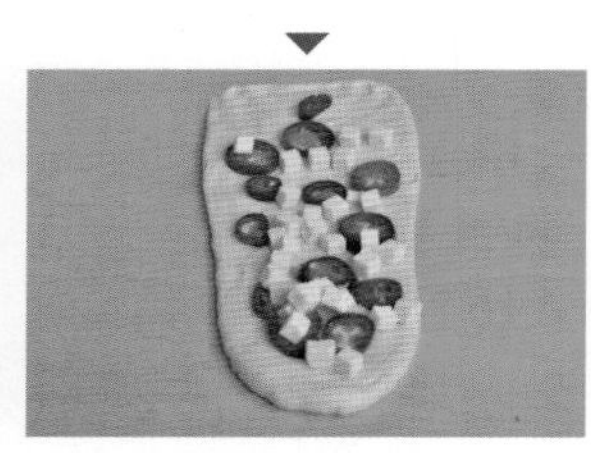

⑧ 平均铺放上墨西哥辣椒、高熔点奶酪。

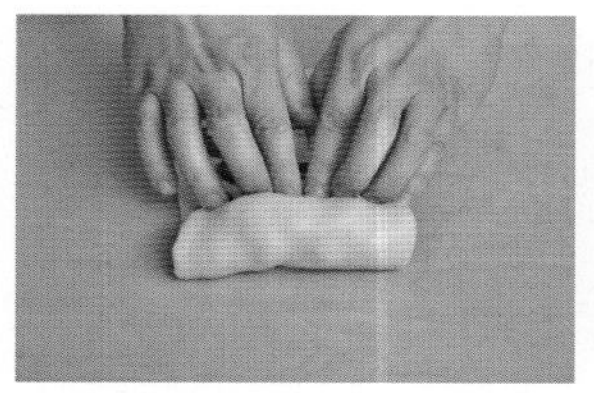

⑨从前端往下卷起至底。

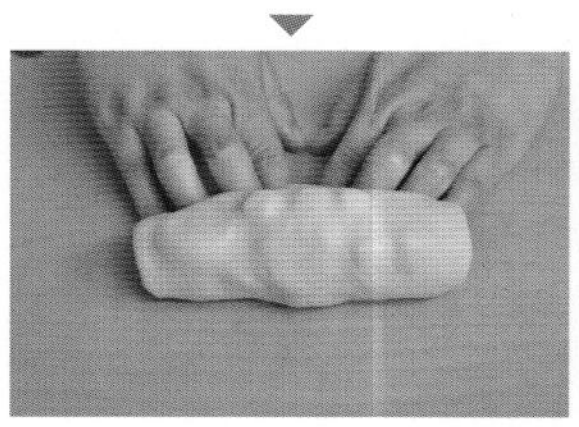

⑩捏紧收合口，稍搓揉均匀。

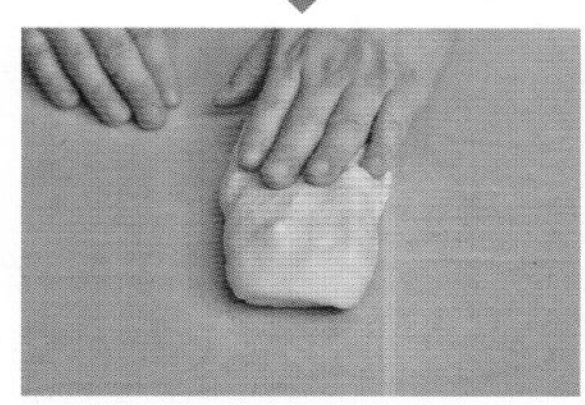

⑪将面团转向纵放，稍轻拍扁。

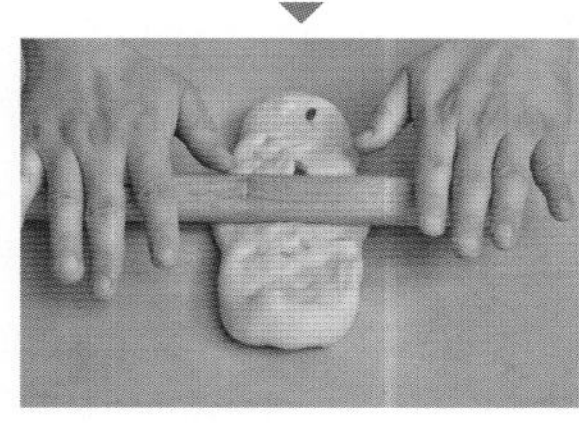

⑫从中间往上、下擀平成长条。

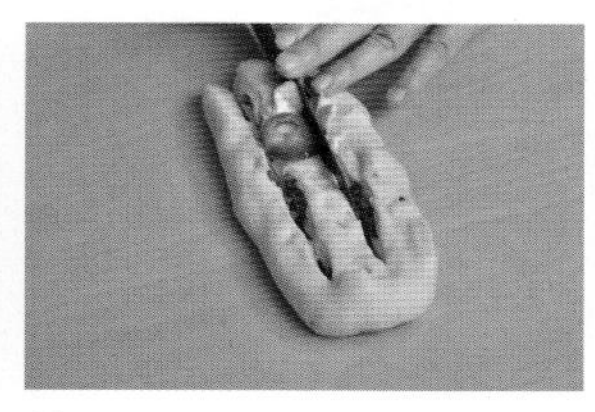

⑬从前端下约2cm处开始用切面刀直线切2条口至底。

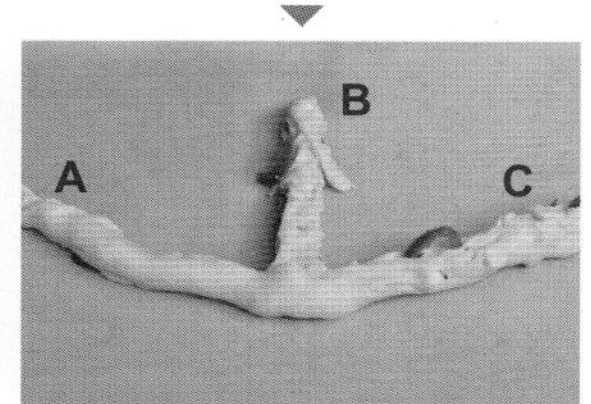

⑭面团基本成3等份，将面团断面朝上，以编辫的方式编结。

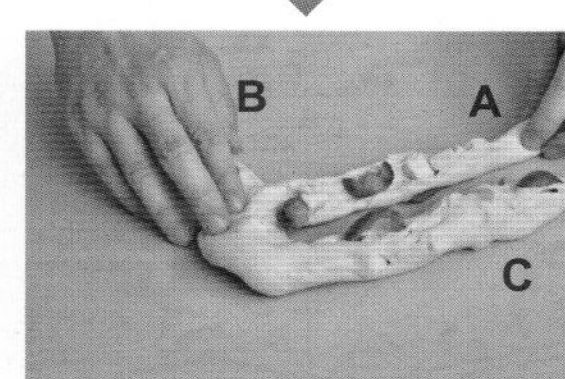

⑮将**A→B**编结。

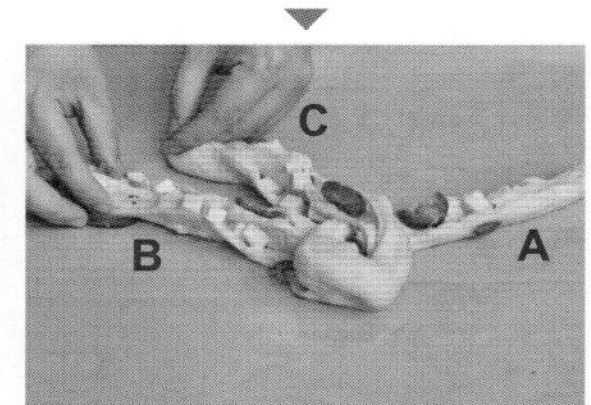

⑯将**C→A**编结。

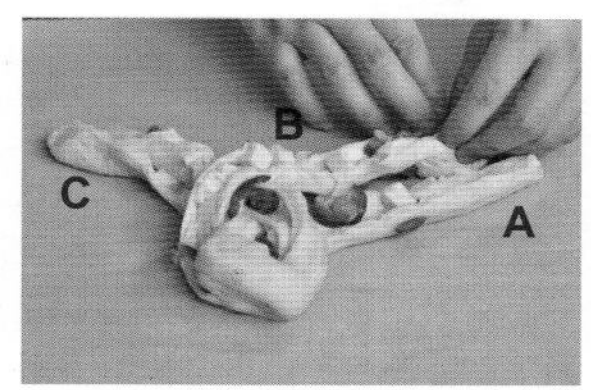

⑰将**B→C**编结。

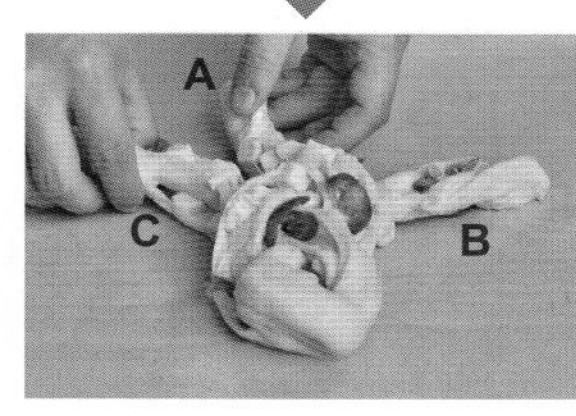

⑱再依同样顺序，将面团**A→B**。

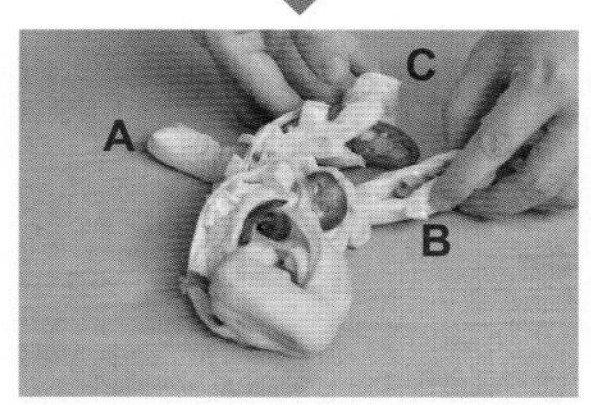

⑲**C→A**。

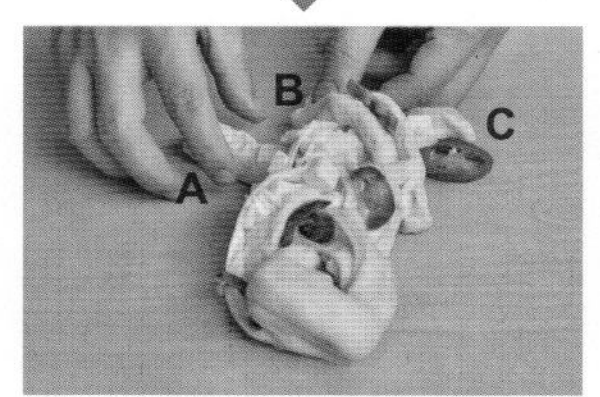

⑳**B→C**。编结至底成三股辫。

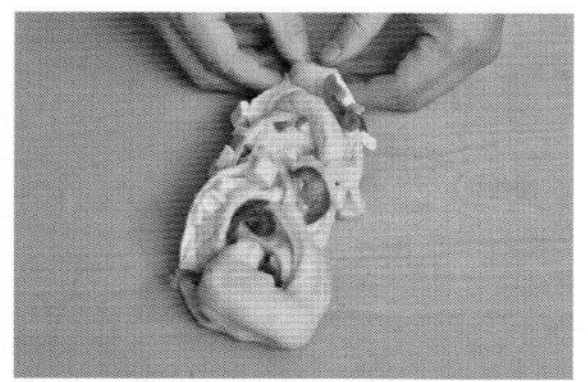

㉑收口按压密合。

㉒放入模型中，最后发酵120分钟（湿度75%、温度30℃）。

㉓表面涂刷蛋液，并洒上披萨奶酪丝、意大利香料。

◉ 烘烤

㉔放入烤箱，以上火160℃/下火230℃烤约25分钟。

提示｜烤好后须立即脱模取出，若一直放在吐司模中，充分膨胀的面包会因水汽无法蒸发而变得扁塌。

38

脆皮山峦吐司

不带盖烘烤，
烘烤时面团向上延展，肌理变粗，
造成较松软的口感，不同于方形吐司的绵密。
外层硬皮香脆，内层Q弹柔软，
带有独特魅力的脆皮吐司。

模　型

- 上长宽196mm×106mm，高110mm，
  下长宽184mm×102mm

配　方

面团（份量3条）

Ⓐ 法国粉…800g
高筋面粉…200g
上白糖…20g
原味酸奶…100g
水…690g
麦芽精…3g
低糖干酵母…10g
岩盐…20g
Ⓑ 无盐黄油…40g

结构类型
硬质低糖奶类面团

做　法

◉ 搅拌面团

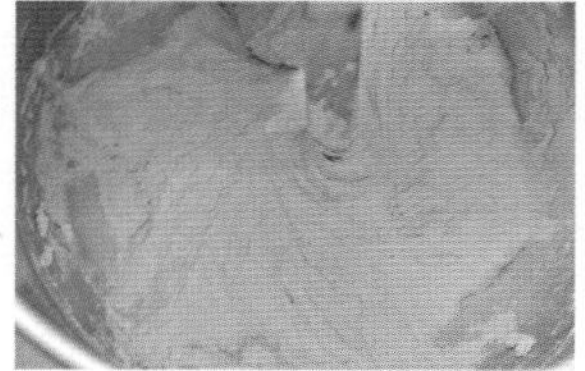

①将所有材料Ⓐ以慢速搅拌成团。

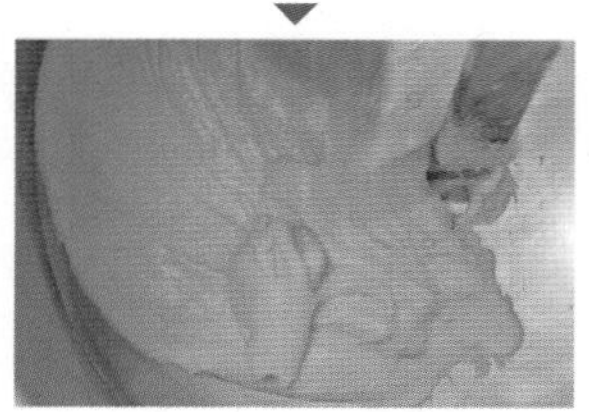

②转中速搅拌至表面光滑，再加入材料Ⓑ以慢速搅拌均匀。

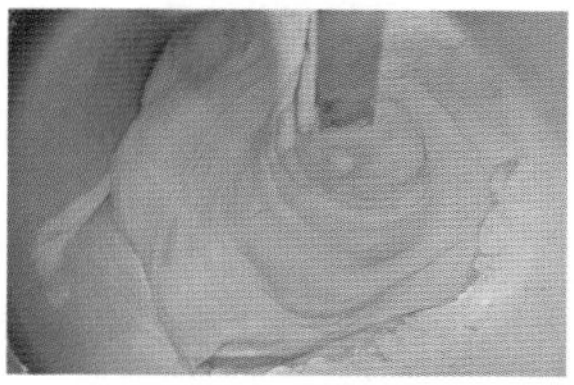

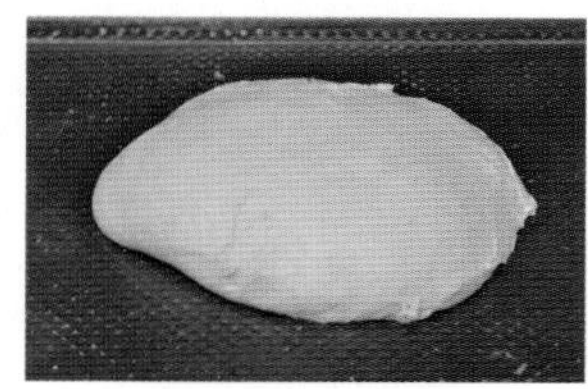

③再转中速搅拌至面筋可形成均匀薄膜（完成时面温约26℃）。

◉ 基本发酵

④整理面团成圆滑状态，基本发酵90分钟，拍平，做3折1次翻面，再发酵约30分钟。

◉ 分割、中间发酵

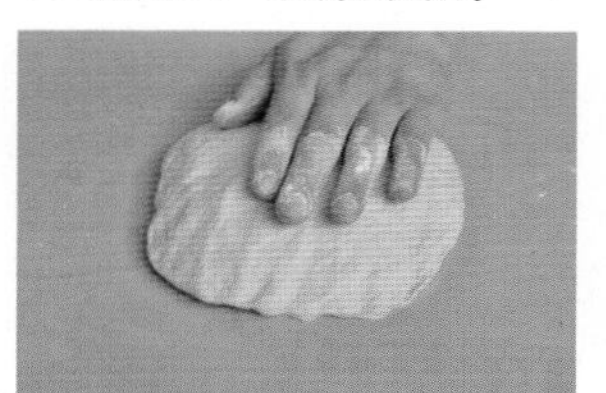

⑤分割面团成250g×6个，将面团滚圆后中间发酵30分钟。

◉ 整形、最后发酵

⑥将面团轻拍压，排除多余的空气，然后翻面。

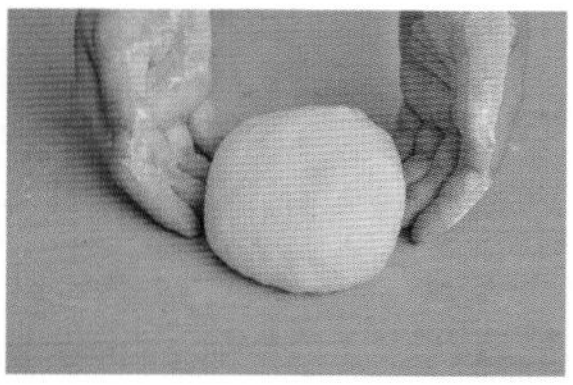

⑦再朝前端对折，将面团朝底部拉整收合，捏折收合成圆球状。

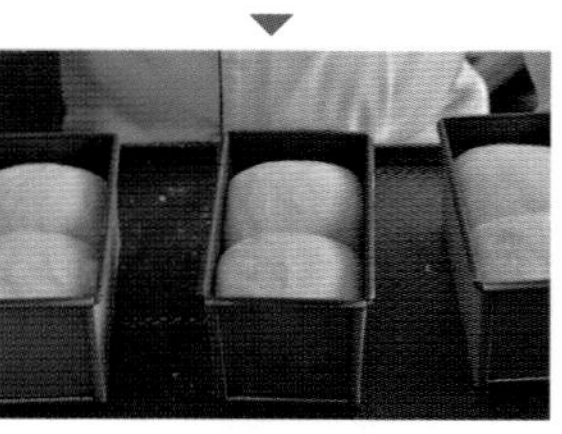

⑧以2个为1组，收合口朝下放入模型中，让面团倚靠着模型前后内壁。

提示｜面团勿过度搓揉，以免影响发酵过程及面团内部组织。

⑨最后发酵90分钟（湿度75%、温度30℃）。

◉ 烘烤

⑩放入烤箱，先喷蒸汽3秒，以上火150℃/下火230℃烤约15分钟。

39
汤种原味贝果
枝豆贝果

贝果（Bagel）的特色做法在于，面团先用热水汆烫后再烘烤。
外表酥脆，内里浑厚扎实、有韧性。
烤好的贝果表面若分布许多微小气泡（俗称“鸟眼”），
意味着面包扎实有嚼劲。

枝豆贝果

配　方（原味贝果）

面团（份量10颗）

Ⓐ 高筋面粉···500g
盐···9g
上白糖···30g
水···235g
全蛋···30g
蛋黄···20g
奶粉···35g
法国老面···75g
（做法见第24页）
汤种···50g
（做法见第27页）
鲜酵母···30g
Ⓑ 无盐黄油···35g

汆烫

水···2000g
麦芽精···60g

配　方（枝豆贝果）

基本与原味贝果同，在面团部分另外再增加Ⓒ枝豆150g。

结构类型
汆烫麦芽水 ＋ 介于软质与硬质中间的面团

做　法

◉ 搅拌面团

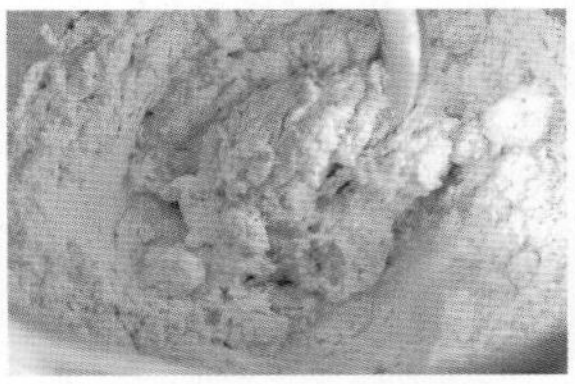

①**原味**。将所有材料Ⓐ搅拌成团。

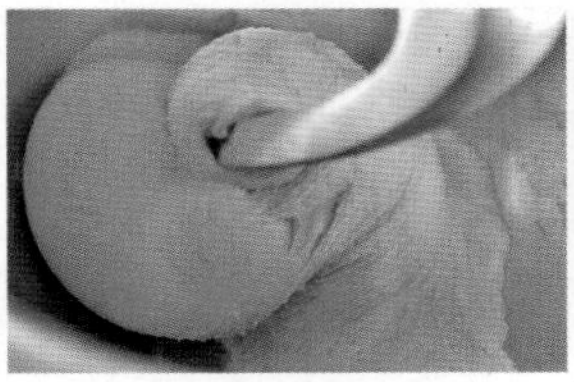

②转中速搅拌至表面光滑。

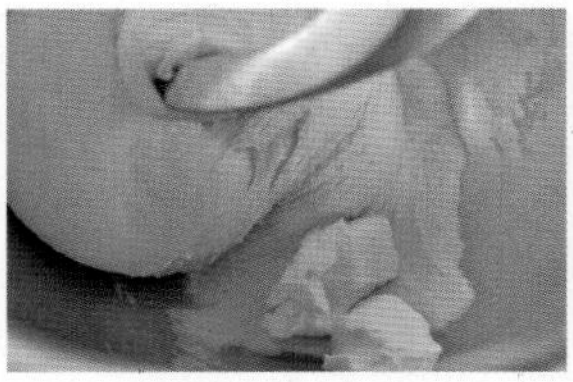

③加入材料Ⓑ。

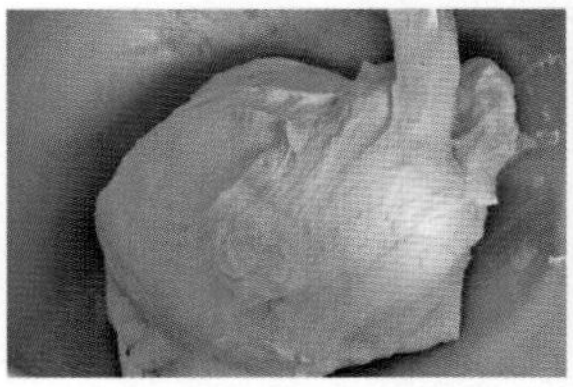

④慢速搅拌至均匀即可（完成时面温约26℃）。

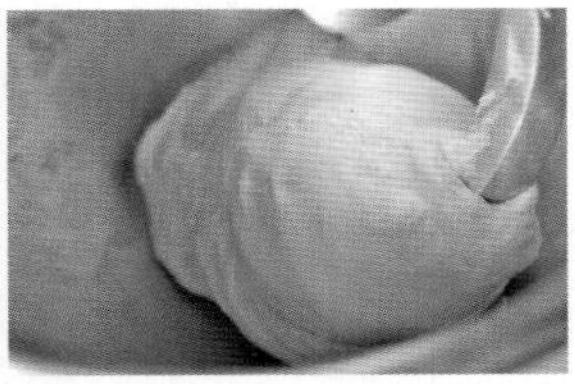

⑤**枝豆**。同原味贝果面团做法1~4。

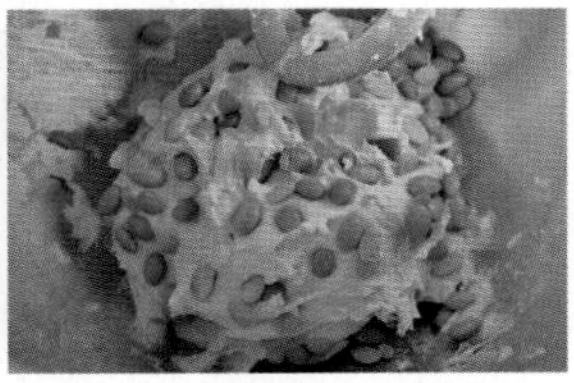

⑥加入黄油拌匀后，再加入枝豆（150g），混合拌匀即可。

◉ 基本发酵

⑦整理面团成圆滑状态，基本发酵30分钟。

◉ 分割、中间发酵

⑧分割面团成100g×10个，将面团滚圆后中间发酵30分钟。

◉ 整形、最后发酵

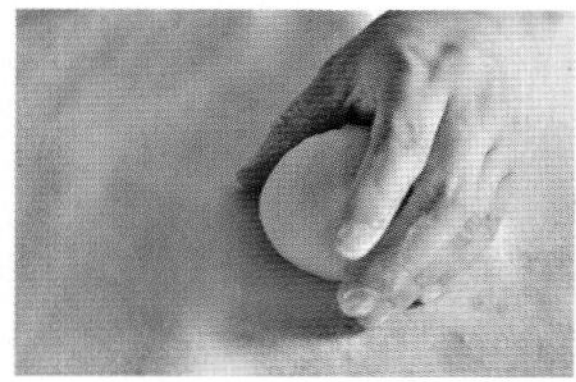

⑨将面团稍滚圆。

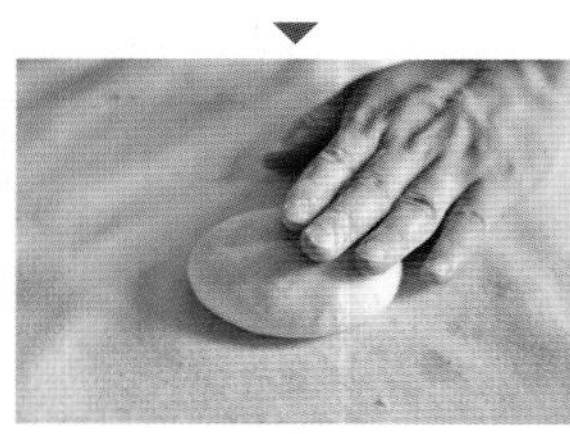

⑩轻压拍成圆扁状。

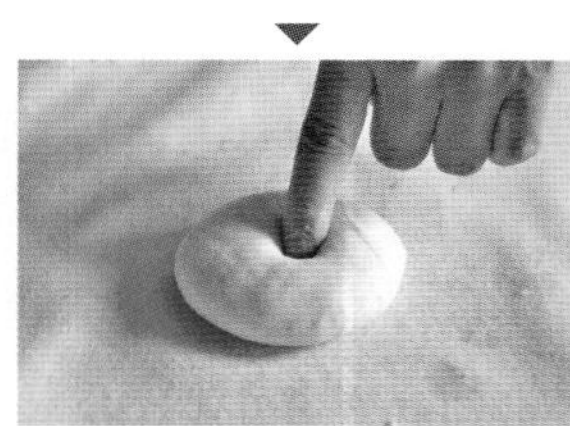

⑪用食指先在面团中央戳出小坑。

⑫用手肘压出圆孔凹槽。

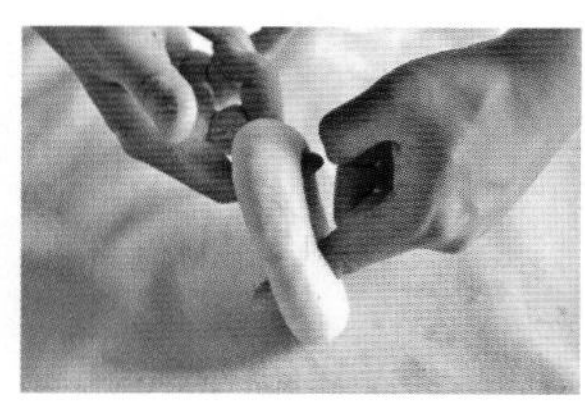

⑬再用两手的食指把洞口延展撑开，将面团整形成环状。

⑭将面团放入烤盘，最后发酵30分钟。

⑮再移至冷藏库低温发酵约8小时。

◉ 汆煮面团

⑯将麦芽精、水放入口径大的锅内，加热煮沸后转中火维持约85℃。

⑰将面团放入水中汆烫30秒，再翻面汆烫30秒，使两面受热均匀。

提示｜面团放入沸水中烫煮是为了增加口感的弹性。水中加入麦芽精可助面团烤焙后的上色。

⑱立即捞起、沥干水分，放入烤盘。

◉ 烘烤

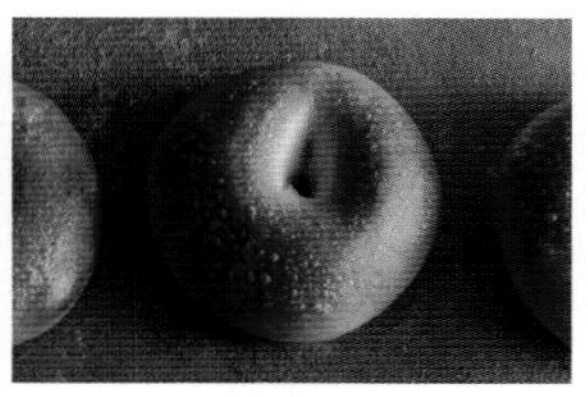

⑲放入烤箱，以上火220℃ / 下火200℃，烤约13分钟。

贝果美味延伸！

只要搞懂基本，就可以随自己喜好做出各种口味变化。无论何种口味，贝果特殊的嚼劲口感都在。

还可将贝果横剖开，夹入喜爱的食材，做成贝果三明治享用，吃法变化多样。

40

北海道小山峰

不加水，而以北海道炼乳、稀奶油来补充水分，
形成湿润柔软，带着乳香风味和微甜滋味的面包。
因顶部烘烤时开放不带盖，烤后形成山峰状，故又称山形吐司，
若以带盖方式烘烤则为一般熟知的方形吐司。

模　具

- 上长宽196mm×106mm，高110mm，
  下长宽184mm×102mm

配　方

面团（份量4颗）

Ⓐ 高筋面粉…500g
法国老面…900g
（做法见第24页）
北海道炼乳…60g
上白糖…120g
岩盐…15g
鲜酵母…45g
蛋黄…120g
动物稀奶油…300g
Ⓑ 发酵黄油…80g

结构类型
软质富糖奶类面团

做　法

◉ 搅拌面团

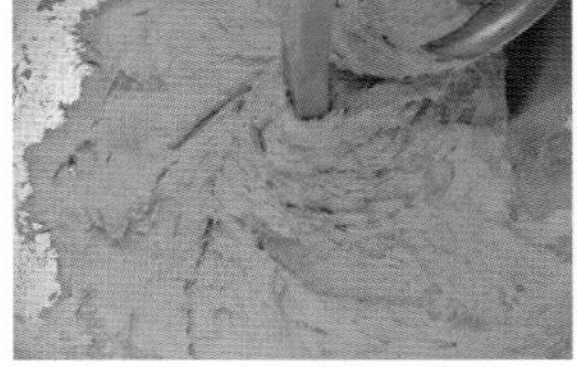

①将所有材料Ⓐ以慢速搅拌成团。

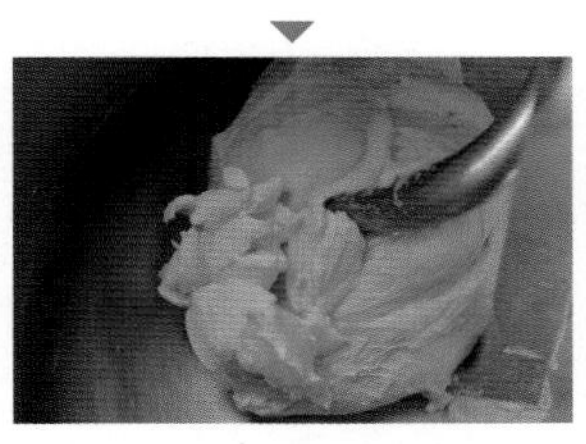

②转中速搅拌至表面光滑，再加入材料Ⓑ以慢速搅拌均匀。

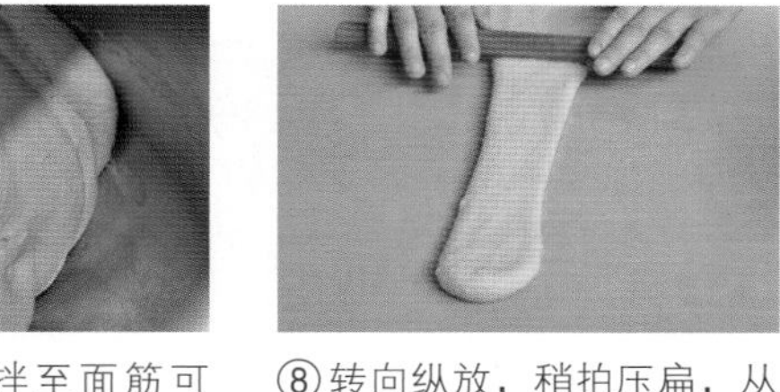

③再转中速搅拌至面筋可形成均匀薄膜（完成面温约26℃）。

◉ 基本发酵

④整理面团成圆滑状态，基本发酵40分钟。

◉ 分割、中间发酵

⑤分割面团成250g×8个（2个为组），将面团滚圆后中间发酵30分钟。

◉ 整形、最后发酵

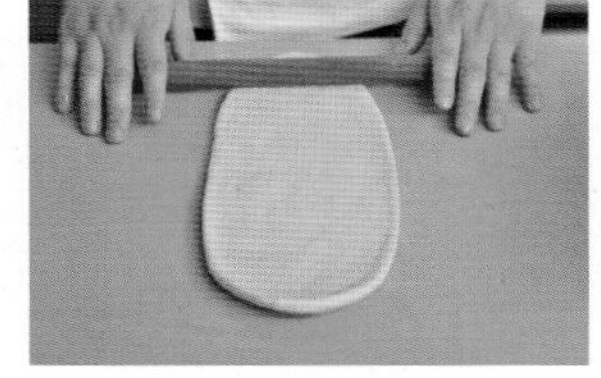

⑥将面团轻拍扁，擀平成椭圆片状，翻面。

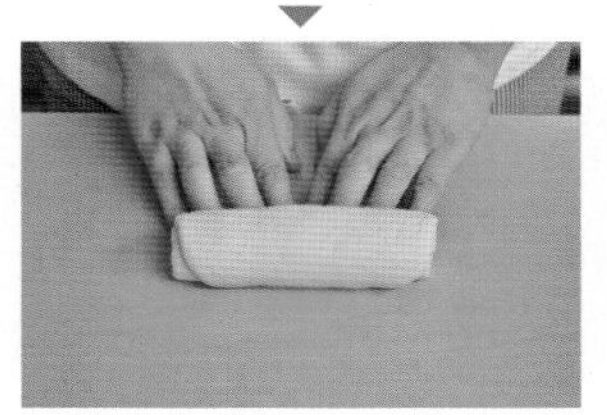

⑦从短侧前端往底部卷起，收合于底成圆筒状，松弛约15分钟。

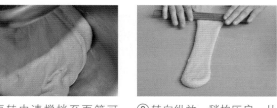

⑧转向纵放，稍拍压扁，从中间朝上、下擀平成长条片状，翻面。

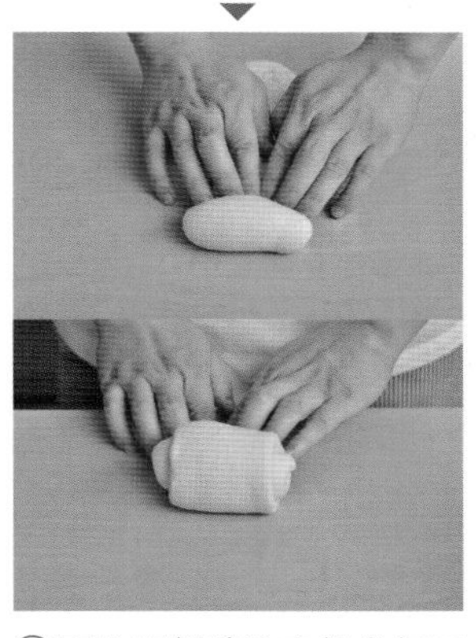

⑨再从短侧端往底部卷起至底，收合于底成圆筒状。

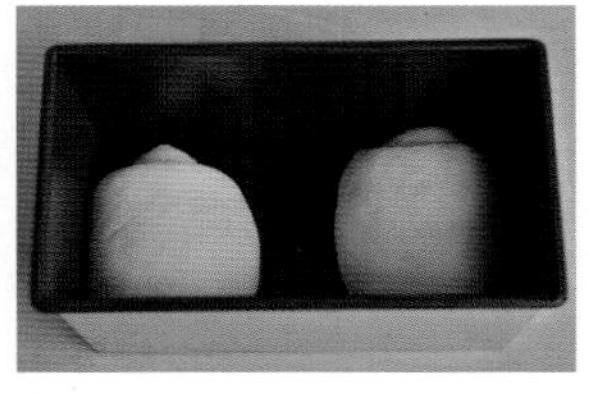

⑩以2个为1组，收口朝底、倚着模边两侧放置，最后发酵90分钟（湿度75%、温度30℃）。

◉ 烘烤

⑪放入烤箱，以上火160℃/下火230℃，烤25分钟。

41

黑爵可可蔓越莓

散发着满满的可可香气，却一点也不甜腻。
添加带有奢华香气的自制巧克力酱，
再搭配具有迷人果香的酒渍蔓越莓，以及水滴巧克力，
不同的甜味香气，交织出多层次的口感。

模　具

- 上长宽196mm×106mm，高110mm，下长宽184mm×102mm

配　方

面团（份量5颗）

Ⓐ 高筋面粉…1000g
上白糖…130g
岩盐…12g
奶粉…35g
鲜酵母…50g
可可粉…30g
甜老面…200g
（做法见第25页）
镜面巧克力…30g
（做法见第33页）
水…480g
红酒…220g
Ⓑ 无盐黄油…80g
Ⓒ 水滴巧克力…200g
酒渍蔓越莓…100g
（做法见第31页）

结构类型
软质富糖奶类面团

做　法

◉ 搅拌面团

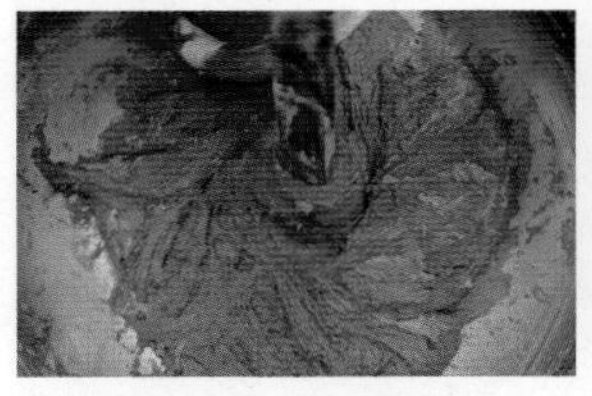

①将所有材料Ⓐ放入搅拌缸，以慢速搅拌均匀成团。

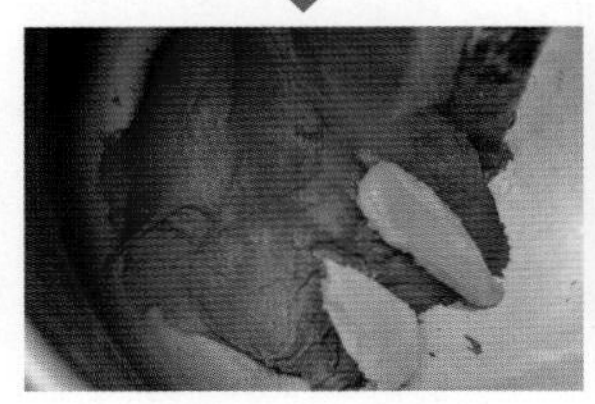

②转中速搅拌至表面光滑，加入材料Ⓑ以慢速搅拌均匀。

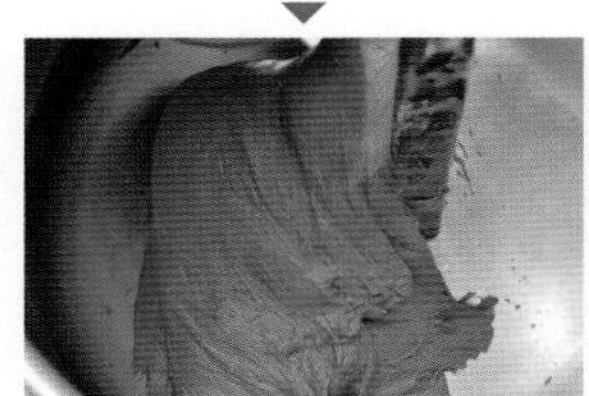

③再转中速搅拌至面筋可形成均匀薄膜。

④再加入材料Ⓒ，以慢速搅拌混合均匀即可（完成面温约26℃）。

提示｜巧克力容易抑制面团发酵，故在配方中添加膨胀力较好的甜老面，促使面团发酵顺利。

◉ 基本发酵

⑤整理面团成圆滑状态，基本发酵45分钟。

⑥将面团拍平稍延展长度。

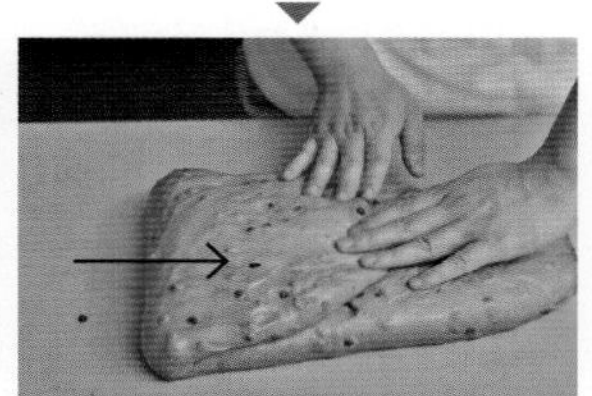

⑦从面团一侧折叠1/3。

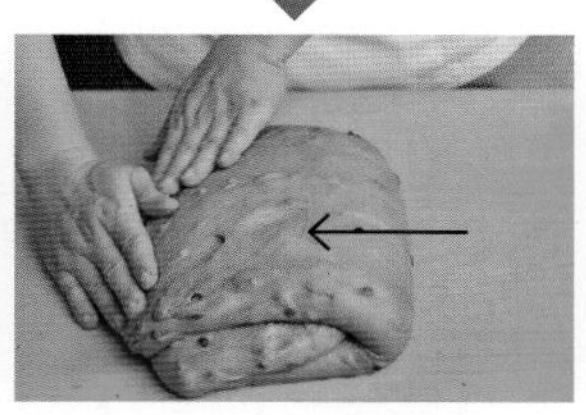

⑧再将面团另一侧折叠。

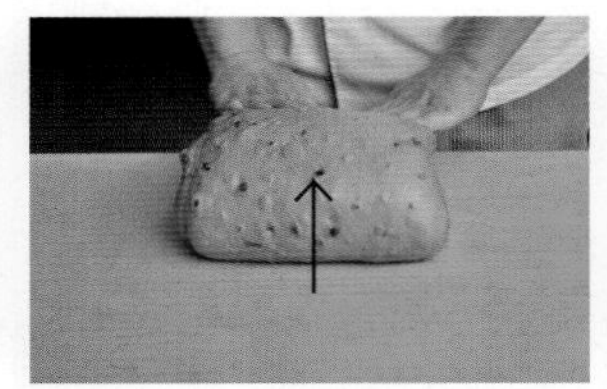

⑨再稍轻拍，从面团上端往下端对折。

⑩翻面使折叠收合的部分朝下，再发酵约45分钟。

◉ 分割、中间发酵

⑪分割面团成250g×10个（2个为组），将面团滚圆后中间发酵30分钟。

◉ 整形、最后发酵

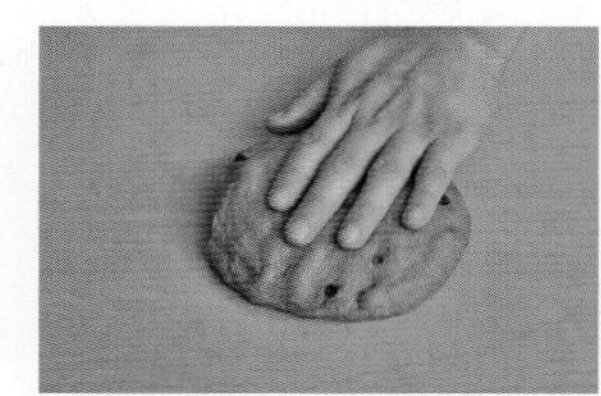

⑫将面团轻拍排出空气。

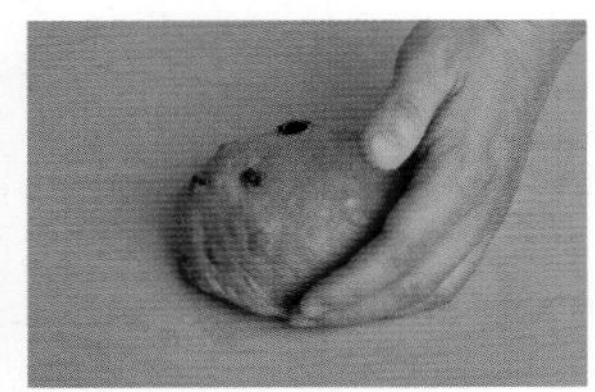

⑬轻轻滚圆，整形成圆球状。

⑭以2个为组，收口于底，放入模型中。

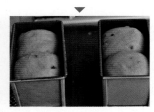

⑮最后发酵90分钟（湿度75%、温度35℃）。

◉ 烘烤

⑯放入烤箱，以上火150℃/下火230℃烤约35分钟。

42

玫瑰草莓角食

能衬托出莓果自然甜美风味的柔软吐司，
切开后还可看见美丽的纹路。
玫瑰酱结合草莓干、草莓果泥熬煮，
到面包中还能咀嚼到果粒，鲜美十足。

模　具

- 上长宽181mm×91mm，高77mm，下长宽170mm×73mm

配　方

面团（份量6颗）

Ⓐ 高筋面粉…500g
法国老面…50g
（做法见第24页）
高糖干酵母…6g
细砂糖…75g
岩盐…9g
全蛋…165g
蛋黄…75g
鲜奶…150g
Ⓑ 无盐黄油…190g

内馅—玫瑰草莓馅

草莓干…300g
草莓果泥…300g
玫瑰花瓣酱…100g
水…300g
低筋面粉…120g

表面

镜面果胶、开心果碎

结构类型
开心果碎 + 果胶 + 玫瑰草莓馅 + 软质富糖奶类面团

做　法

◉ 玫瑰草莓馅

①将水、草莓干与草莓果泥拌煮沸腾。

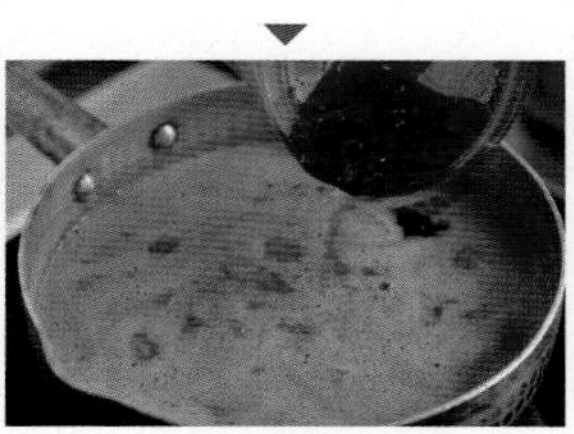

②拌入玫瑰花瓣酱拌匀。

③加入过筛低筋面粉拌匀，再次煮至沸腾。

④即成玫瑰草莓馅。

◉ 搅拌面团

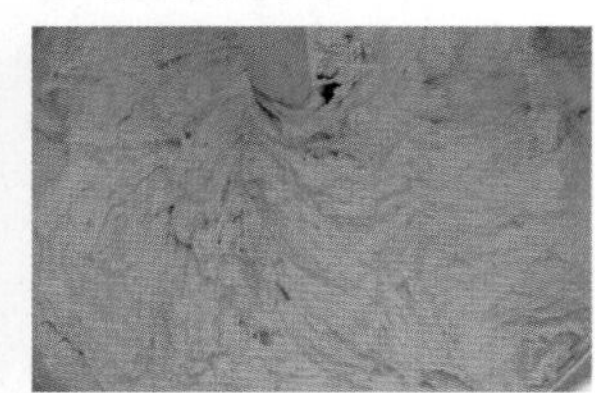

⑤将所有材料Ⓐ以慢速搅拌成团。

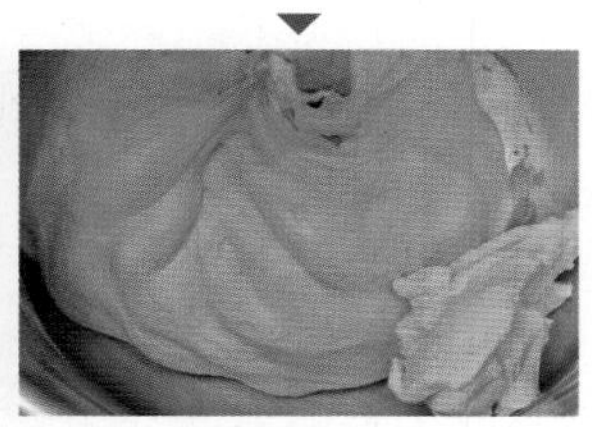

⑥转中速搅拌至表面光滑，再加入材料Ⓑ以慢速搅拌均匀。

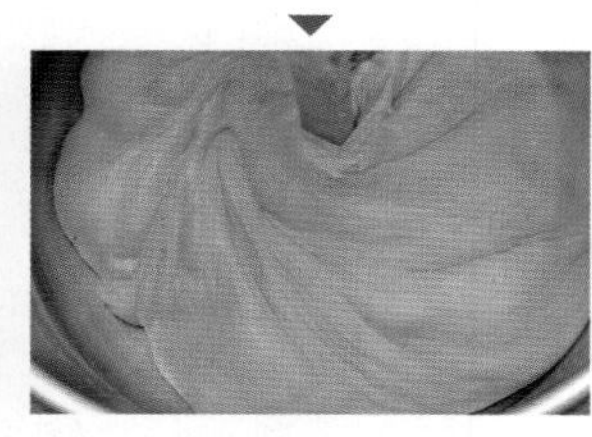

⑦再转中速搅拌至面筋可形成均匀薄膜即可（完成面温约26℃）。

◉ 基本发酵

⑧整理面团成圆滑状态，基本发酵60分钟。

◉ 分割、中间发酵

⑨分割面团成200g×6个，将面团滚圆后中间发酵30分钟。

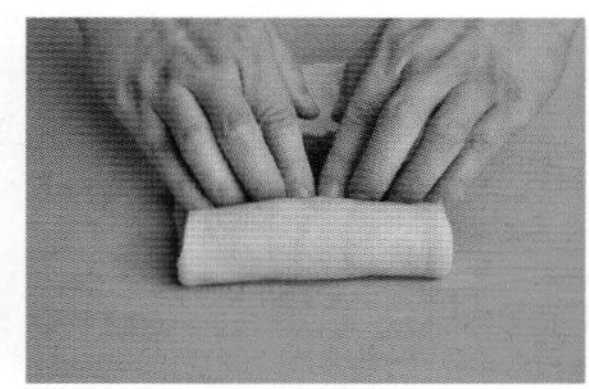

⑬从前端卷起至底。

⑰在表面涂刷上蛋液。

⑳在中心处洒上少许开心果碎。

◉ 整形、最后发酵

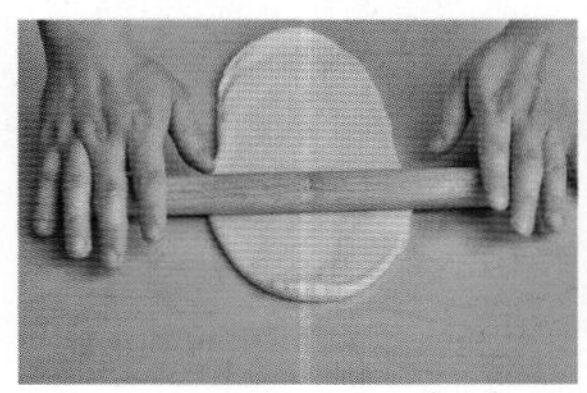

⑩将面团轻拍扁，擀平成椭圆片状，翻面。

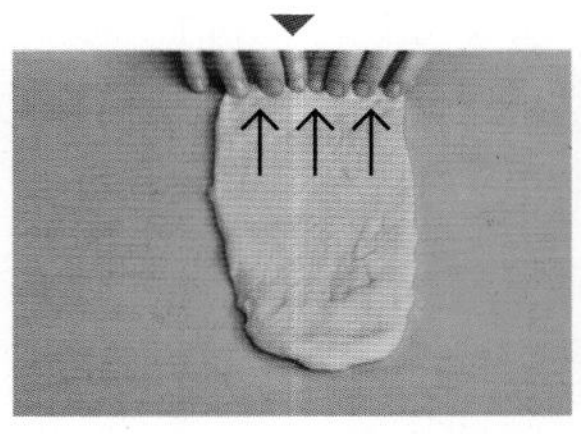

⑪将底部面团稍延压展开（帮助以后黏合）。

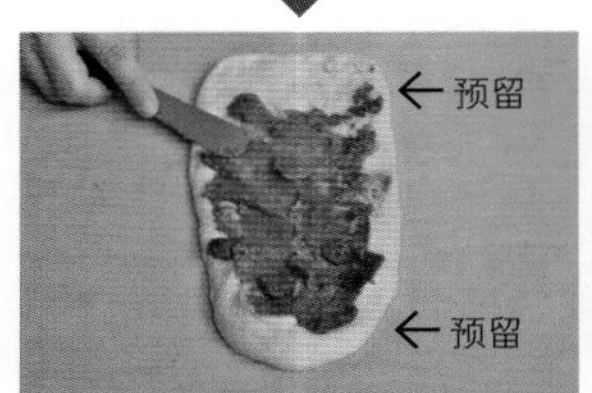

⑫将面团上下预留，中间抹上玫瑰草莓馅。

⑭收合于底，成圆筒状。

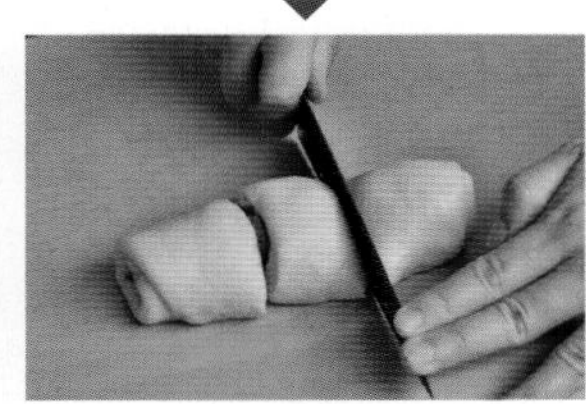

⑮将面团分切成3段。

⑯断面朝上，放置模型中，最后发酵90分钟（湿度75%、温度35℃）。

◉ 烘烤

⑱放入烤箱，以上火150℃/下火230℃烤约30分钟，脱模。

提示｜烤好后应立即脱模取出，若一直放在吐司模中，充分膨胀的面包会因水汽无法蒸发而变得扁塌。

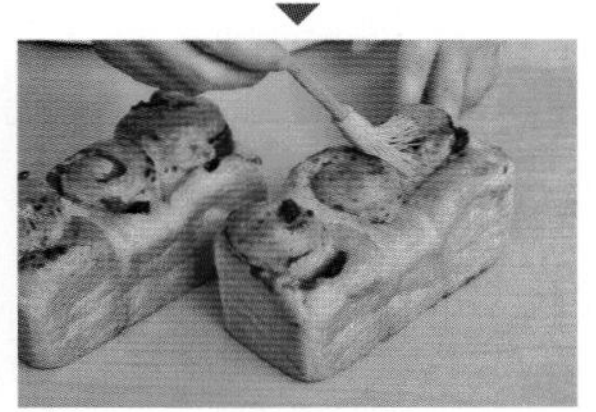

⑲在表面涂刷果胶。

4

引人瞩目的原创面包

新食口感！融合传统与新创魅力的面包

43

花见莓果恋

松软的面包中带有草莓干的香甜。
草莓果馅微酸清甜，马卡龙皮香脆酥软，
酥中带软的口感，缤纷多层的美味。

模　具

- φ98mm×35mm八角模
- 小花压切模

配　方

面团（份量11颗）

Ⓐ 高筋面粉…250g
高糖干酵母…3g
细砂糖…38g
岩盐…4g
全蛋…75g
蛋黄…30g
鲜奶…75g
Ⓑ 无盐黄油…100g

内馅—草莓馅

草莓果泥…160g
草莓干…70g
细砂糖…100g
无盐黄油…40g
全蛋…60g
低筋面粉…120g

表面—马卡龙馅

蛋白…160g
糖粉…200g
杏仁粉…200g
覆盆子粉…20g

装饰

糖粉、开心果碎
镜面果胶、翻糖花
（做法见第149页）

结构类型
果胶、开心果碎 + 糖粉 + 马卡龙馅 + 草莓馅 + 软质富糖奶类面团

做　法

前置处理

①**草莓馅**。将草莓干、细砂糖、草莓果泥与无盐黄油加热煮沸。

②再加入全蛋与过筛低筋面粉拌煮均匀至再度沸腾。

③**马卡龙馅**。将蛋白与过筛的粉类搅拌混合拌匀，冷藏一天备用。

搅拌面团

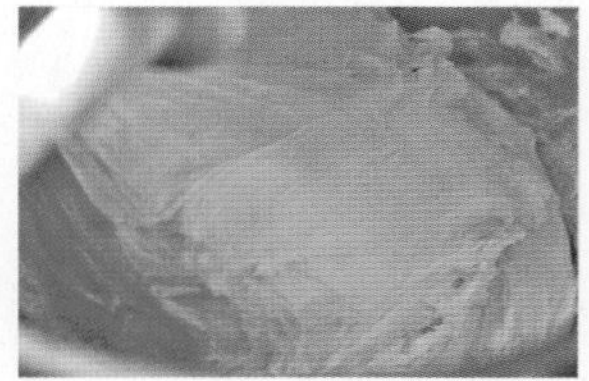

④将所有材料Ⓐ以慢速搅拌成团。

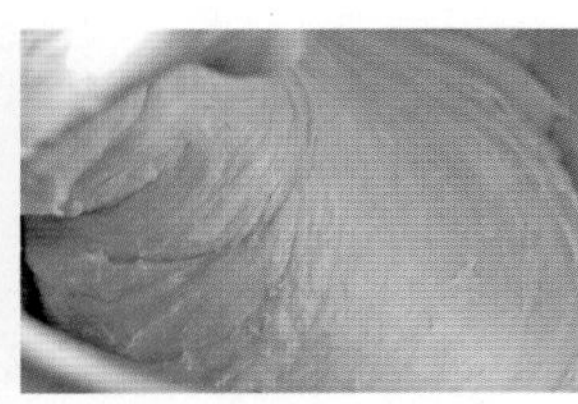

⑤转中速搅拌至表面光滑，加入材料Ⓑ以慢速搅拌至均匀。

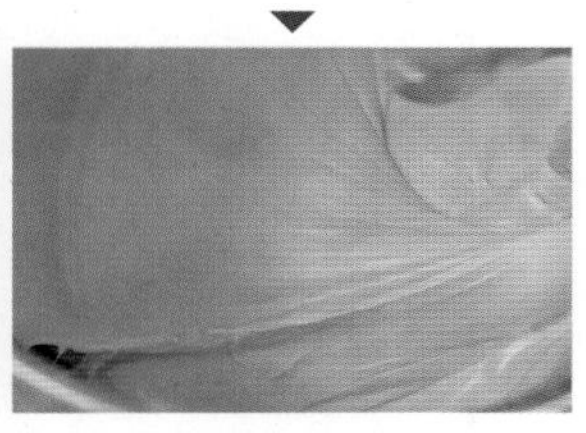

⑥再以中速搅拌至面筋形成，可呈均匀薄膜即可（完成面温约26℃）。

基本发酵

⑦整理面团成圆滑状态，基本发酵60分钟。

分割、中间发酵

⑧分割面团成50g×11个，将面团滚圆后中间发酵30分钟。

◉ 整形、最后发酵

⑨将面团滚圆，稍轻拍压扁。

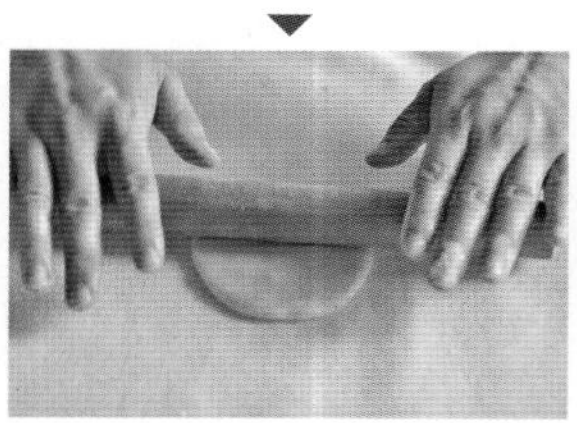

⑩再擀成厚度均匀的圆片。

⑪在中间按压抹入草莓馅（50g）。

⑫将面团往中间拉拢包覆内馅。

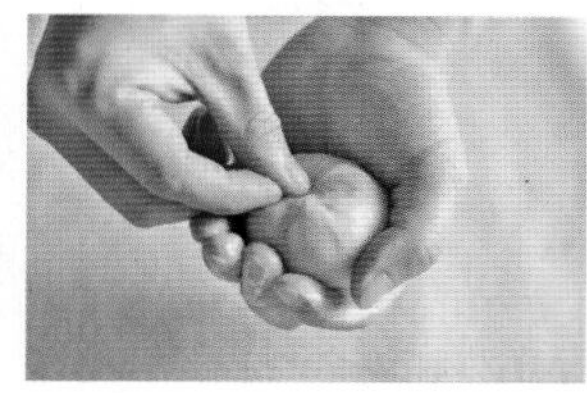

⑬捏紧底部收合口，整形成圆球状。

⑭模型喷上薄薄一层烤盘油。将面团收口朝下放入模型中。

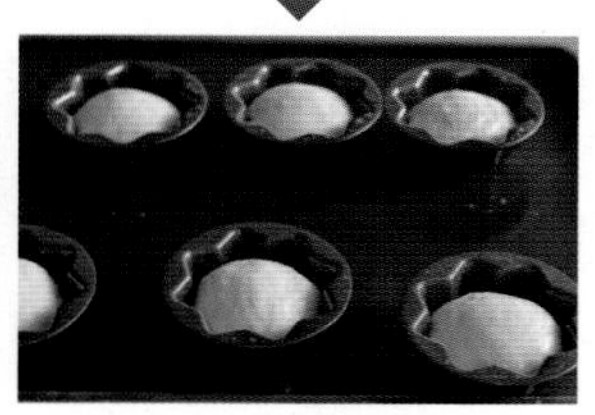

⑮最后发酵60分钟（湿度75%、温度35℃）。

⑯用马卡龙馅在表面由中心开始挤上漩涡状纹路。

⑰薄洒上糖粉待稍吸附，再薄洒一次糖粉。

提示｜

- 挤马卡龙馅时，尽量让馅与馅之间紧密相连（如蚊香状），以保持馅料的厚度。
- 马卡龙馅只需挤至表面2/3面积，以免烤焙时面团膨胀导致马卡龙馅粘在模具上，最后不好脱模。

◉ 烘烤

⑱放入烤箱，以上火180℃/下火200℃烤约10分钟。趁热在表面涂刷镜面果胶，粘上开心果碎，用翻糖小花装饰。

44

荔枝覆盆子

以覆盆子果冻镶嵌在面包中间，形成红宝石般的色泽，中间包藏的果馅滋味酸甜，四周包围酥香的酥菠萝，具足点心面包的缤纷视觉与美味口感。

de into
used in
Straw-
are a
such as
rry ice
wberry
Straw-
dessert

at th

Widel
estab
othe
fiv
in
a
circ
docum
Coffee
reasons. A
brought co
Arabia (mo
Muslim de
shrub in their
made wine from t
coffee berries. This beve
qishr (kisher in modern
used during religious cerem

Pasta is generally a simple dish, but comes
in many varieties due to its versatility.
Some pasta dishes are served as a first
course in Italy because the portion sizes are
small and simple. Pasta is also prepared in
lunches, such as salads or large
sizes for dinner. It can be prepared
food processor and served hot or
sauces vary in taste, color and
choosing which type of pasta
serve together, there is a
regarding compatibility.
like pesto are ideal for long
of pasta while tomato
well with thicker pastas.
kier sauces have the better
onto the holes and cuts of
twisted pastas.

THIS WEEK'S ... ION

Coconut Ice Cream Sandwiches

Who doesn't like ice cream sandwiches?
These are miniature, just 3 inches in diam
ter. Bright pink fresh cherry ice
(there's a little coconut milk in the
is sandwiched between lemo
cookies, with a dash of grated c
bit of a project, but it
2 hours of active cook
e of 2 days.

...eton

buttery crum
similar to a gi
and more tend
ditional, alth
d fruit, such
e you sometime
hing melted choc
en the layers. This keep
to bake it 1 or 2 days a
wrapped at room temperature.

...tos are over the top.

模　具

- ϕ94mm × ϕ83mm × 35mm大圆模
- 小花压切模

配　方

面团（份量9颗）

Ⓐ 高筋面粉…200g
高糖干酵母…3g
细砂糖…30g
岩盐…4g
全蛋…70g
蛋黄…26g
鲜奶…60g
Ⓑ 无盐黄油…66g

酥菠萝

低筋面粉…200g
细砂糖…60g
无盐黄油…100g

覆盆子果冻

柠檬汁…2g
覆盆子果泥…300g
细砂糖…30g
果胶粉…5g

荔枝覆盆子馅

全蛋…20g
细砂糖…50g
无盐黄油…15g
新鲜荔枝…80g
冷冻覆盆子…15g
荔枝干…35g
低筋面粉…63g

结构类型

覆盆子果冻
＋
酥菠萝
＋
荔枝覆盆子馅
＋
软质富糖奶类面团

方　法

◉ 前置处理

① **酥菠萝**。所有材料混合拌匀后，以粗筛网过筛成粗粒状，平铺于铁盘隔日使用。

> **提示**｜若想快速完成酥菠萝制作，可将过筛后的酥菠萝粒平铺在铁盘上，冷冻冰硬即好操作。

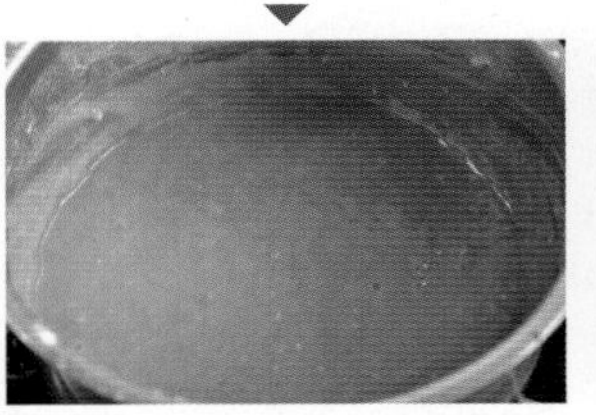

② **荔枝覆盆子馅**。将新鲜荔枝去皮、去籽，加入荔枝干与覆盆子混合打成汁。

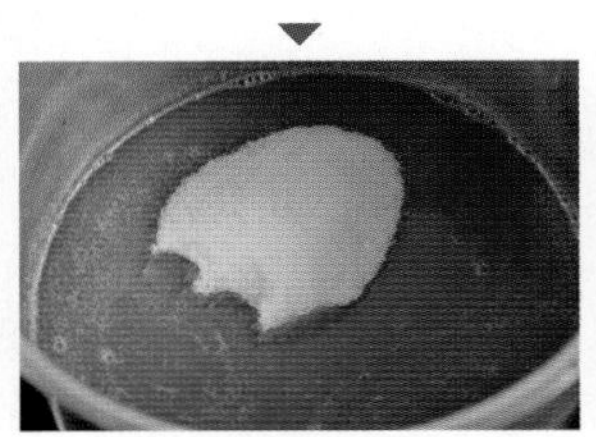

③ 将做法2、黄油、细砂糖加热煮沸，加入蛋与过筛低筋面粉拌匀即可。

◉ 搅拌面团

④ 将材料Ⓐ以慢速搅拌成团，转中速搅拌至表面光滑，加入材料Ⓑ以慢速拌匀。

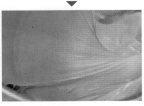

⑤ 再以中速搅拌至面筋可形成均匀薄膜（完成面温约26℃）。

◉ 基本发酵

⑥ 整理面团成圆滑状态，基本发酵60分钟。

◉ 分割、中间发酵

⑦ 分割面团成50g × 9个，将面团滚圆后中间发酵30分钟。

◉ 整形、最后发酵

⑧将圆形模喷上薄薄一层烤盘油。

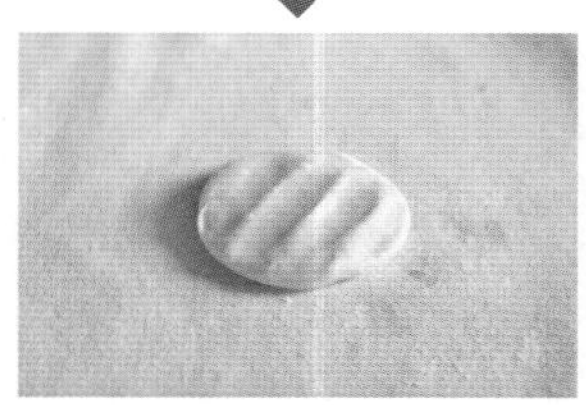

⑨将面团滚圆，稍轻拍扁。

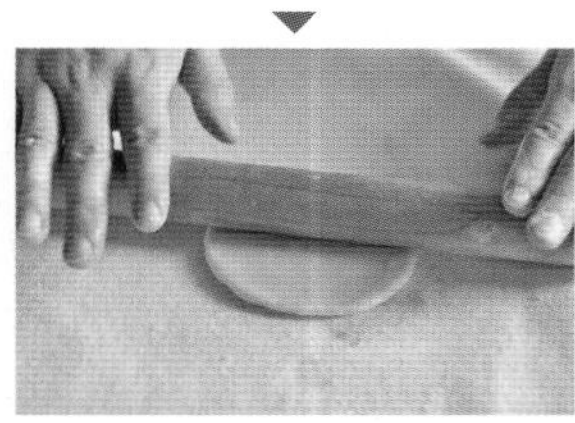

⑩擀成厚度均匀的圆片。

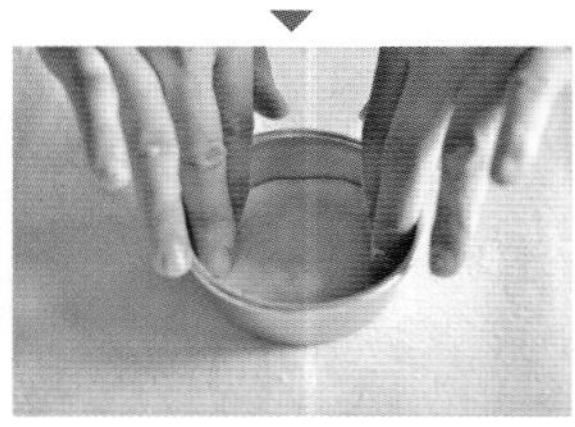

⑪将圆形面皮铺放模型中，以手指沿着烤模边缘轻压。

⑫让面皮边缘稍立高紧贴烤模成型。

⑬最后发酵60分钟（湿度75%、温度30℃）。

⑭在中心处铺放荔枝覆盆子馅（15g），稍按压平整。

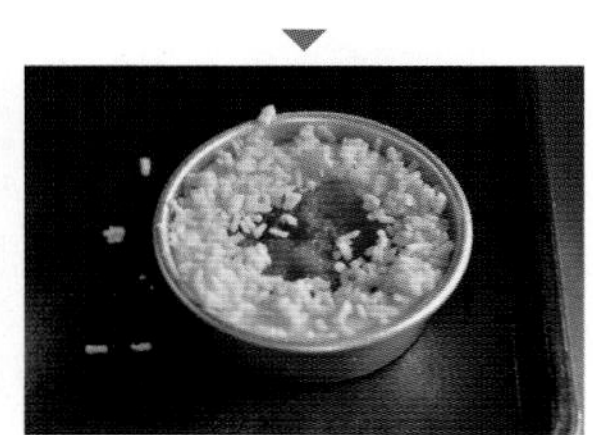

⑮将面团边缘喷水雾后，洒上酥菠萝。

⑯表面先铺放上烤焙纸。

⑰再压盖上烤盘，放入烤箱。

◉ 烘烤

⑱以上火200℃/下火200℃烤10分钟，待冷却，在中心处按压出浅圆形凹槽。

◉ 覆盆子果冻

⑲细砂糖、果胶粉先混匀。将覆盆子果泥、柠檬汁先加热煮沸。

⑳再加入混合的细砂糖、果胶粉拌匀即可。

㉑在圆形凹槽处倒入覆盆子果冻，待定型，最后摆放翻糖花装饰即可。

翻糖小花这样做！

将翻糖擀平后用小花压切模压制花形（有沾黏情形可洒上防沾粉再操作），覆盖保鲜膜放室温下，隔日即可使用。

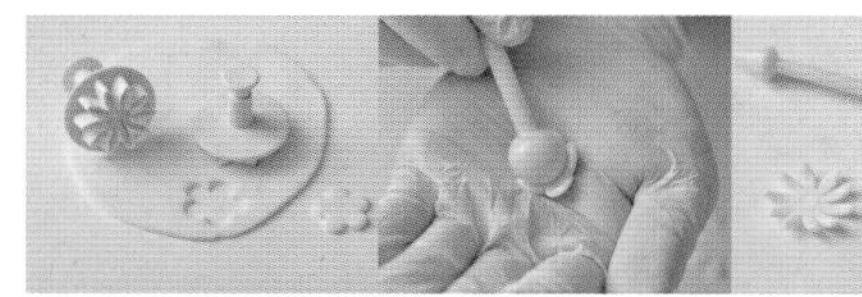

45

北国金时之丘

在布里欧面团中包入草莓红豆馅，再组合塔皮成型，
顶层又覆盖酥脆的杏仁糖片，
层次分明，
外表香酥，内里软Q香甜。

模　具

- ϕ73mm×39mm花形模

配　方

主面团（份量30颗）

Ⓐ 高筋面粉…250g
　高糖干酵母…3g
　细砂糖…38g
　盐…4g
　法国老面…25g
　（做法见第24页）
　全蛋…75g
　蛋黄…30g
　鲜奶…75g
Ⓑ 无盐黄油…100g

塔皮（份量12个）

无盐黄油…100g
高筋面粉…75g
低筋面粉…75g
糖粉…40g
全蛋…10g
全脂奶粉…4g

表面

果胶、开心果碎
盐渍樱花

内馅－红豆草莓馅（份量12个）

Ⓐ 红豆粒馅…80g
Ⓑ 草莓干…80g
　水…80g
　香草糖…10g

表面－杏仁糖（份量12个）

杏仁角…140g
细砂糖…60g
精致麦芽…70g
无盐黄油…70g
蜂蜜…8g

结构类型

开心果碎、盐渍樱花
＋
杏仁糖
＋
红豆草莓馅
＋
软质富糖奶类面团
＋
塔皮

方　法

◉ 前置处理

①**红豆草莓馅**。草莓干剪碎，加入水、香草糖拌煮至收汁，再加入红豆粒馅拌匀即可。

◉ 塔皮

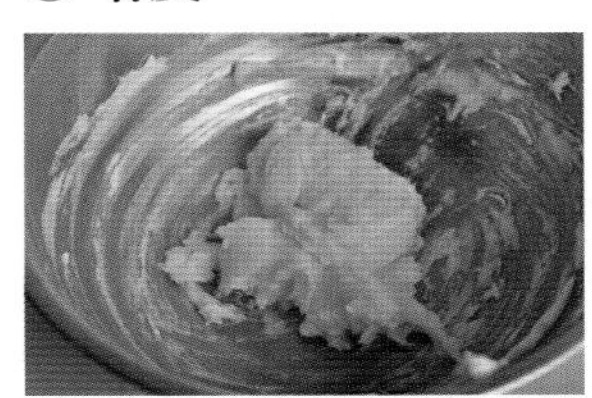

②将黄油、糖粉、全蛋搅拌均匀。

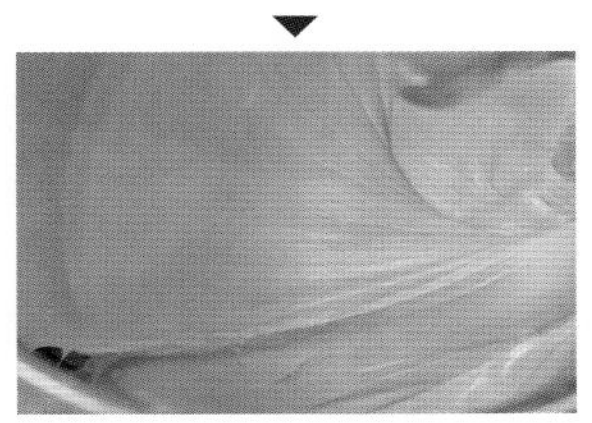

③加入混合过筛粉类拌匀成团，分割成25g×12个。

◉ 搅拌面团

④将材料Ⓐ以慢速搅拌成团。

⑤转中速搅拌至表面光滑，加入无盐黄油以慢速搅拌至均匀。

⑥再转中速搅拌至可呈均匀薄膜（完成面温约26℃）。

◉ 基本发酵

⑦整理面团成圆滑状态，基本发酵40分钟。

◉ 分割、中间发酵

⑧分割面团成20g×12个，滚圆后中间发酵30分钟。

◉ 整形、最后发酵

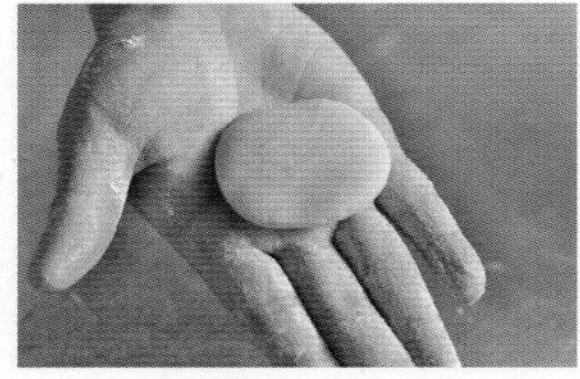

⑨ 将塔皮面团滚圆，按压成圆片状。

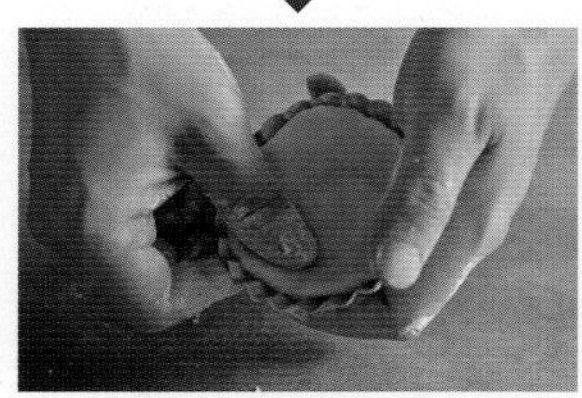

⑩ 铺放入塔模中，按压底部，沿着模边用刮板切除多余部分。

⑪ 稍按压平整。

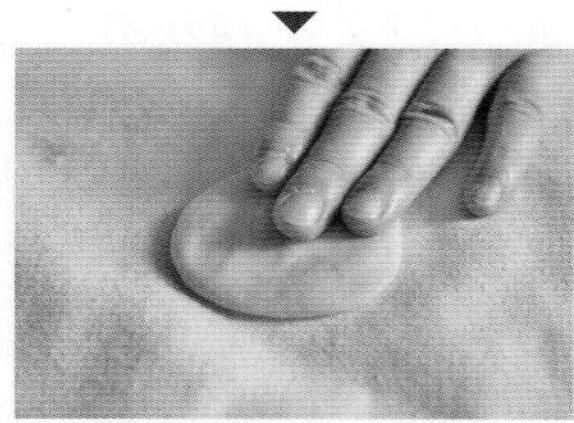

⑫ 将主面团滚圆，轻拍成中间稍厚边缘稍薄的圆片状。

⑬ 中间按压抹入红豆草莓馅（20g）。

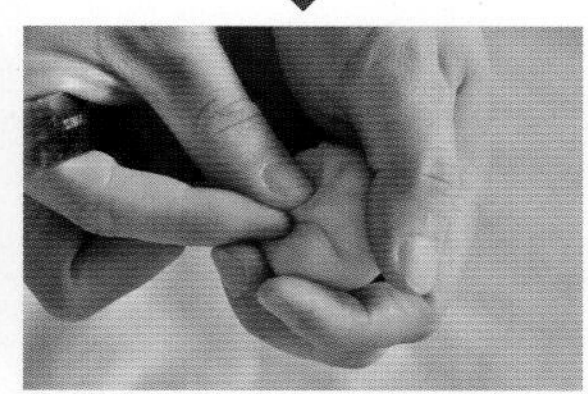

⑭ 拉起面团边缘包覆内馅，捏紧收合口，整形成圆球状。

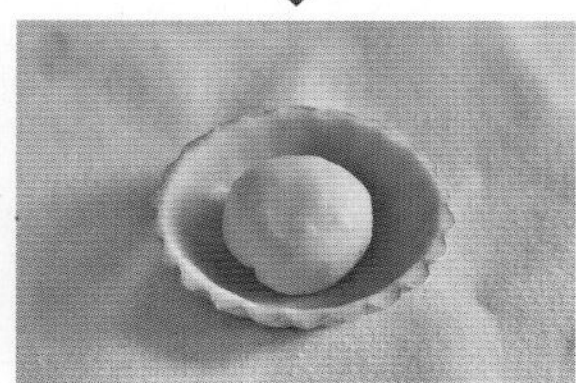

⑮ 将面团收口朝下，放入塔模中，放室温下最后发酵60分钟。

◉ 烘烤

⑯ 放入烤箱，以上火210℃/下火190℃烤11分钟，待冷却脱模。

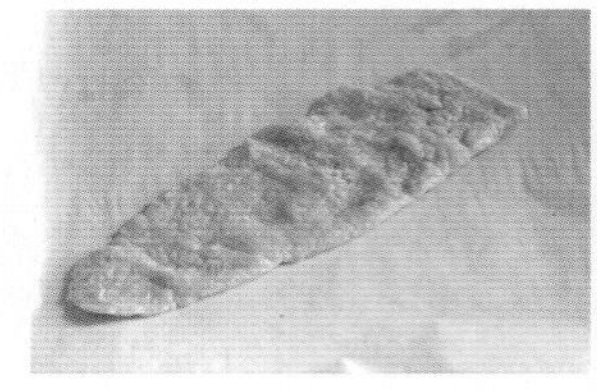

⑰ **杏仁糖片**。将砂糖、麦芽、黄油、蜂蜜混合拌煮沸腾后，加入杏仁角拌匀，倒入烤焙布摊平。

⑱ 放入烤箱，以上火170℃/下火170℃烤20分钟，取出。

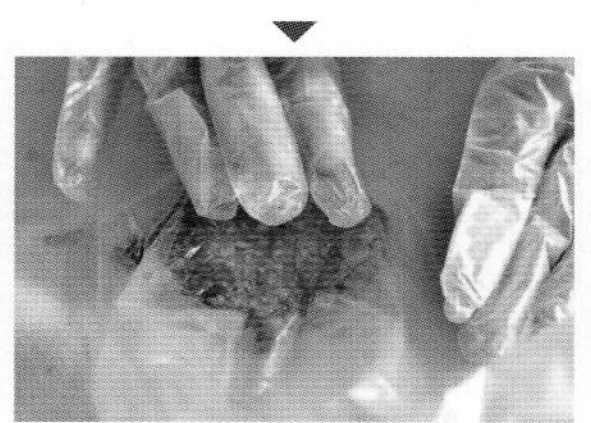

⑲ 分切成30g，趁热隔着塑料袋压扁塑形成圆片。

⑳ 将杏仁糖片覆盖在烤好的面包上，贴紧密合，整形。

㉑ 在塔皮边缘薄刷果胶。

㉒ 沿着边缘粘裹上开心果碎。

㉓ 顶端用盐渍樱花点缀，或用干燥覆盆子碎装饰即可。

提示 | 盐渍樱花要先泡水，去除多余的盐分之后再使用。

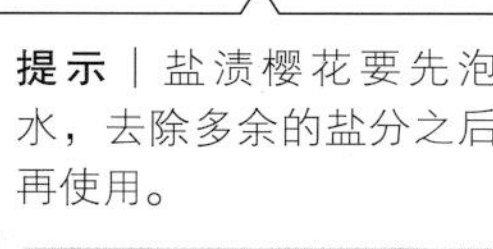

46

黑糖果子派面包

使用多种糖类来烘制出绝佳风味的果子派面包。
香浓黑糖、蜜渍苹果，与果子面团完全融合，
表层粗颗粒的中双糖向下渗透，带出滑顺的独特口感。

模　具

- ϕ152mm × ϕ147mm × 69mm，6寸蛋糕模

配　方

面团（份量7颗）

❶ 高筋面粉…1000g
高糖干酵母…15g
细砂糖…150g
盐…18g
全蛋…300g
蛋黄…180g
鲜奶…300g
法国老面…100g
（做法见第24页）

❷ 无盐黄油…400g

内层

❶ 肉桂风味奶油（由以下材料制成，取560g）
无盐黄油…250g
肉桂粉…250g
细砂糖…250g
全蛋…4个

❷ 香草卡士达…560g
（做法见第32页）

❸ 蜜煮苹果…84片
（做法见第44页）

表面

红糖、中双糖
发酵黄油、不湿糖

结构类型
不湿糖
＋
发酵黄油
＋
红糖
＋
中双糖
＋
香草卡士达
＋
蜜煮苹果
＋
肉桂风味奶油
＋
软质富糖奶类面团

做　法

◉ 前置处理

① **肉桂风味奶油**。将所有材料❶混合搅拌均匀即可。

② **蜜煮苹果**。制作参见第44页“青森苹果卡士达”。

◉ 搅拌面团

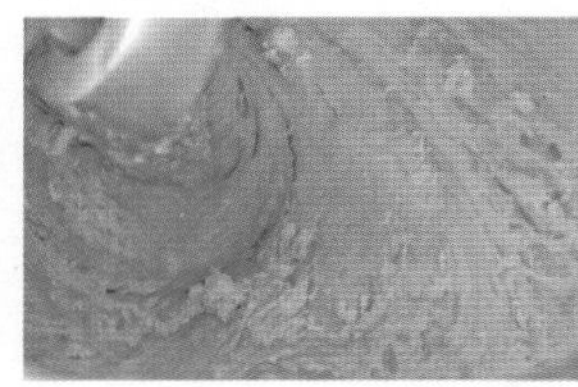

③ 将面团材料❶以慢速搅拌成团。

④ 转中速搅拌至表面光滑。

⑤ 分次加入材料❷以慢速搅拌至均匀。

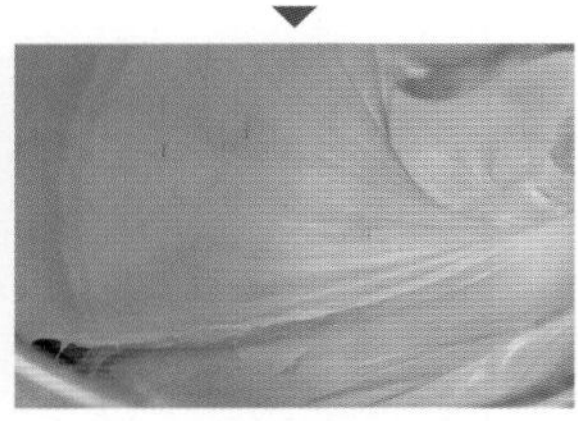

⑥ 再以中速搅拌至面筋形成，可呈均匀薄膜即可（完成面温约26℃）。

◉ 基本发酵

⑦ 整理面团成圆滑状态，基本发酵60分钟。

◉ 分割、中间发酵

⑧ 分割面团成160g × 14个，将面团滚圆后中间发酵30分钟。

◉ 整形、最后发酵

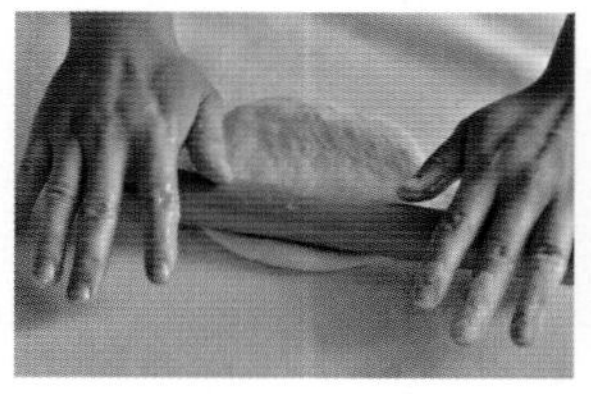

⑨将面团滚圆，稍拍扁，擀成略小于6寸圆模的圆片，翻面。

⑩2片为组，先取一片放入模型中。

⑪表面抹上肉桂风味奶油（80g）。

⑫再平均铺放上蜜渍苹果（12片）。

⑬接着均匀抹上香草卡士达（80g）。

⑭覆盖上另一片圆形面皮，沿着模边整形密合。

⑮最后发酵30分钟（湿度75%、温度30℃）。

⑯表面均匀筛洒一层红糖，再放上中双糖。

⑰最后再放上切小块的发酵黄油。

◉ 烘烤

⑱放入烤箱（旋风炉），以上火150℃/下火150℃烤30~35分钟。

⑲待冷却，筛洒上一层不湿糖装饰即可。

不湿糖

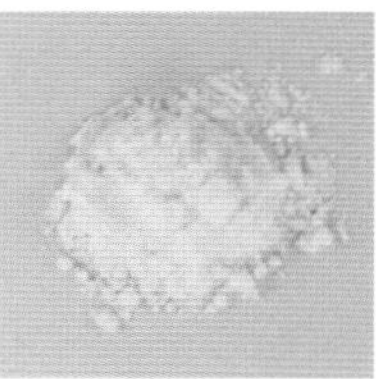

不易受潮，可冷冻，可延缓吸湿情形。有各种颜色：原味（白）、草莓（粉红色）、抹茶（绿色）、芒果（黄色）、防潮可可粉（可可色），用于各种烘焙产品装饰，增加多样性。

中双糖

颜色呈淡黄色，颜色来自焦糖化反应，形态为扁平矩形，颗粒较大，边长约2mm，因此不容易完全溶解。

47

蜂香麦田皇冠

散发淡淡香气的蜂蜜丁，搭配大麦仁，
再以中空螺旋形的咕咕霍夫模做成造型，
外表的燕麦、坚果与柔软面包体组合，
让人臣服于它的迷人滋味。

模　具

- ϕ140mm×81mm，咕咕霍夫模

配　方

面团（份量5颗）

Ⓐ 高筋面粉…1000g
高糖干酵母…15g
细砂糖…150g
盐…18g
全蛋…300g
蛋黄…180g
鲜奶…300g
法国老面…100g
（做法见第24页）
Ⓑ 无盐黄油…400g
Ⓒ 蜂蜜丁…200g
大麦仁（熟）…200g

装饰（每份）

开心果碎…20g
枫糖浆…40g
燕麦片…20g

结构类型

开心果碎
+
枫糖浆
+
燕麦片
+
软质富糖奶类面团

做 法

◉ 前置处理

① **大麦仁制作**。将大麦仁200g、水1000g加热煮约40分钟，滤干，放凉备用。

② **模型处理**。将咕咕霍夫模喷上烤盘油。

③ 均匀洒上燕麦片，再拍除多余的部分备用。

◉ 搅拌面团

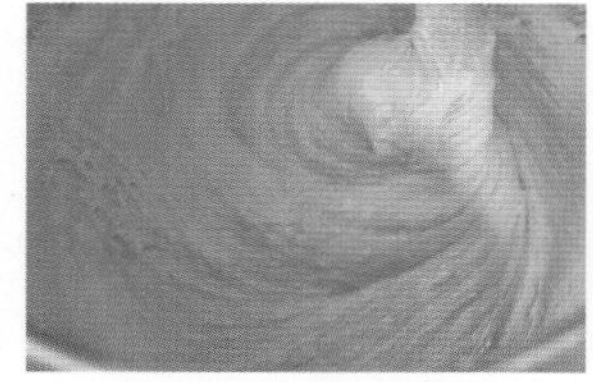

④ 将所有材料Ⓐ搅拌成团。

⑤ 转中速搅拌至表面光滑，分次加入材料Ⓑ。

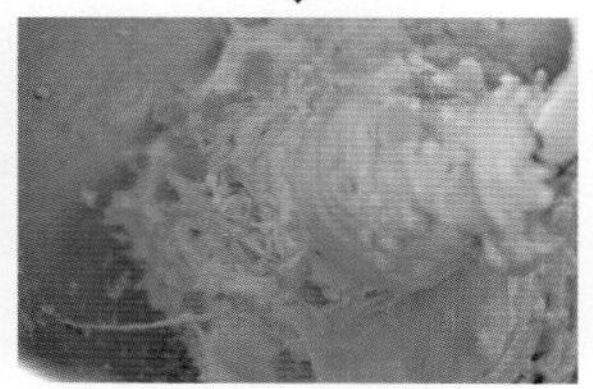

⑥ 慢速搅拌至完成阶段，再加入材料Ⓒ，混合拌匀即可（完成面温约26℃）。

◉ 基本发酵

⑦ 整理面团成圆滑状态，基本发酵60分钟。

◉ 分割、中间发酵

⑧ 分割面团成550g×5个，将面团滚圆后中间发酵30分钟。

◉ 整形、最后发酵

⑨ 将面团稍滚圆，轻压拍成圆扁状。

⑩ 用食指先在面团中央戳出中心圆点。

⑪ 再用手肘压出圆孔凹槽。

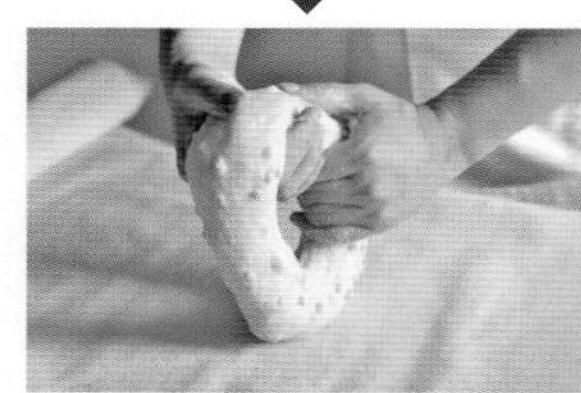

⑫ 用两手把压戳成的小洞延展撑开。

⑬ 整形成环状。

⑭ 将面团收口面朝上，放入模型中（按压面团使其塞满模型的边角，才能烘烤出漂亮的花样造型）。

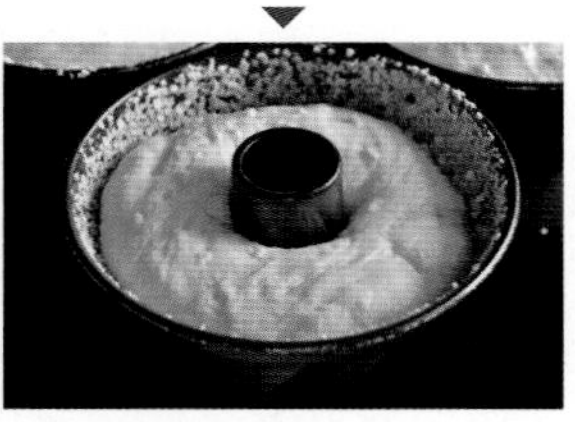

⑮ 最后发酵90分钟（湿度75%、温度30℃）。

◉ 烘烤

⑯ 放入烤箱，以上火160℃/下火230℃烤35分钟。表面刷上枫糖浆或果胶。

⑰ 沿着圆边筛洒开心果碎点缀即可。

48
维瓦尔第四季

洋溢大地季节美味的花漾面包。
酒渍果干、亚麻子、南瓜泥的香味，
充满了魅力。
外层菱格交错，
点缀红曲小花，宛若花漾（花在水中的倒影）。

模　具

・拉网刀　　・小花压模

配　方

面团（份量6颗）

Ⓐ 高筋面粉…325g
法国老面…450g
（做法见第24页）
鲜酵母…10g
南瓜泥…200g
蜂蜜…50g
鲜奶…50g
水…50g
奶粉…20g
岩盐…9g
Ⓑ 亚麻子…50g
水…50g
Ⓒ 酒渍黄金葡萄…100g
（做法见第31页）

抹茶皮

高筋面粉…300g
低筋面粉…300g
细砂糖…100g
水…270g
白油…220g
抹茶粉…26g

红曲皮

高筋面粉…150g
低筋面粉…150g
细砂糖…50g
水…135g
白油…110g
红曲粉…10g

结构类型

红曲皮
+
抹茶皮
+
介于软质与硬质中间的面团

做　法

◉ 抹茶皮

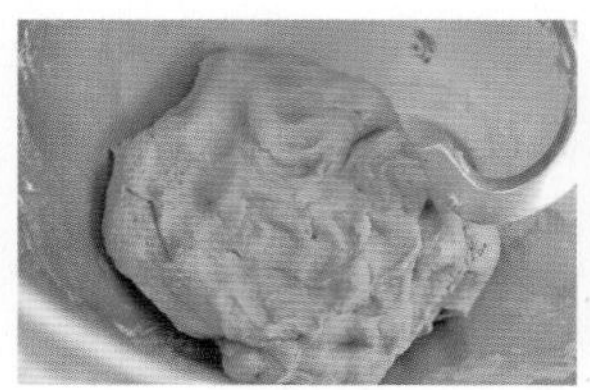

① 将所有材料混合，搅拌至成光滑面团。

◉ 红曲皮

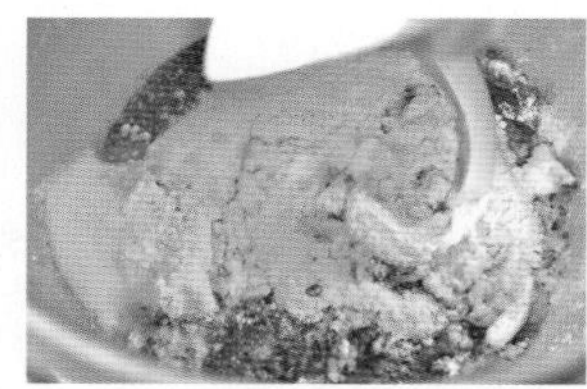

② 将所有材料混合搅拌。

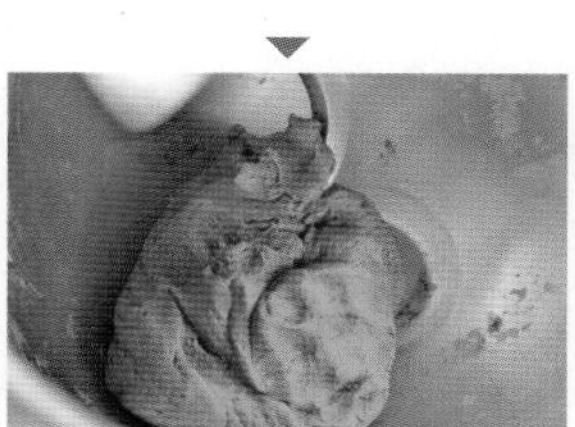

③ 搅拌成光滑面团。

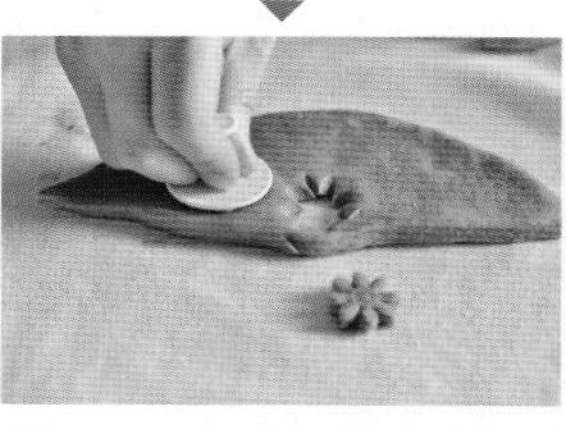

④ 将面团擀平，以小花压切模压出造型，静置备用。

◉ 搅拌面团

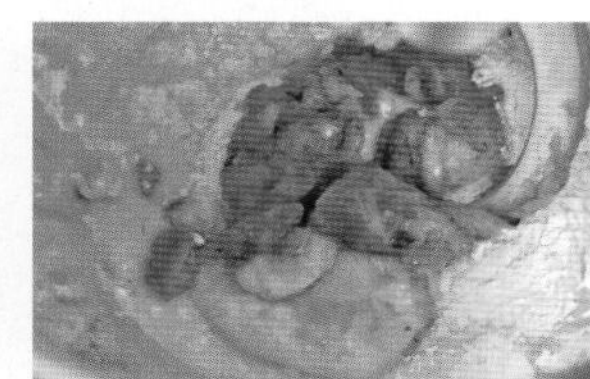

⑤ 将材料Ⓐ放入搅拌缸中。

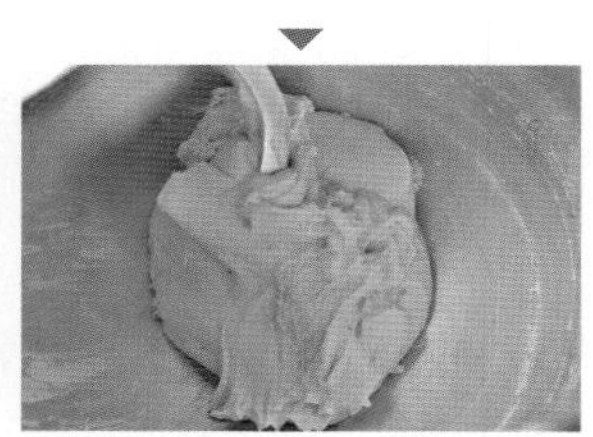

⑥ 以慢速搅拌成团，转中速搅拌至九分筋。

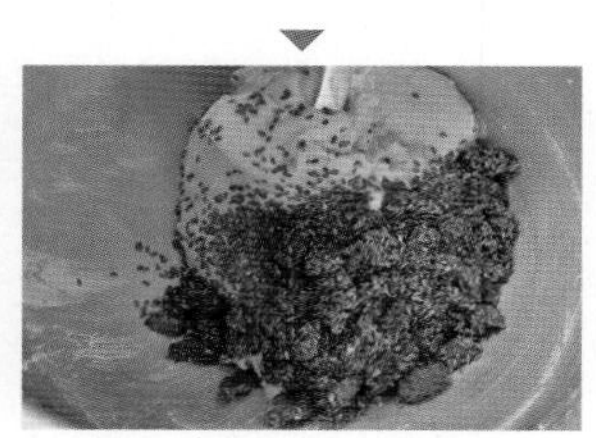

⑦ 再加入浸泡过水的亚麻子、酒渍黄金葡萄。

⑧ 搅拌混合均匀即可（完成面温约26℃）。

提示｜亚麻子须先用水浸泡约30分钟，避免表面黏液影响面包口感。

◉ 基本发酵

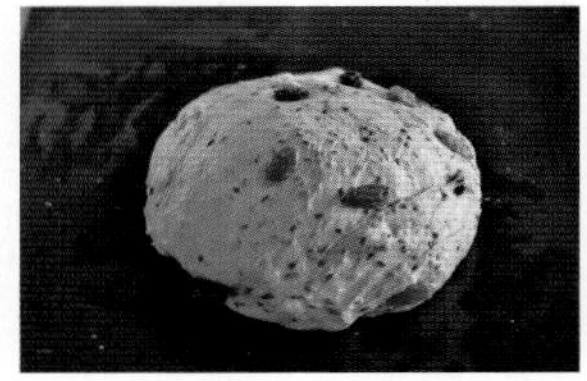

⑨ 整理面团成圆滑状态，基本发酵60分钟。

◉ 分割、中间发酵

⑩ 分割面团成200g×6个，将面团滚圆后中间发酵30分钟。

◉ 整形、最后发酵

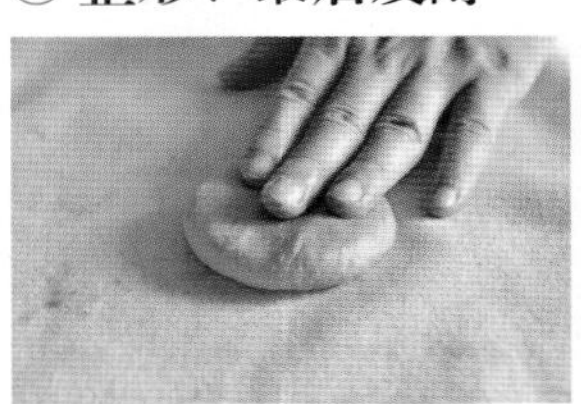

⑪ 将抹茶皮面团分成50g×6个，稍拍扁。

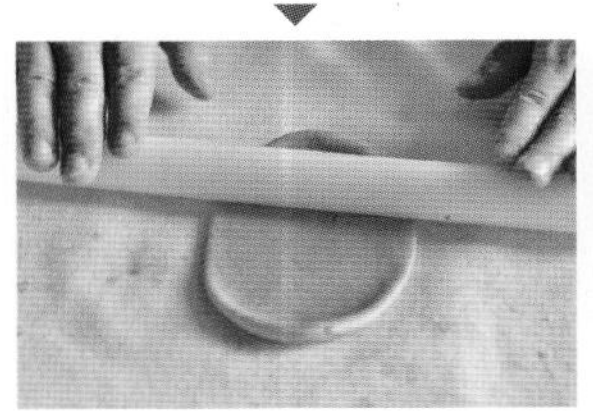

⑫ 擀平成椭圆片。

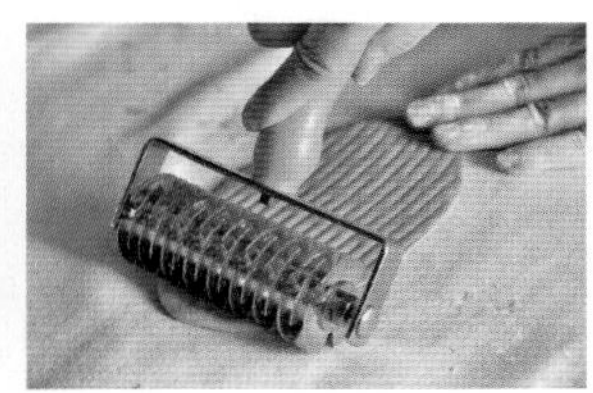

⑬ 用拉网刀在面皮上滚切。

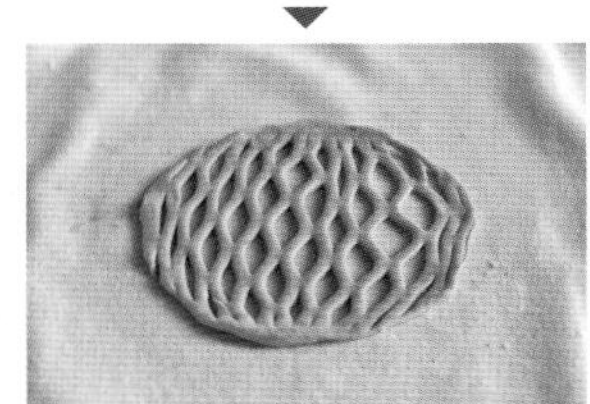

⑭ 摊展开形成网纹片。

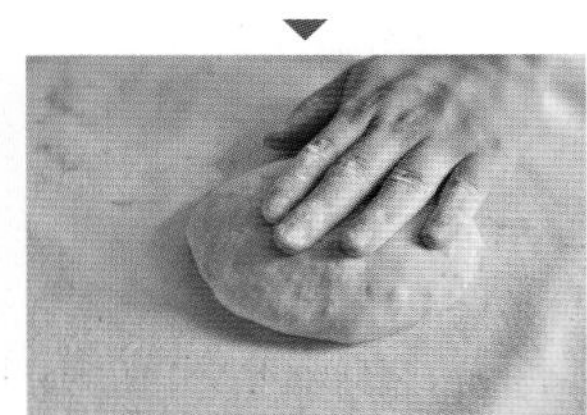

⑮ 将面团轻拍排出空气，翻面。

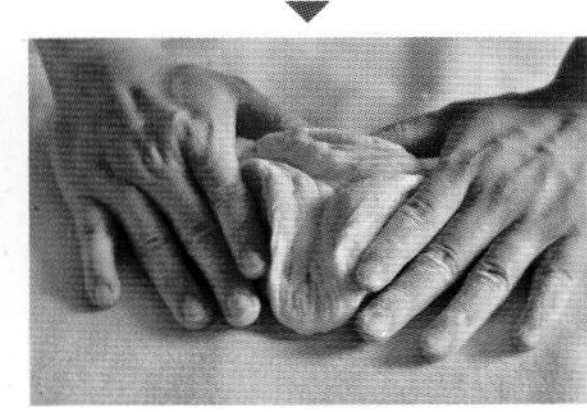

⑯ 将面皮三侧朝中间推起聚拢。

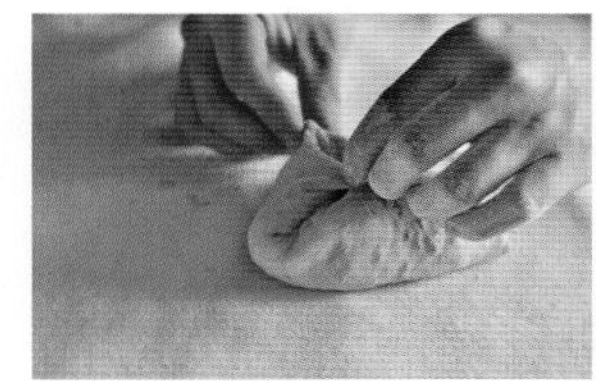

⑰ 再沿着三侧边捏紧收口，整形成三角形。

⑱ 面团收口朝下，将网状抹茶皮覆盖于上。

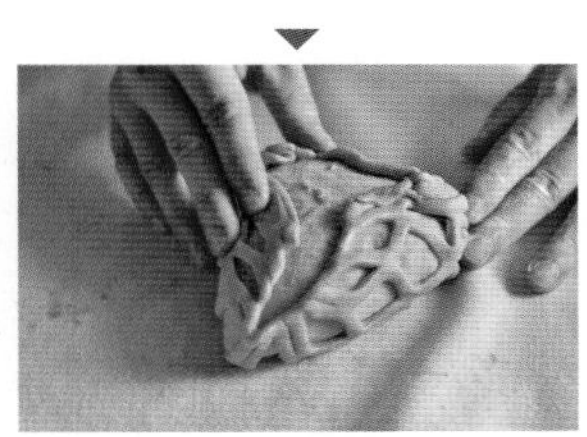

⑲ 将抹茶皮包住面团，收合于底部。

⑳ 收口朝底放入烤盘，最后发酵约60分钟（湿度75%、温度30℃）。

㉑ 黏贴上红曲小花装饰。

◉ 烘烤

㉒ 放入烤箱，以上火200℃/下火200℃烤15分钟。

在面团中添加抹茶粉制作，成品保有鲜明的翠绿。
面团中层叠地包卷入红豆馅、奶油奶酪，
切开后看得见夹馅的纹理。
抹茶的香气与红豆的香甜，是和风的定式组合。

模　具

- 上长宽327mm×121mm，高121mm，
  下长宽313mm×119mm

配　方

面团（份量2条）

❹ 高筋面粉…1000g
抹茶粉…24g
鲜酵母…40g
岩盐…22g
细砂糖…50g
鲜奶…100g
全蛋…60g
动物稀奶油…30g
水…330g
无糖豆浆…200g
❺ 无盐黄油…40g

内馅

红豆馅…400g
（做法见第32页）
奶油奶酪…200g

结构类型
奶油奶酪 + 红豆馅 + 介于软质与硬质中间的面团

做　法

◉ 搅拌面团

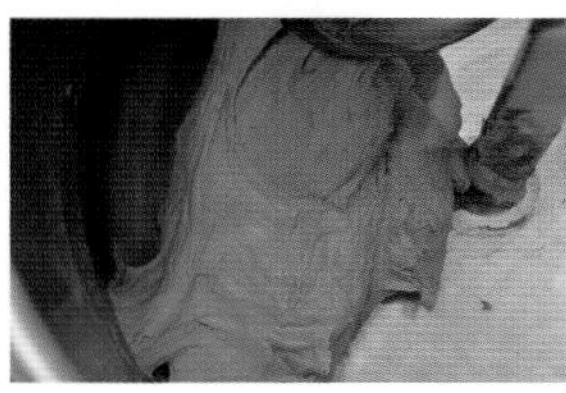

① 将材料Ⓐ以慢速搅拌成团，转中速搅拌至表面光滑。

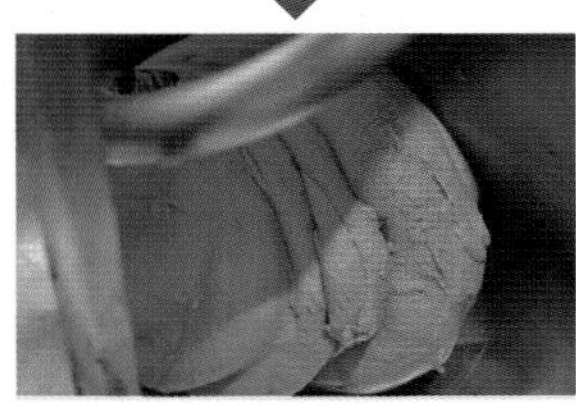

② 加入材料Ⓑ慢速搅拌至均匀。

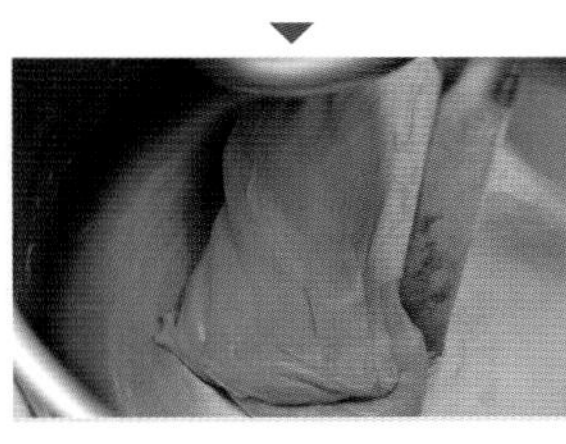

③ 再以中速搅拌至面筋可形成均匀薄膜（完成面温约26℃）。

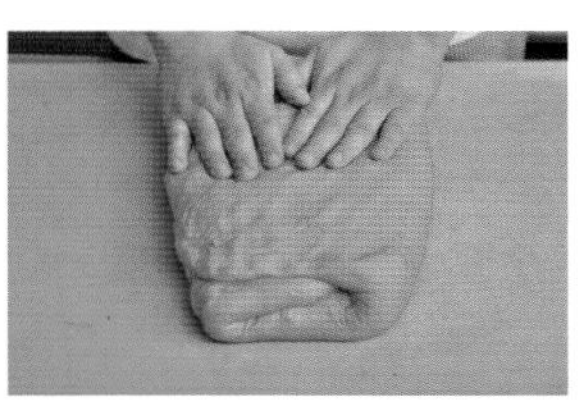

⑤ 轻拍平整面团，将面团一侧折叠1/3，再将另一侧折叠1/3。

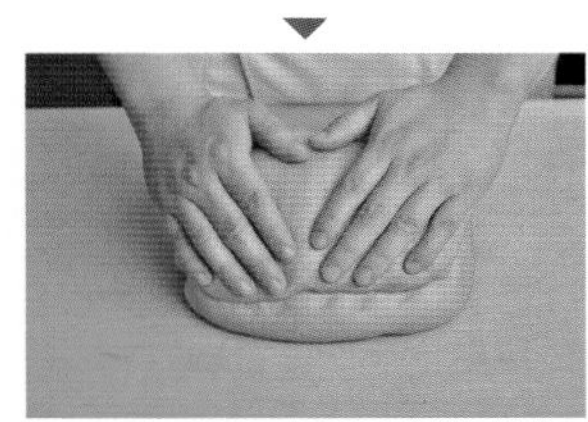

⑥ 再从前端往下折叠1/3，再将底部往上折叠1/3。

⑦ 翻面使折叠收合的部分朝下，再发酵约45分钟。

◉ 基本发酵

④ 整理面团成圆滑状态，基本发酵45分钟。

◉ 分割、中间发酵

⑧ 分割面团成230g×8个，将面团滚圆后中间发酵30分钟。

◉ 整形、最后发酵

⑨红豆馅分成50g×8团，滚圆，按压成圆扁状。

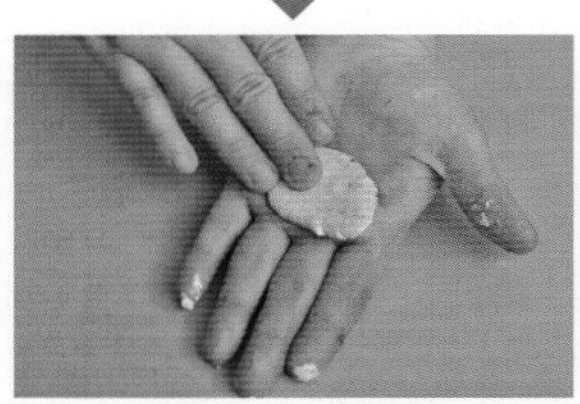

⑩奶油奶酪馅分成25g×8块，滚圆，按压扁。

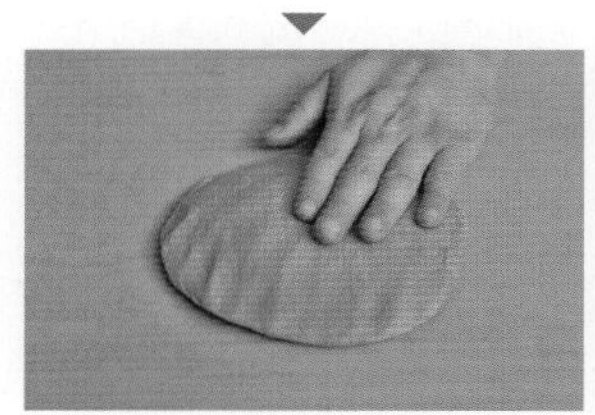

⑪将面团稍拉长轻拍扁，擀平，翻面。

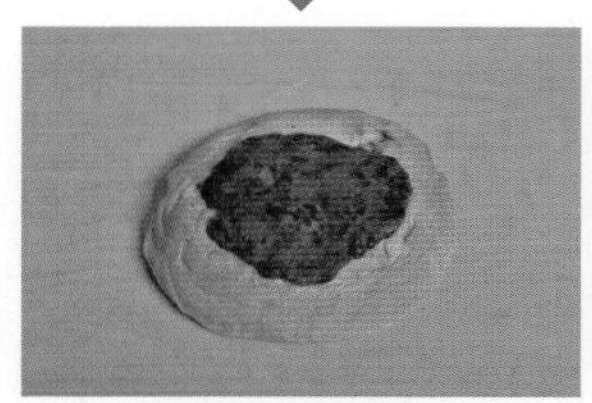

⑫在面团中间铺放入红豆馅（50g）。

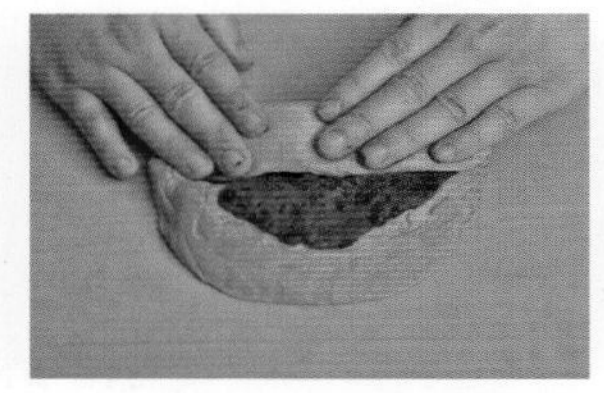

⑬将面团往上折叠1/3，按压紧。

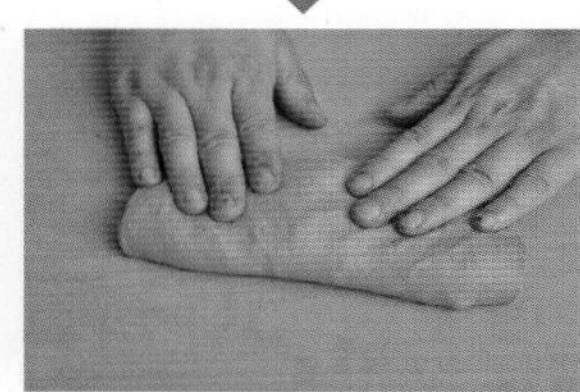

⑭再将另一端往下折叠盖过底层面皮，按压紧，拍平。

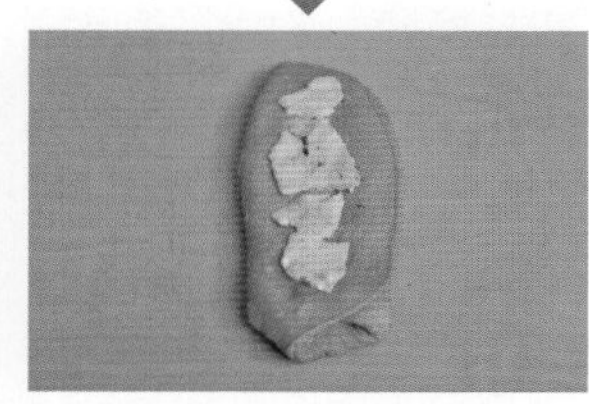

⑮转向纵放，收口朝上，表面铺放奶油奶酪（25g）。

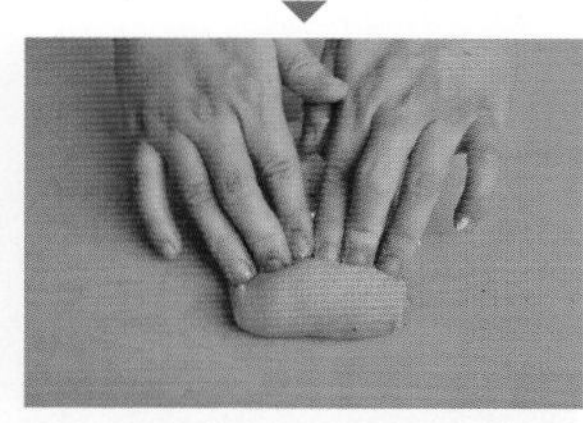

⑯将面团折卷至底，成圆筒状。

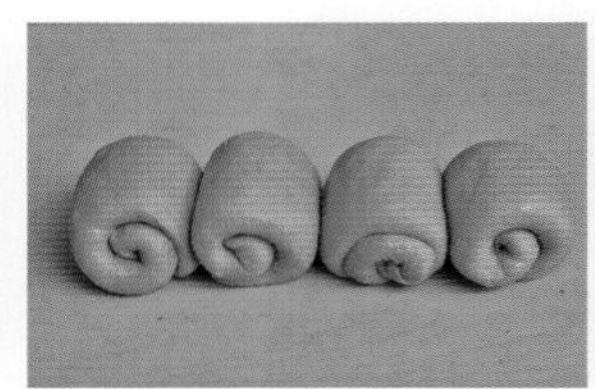

⑰以4个为组，收口朝底。

⑱将面团倚着吐司模型的前、后两侧边摆放。

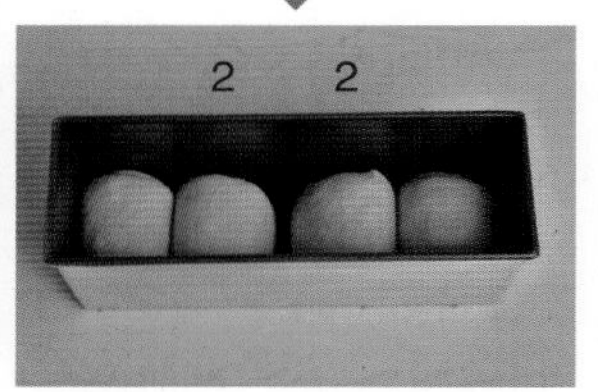

⑲再紧贴前、后两侧的面团放入两边的面团。

⑳最后发酵约120分钟（湿度75%、温度30℃），待九分满盖上模盖。

提示｜面团加入抹茶粉会影响面团的发酵力，最后发酵阶段须发至九分满再加盖，吐司才能完全膨胀。

◉ 烘烤

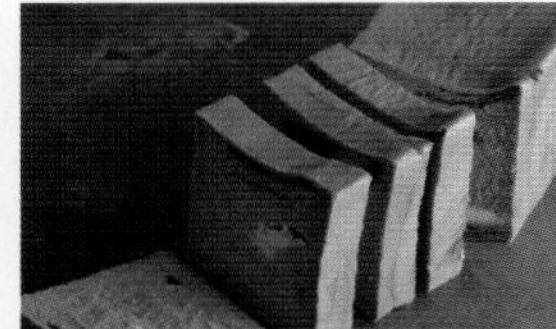

㉑放入烤箱，以上火230℃／下火230℃烤35分钟。

50
麦花开了

将养生的五谷草莓馅完美融入法式面团中。
五谷米结合草莓干，带出别有的口感与香气。
享受法式面包特有的酥脆嚼劲的同时，
又有清新香甜滋味散发于口中，
是其独特的一大魅力。

配　方

面团（份量9颗）

❶ 高筋面粉…1000g
细砂糖…60g
麦芽精…3g
全蛋…100g
鲜酵母…30g
法国老面…150g
（做法见第24页）
岩盐…18g
水…570g

❷ 无盐黄油…70g

内馅－五谷草莓

❶ 草莓酱（由以下材料制成，取500g）
草莓干…500g
水…250g
细砂糖…18g

❷ 五谷米（熟）…500g

表面

燕麦片、橄榄油
黑麦粉

结构类型
黑麦粉 ＋ 外皮面团 ＋ 燕麦片 ＋ 五谷草莓 ＋ 介于软质与硬质中间的面团

做　法

◉ 五谷草莓

①将草莓干、水、细砂糖混合拌煮至收干即成草莓酱。

②将五谷米洗净，泡水后蒸熟。

③将蒸熟五谷米、草莓酱混合拌匀。

④冷藏一天即可使用。

◉ 搅拌面团

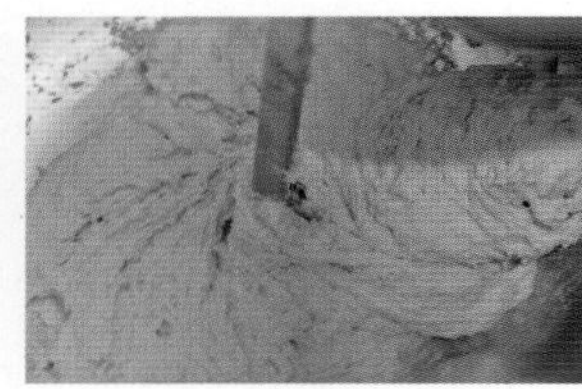

⑤将面团材料❶以慢速搅拌成团。

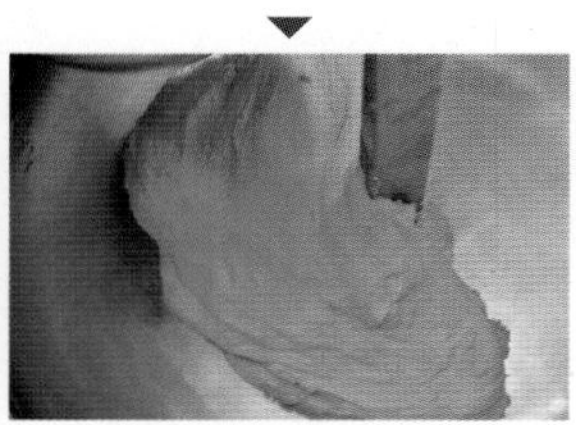

⑥转中速搅拌至出筋。

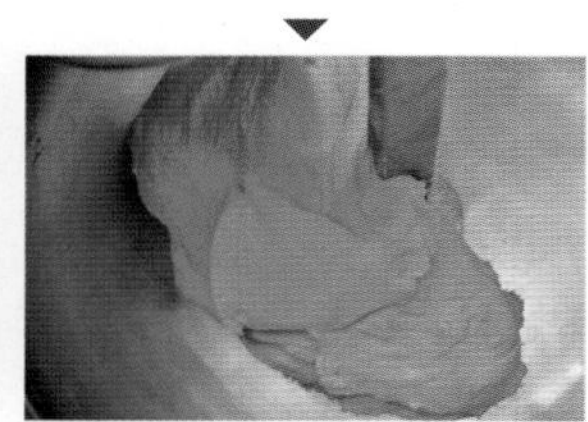

⑦加入面团材料❷以慢速搅拌至均匀。

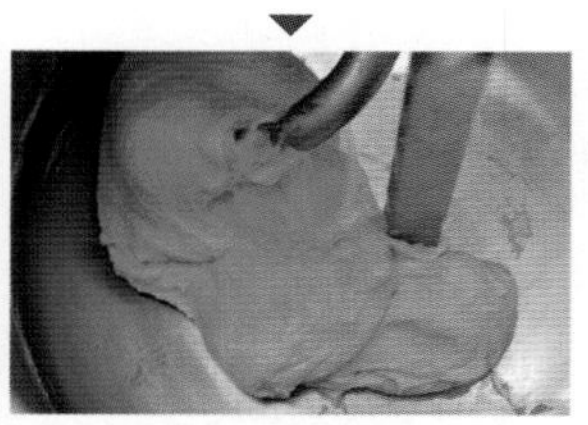

⑧再以中速搅拌至可形成薄膜（完成面温约26℃）。

◉ 基本发酵

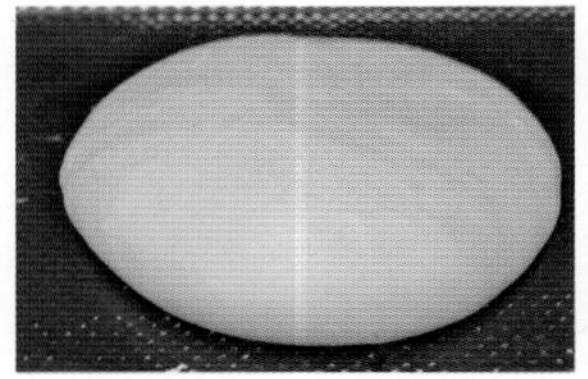

⑨将面团分切成1350g、450g两部分，整理面团成圆滑状态，分别基本发酵45分钟、30分钟。

◉ 分割、中间发酵

⑩分割面团成150g×9个、50×9个，将面团滚圆后中间发酵30分钟。

◉ 整形、最后发酵

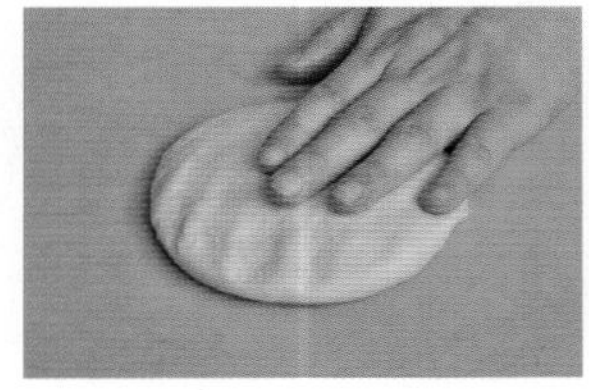

⑪将面团（150g）轻拍成厚度均匀的圆扁形。

⑫中间按压抹入五谷草莓馅（70g）。

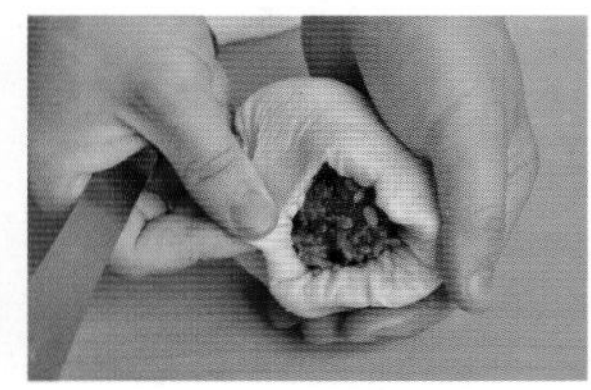

⑬将面团朝中间拉起包覆馅料，捏紧收合，整形成圆球状。

⑭表面沾上燕麦片。

⑮将面团（50g）轻拍扁，擀成圆片。

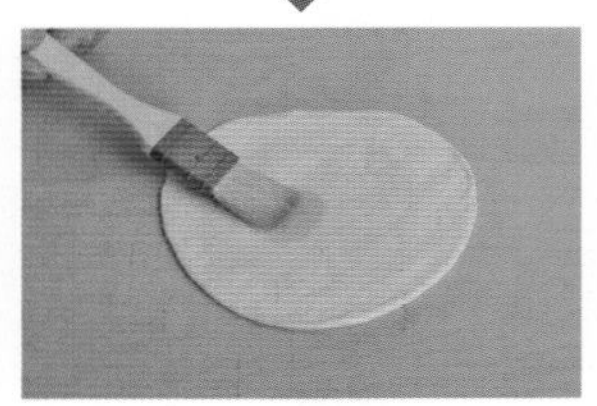

⑯在中部直径约5cm的圆内涂刷上橄榄油（预留圆边不涂刷）。

⑰将做法14面团收口朝上，放置圆形面皮中。

⑱将面皮的左、右两对侧朝中间拉起。

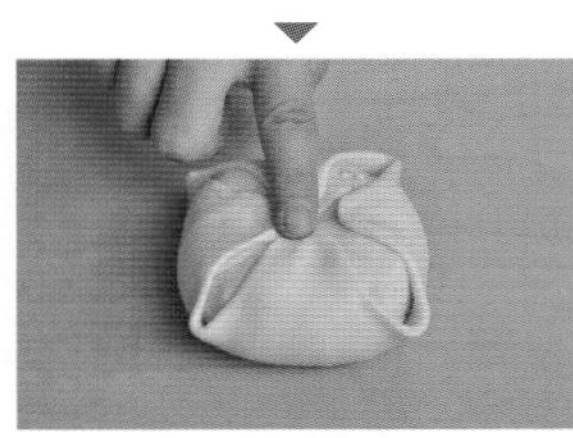

⑲再将上、下两对侧面皮朝中间拉起。

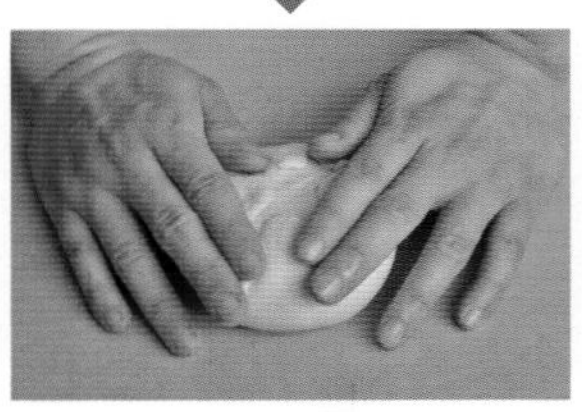

⑳捏紧收合，整成圆球状，放入烤盘，放室温最后发酵60分钟。

㉑表面筛洒上黑麦粉。

㉒以刀呈倾斜角度于中心处先切划十字痕。

㉓再于相邻边切划直线刀痕，成米字形。

◉ 烘烤

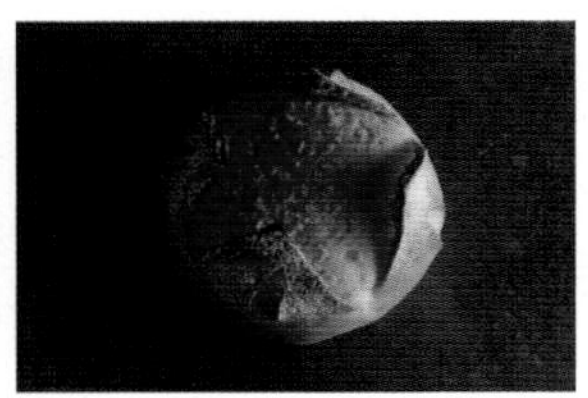

㉔放入烤箱，先喷蒸汽3秒，以上火220℃/下火200℃烤约10分钟。

51
巧克力红酒芭娜娜

另一款巧克力与酒渍果干的绝美组合！
深黑迷人的可可面团中，
融合巧克力的香醇，与香蕉干的微酸香甜，
形成迷人深邃的风味。

配　方

面团（份量6颗）

- Ⓐ 高筋面粉…500g
  - 法国老面…900g
  - （做法第24页）
  - 北海道炼乳…100g
  - 岩盐…15g
  - 鲜酵母…30g
  - 水…350g
  - 可可粉…50g
  - 镜面巧克力…120g
  - （做法第33页）
- Ⓑ 红酒渍香蕉…250g
  - （做法第31页）
  - 水滴巧克力…150g

结构类型

裸麦粉
＋
红酒渍香蕉
＋
介于软质与硬质中间的面团

方　法

◉ 搅拌面团

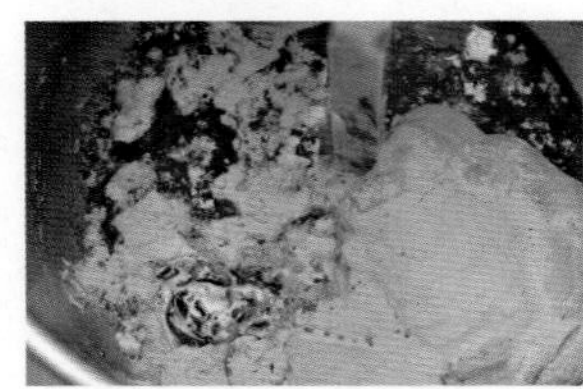
①将所有材料Ⓐ以慢速搅拌混合。

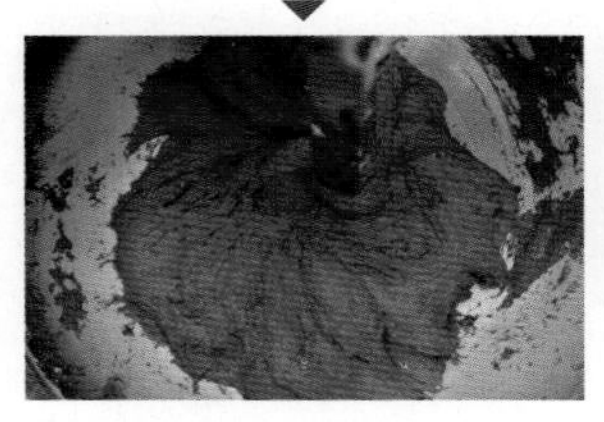
②以慢速搅拌均匀成团。

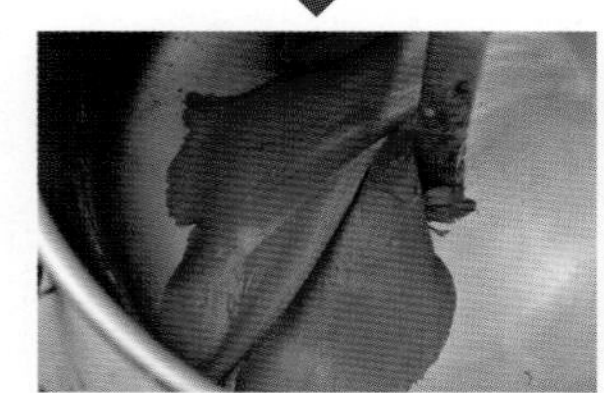
③转中速搅拌至光滑。

④再加入材料Ⓑ以慢速搅拌均匀。

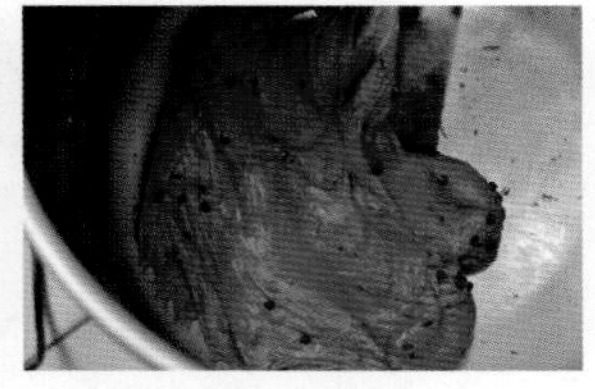
⑤再转中速搅拌至面筋可形成均匀薄膜即可（完成面温约26℃）。

要点｜将镜面巧克力搅拌混入可可面团中，可让面团色泽与风味更加饱满。

◉ 基本发酵

⑥整理面团成圆滑状态，基本发酵45分钟，拍平做3折1次翻面，再发酵约45分钟。

◉ 分割、中间发酵

⑦分割面团成400g×6个，将面团滚圆后中间发酵30分钟。

◉ 整形、最后发酵

⑧将面团轻搓揉滚圆。

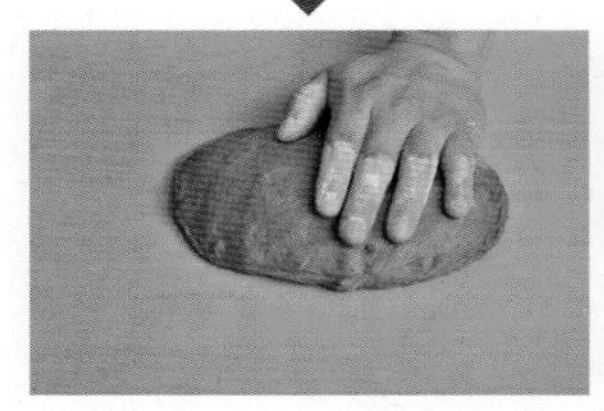
⑨稍拉长均匀轻拍，翻面。

⑩将面团沿着边缘朝底轻轻收合。

⑪整形成圆球状。

⑫放入烤盘，最后发酵约40分钟（湿度75%、温度30℃）。

⑬表面筛洒上黑麦粉。

⑭切划出井字刀痕。

◉ 烘烤

⑮放入烤箱，先喷蒸汽3秒，以上火230℃／下火180℃烤约15分钟。

52

榴莲忘返

使用鲁邦种制作提升风味，
面团揉入坚果，再包裹软质内馅，
带出不腻口的优雅香甜，与多层次口感。
内心包裹的自制榴莲馅，香甜味浓郁。
一款能让初次品尝的人感到意外惊喜的风味面包。

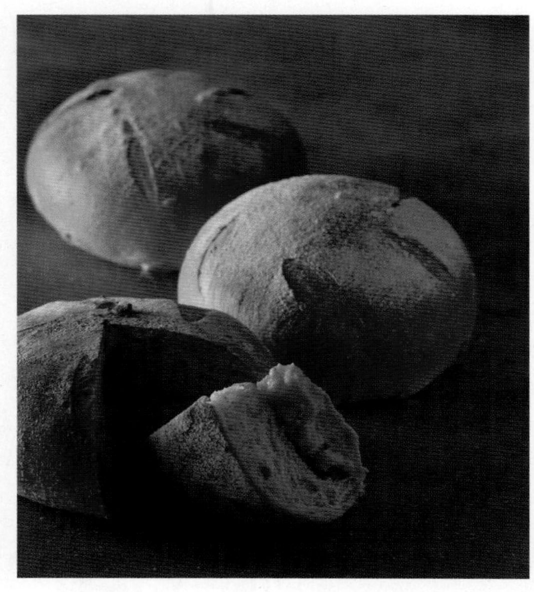

配　方

面团（份量7颗）

❹ 高筋面粉···1000g
细砂糖···60g
麦芽精···5g
全蛋···100g
鲜酵母···30g
鲁邦种···200g
（做法见第29页）
岩盐···18g
水···550g
❸ 无盐黄油···80g
❻ 核桃···150g

内馅－榴莲酱

❹ 榴莲···500g
鲜奶···250g
香草荚···1/2支
❸ 蛋黄···45g
细砂糖···50g
低筋面粉···38g
玉米粉···38g

结构类型

黑麦粉
＋
榴莲酱
＋
介于软质与硬质中间的面团

做　法

● 榴莲酱

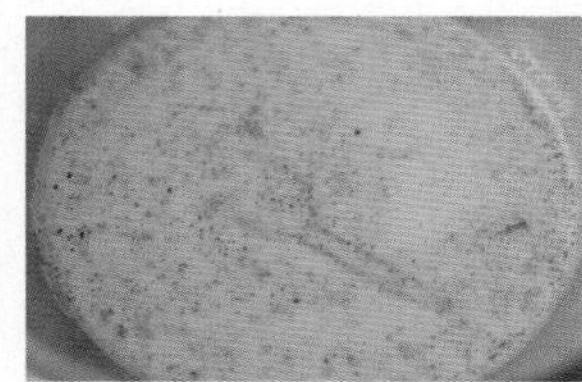

①将香草籽刮出后连同香草荚以及榴莲、鲜奶一同煮至沸腾。

②将内馅材料❸混合搅拌均匀。

③将做法1榴莲牛奶冲入到做法2中，边拌边煮至中心点沸腾起泡，关火。

④倒入平盘中，待稍冷却，覆盖保鲜膜，即成榴莲酱。

● 搅拌面团

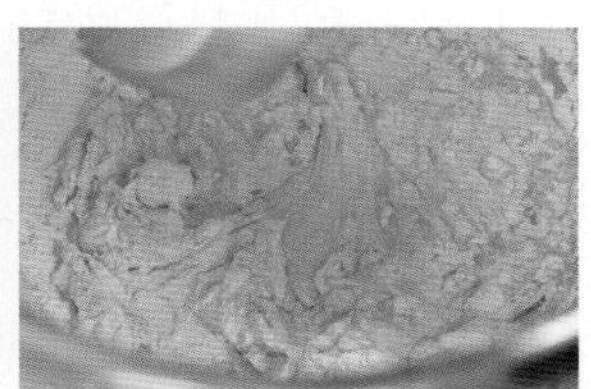

⑤将面团材料❹以慢速搅拌混合。

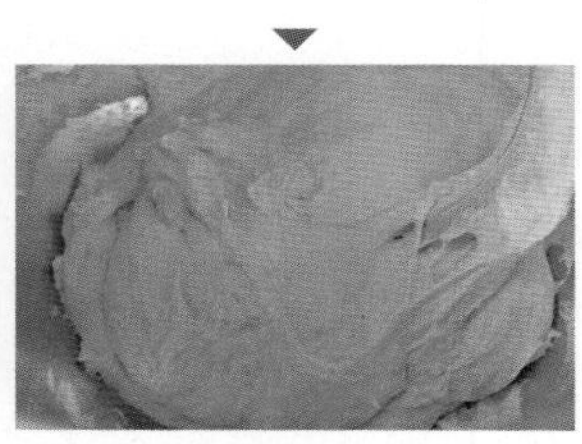

⑥慢速搅拌均匀成团，转中速搅拌至表面光滑。

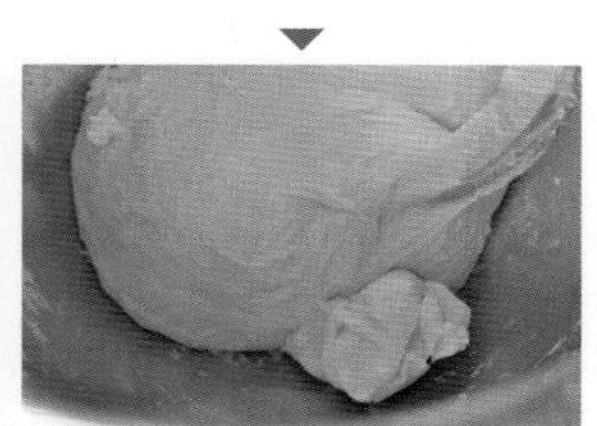

⑦加入无盐黄油以慢速搅拌均匀。

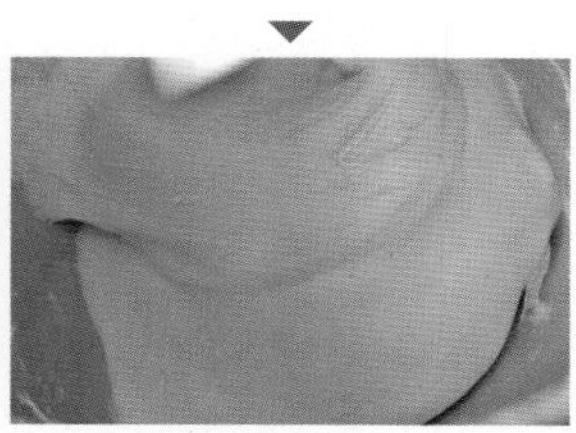

⑧再转中速搅拌至面筋形成九分。

⑨加入核桃混合拌匀（完成面温约26℃）。

◉基本发酵

⑩整理面团成圆滑状态，基本发酵60分钟，拍平做3折1次翻面，再发酵约30分钟。

◉分割、中间发酵

⑪分割面团成300g×7个，将面团滚圆后中间发酵30分钟。

◉整形、最后发酵

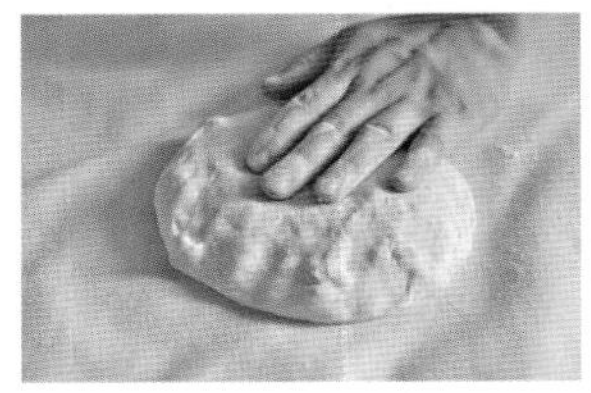

⑫**造型A**。将面团稍滚圆后轻拍成圆扁状，翻面。

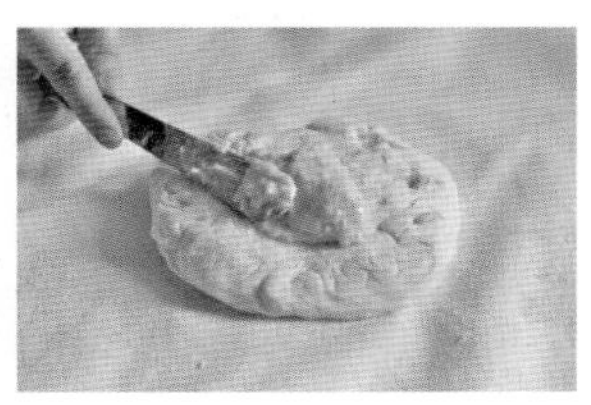

⑬在面团中间抹入榴莲酱（100g）。

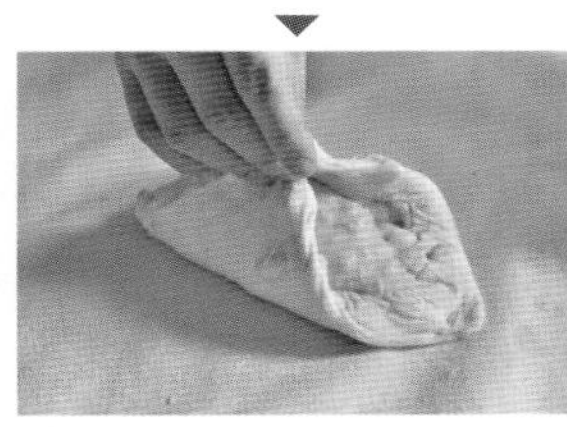

⑭将面皮左右、前后四边朝中间拉拢。

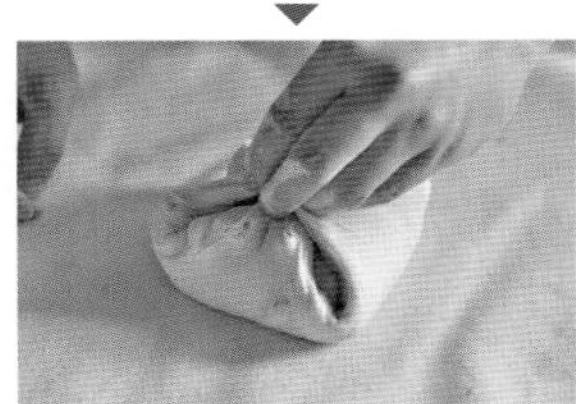

⑮捏紧四边收合。

⑯整形成圆球状，放入烤盘最后发酵60分钟（湿度75%、温度35℃）。

⑰表面洒上黑麦粉。

⑱在中心处先剪出十字切痕。

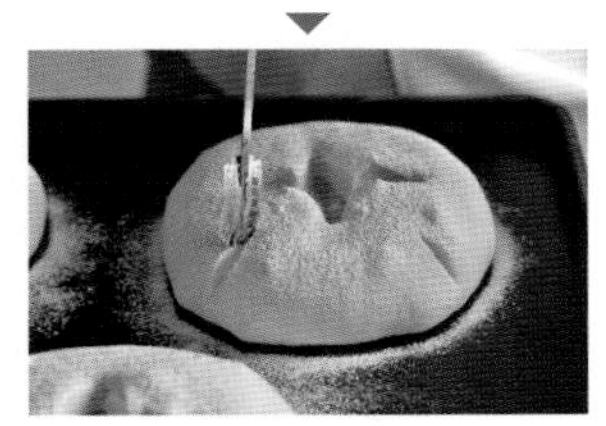

⑲再以割面刀在十字四侧轻划四刀成米字。

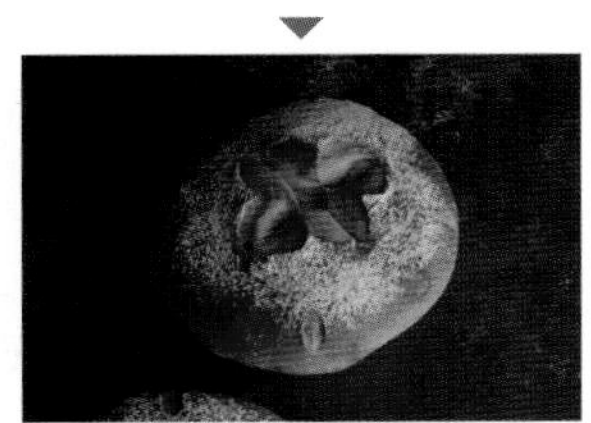

⑳依做法22烘烤完成，即成造型A。

㉑**造型B**。将面团筛洒黑麦粉，向中心旋划五刀，成旋涡切纹。

◉烘烤

㉒放入烤箱，先喷蒸汽3秒，以上火220℃ / 下火200℃烤约15分钟。

提示｜榴莲酱质地较软，包馅整形时须稍微将面团拉长后再包起，避免包圆或烤焙时因面团厚薄不一导致内馅溢出。

福建科学技术出版社烘焙类好书推荐

吴宝春的面包秘笈

作者：吴宝春　　全价：62.00元

烘焙世界杯冠军，27年功夫，
8类34道自家热销面包食谱大公开！
更有翻转人生、游历世界后的美食感悟！

扫描二维码可预览图书详情。

堂本面包店

作者：陈抚洸　　全价：69.00元

台湾社区面包小店15年点滴故事，
吴宝春师傅味觉开启之地。
17款经年畅销的面包及咸甜点食谱，
用日记口吻娓娓道来。

扫描二维码可预览图书详情。

主厨手感烘焙

作者：吴克己，杜佳颖　　全价：56.00元

台湾旺店主厨奉献经典配方，
4类23款甜点，
5类30款面包。

扫描二维码可预览图书详情。

图书在各网店平台以及各地书店有售

马卡龙美味魔法超详解

作者：Kokoma(吴亭臻)　全价：65.00元

用简单材料变出马卡龙的魔法！
再现剖析22种失败情况，细教制作技巧，
10种内馅，27种淡柔可爱风造型。

扫描二维码可预览图书详情。

黄金比例馅料点心

作者：吕昇达　全价：72.00元

酥菠萝泡芙、蛋黄酥、凤梨酥、咸甜派，
不是一款款配方，
而是将表皮、内馅、中西式做法、整体要点
分别归纳介绍

扫描二维码可预览图书详情。

鲜作手工抹酱100

作者：李耀堂　全价：49.00元

各种食材的15类抹酱，
可以用来抹、沾、拌、包，
还有7款免揉面包配酱食谱。

扫描二维码可预览图书详情。

图书在版编目（CIP）数据

日式手感极品和风面包 / 李志豪著 . —福州：福建科学技术出版社，2018.11（2020.12 重印）
ISBN 978-7-5335-5705-8

Ⅰ . ①日… Ⅱ . ①李… Ⅲ . ①面包—制作 Ⅳ . ① TS213.21

中国版本图书馆 CIP 数据核字（2018）第 229372 号

欢迎关注
福建科学技术出版社
官方微信

官方微博

书　　名　日式手感极品和风面包
著　　者　李志豪
出版发行　福建科学技术出版社
社　　址　福州市东水路 76 号（邮编 350001）
网　　址　www.fjstp.com
经　　销　福建新华发行（集团）有限责任公司
印　　刷　福建新华印刷有限责任公司
开　　本　889 毫米 ×1194 毫米　1 / 16
印　　张　11
图　　文　176 码
版　　次　2018 年 11 月第 1 版
印　　次　2020 年 12 月第 2 次印刷
书　　号　ISBN 978-7-5335-5705-8
定　　价　59.80 元

书中如有印装质量问题，可直接向本社调换